嵩溪实践

——乡村振兴背景下美丽乡村规划与建设探索

施俊天 安 旭 罗青石 编著

中国建材工业出版社

图书在版编目（CIP）数据

嵩溪实践：乡村振兴背景下美丽乡村规划与建设探索 / 施俊天，安旭，罗青石编著 . -- 北京：中国建材工业出版社，2023.7

ISBN 978-7-5160-3445-3

Ⅰ . ①嵩… Ⅱ . ①施… ②安… ③罗… Ⅲ . ①乡村规划—研究—浦江县 Ⅳ . ① TU982.295.55

中国版本图书馆 CIP 数据核字（2021）第 270217 号

嵩溪实践——乡村振兴背景下美丽乡村规划与建设探索

SONGXI SHIJIAN——XIANGCUN ZHENXING BEIJING XIA MEILI XIANGCUN GUIHUA YU JIANSHE TANSUO

施俊天　安　旭　罗青石　编著

出版发行：中国建材工业出版社
地　　址：北京市海淀区三里河路 11 号
邮政编码：100831
经　　销：全国各地新华书店
印　　刷：北京印刷集团有限责任公司
开　　本：889mm×1194mm　1/16
印　　张：19.25
字　　数：490 千字
版　　次：2023 年 7 月第 1 版
印　　次：2023 年 7 月第 1 次
定　　价：98.00 元

本书基于 2018 年 7—10 月的国家艺术基金高级人才培养项目编写而成。该课程我们聘请了行业中的知名学者、设计师和相关的管理者作为讲师。他们在乡村振兴、村落规划和设计工作中积累了丰富的实践经验，通过这次集中授课，来自全国各地的学员不但收获了诸多经验，而且在嵩溪村进行了各种艺术实践。

本书上篇内容覆盖了乡村保护利用、规划设计、产业开发等各项工作。具体内容大致如下：本次集中研学及实践的总体要求部分，包括从历史文化村落保护利用考察调研和规划设计的目的、范围及要求，到村落考察调研报告的相关具体要求和一般性过程方法，再到村落保护利用规划设计评审的基本项目、要求、程序与方法；第二个较大部分是乡村振兴实践及研究的方法论，包括从民艺大师思想角度看待中国的传统村落美学及保护利用抓手，浙东历史文化村落保护利用的地方探索方式、方法，历史文化村落保护及可持续的规划设计方法论记述，历史文化村落视觉系统的探求方法，历史文化村落古建筑保护与利用的方式、方法，挖掘历史文化村落保护可持续发展的切入点，以及从伦理学角度讨论乡村保护与利用等；第三个部分是乡村振兴的具体实践经验与体会，包括历史文化村落保护与利用面临的困境和出路，以乡村振兴和相关政策推动乡村保护、利用和发展，以问题导向进行的乡村保护利用规划，历史文化村落建筑遗产保护、利用与传承经验，历史文化村落的文化传承与创意，意大利托斯卡纳历史文化村落的保护与利用经验，诗性景观设计与营造方法的始成与操作实践等。

本书下篇集合了本次人才培养课程所有学员在嵩溪村的实践成果，以"生长"为主题，要求所有规划设计作品包含三个关键词：生命、生存和生活。其内容包括嵩溪村的总体规划设计，村落整体永久性沙盘模型，功能区优化规划设计，局部关键节点的景观设计，民俗馆室内布置与设计，嵩溪村整体视觉识别系统设计，嵩溪村文化符号及色彩系统提炼，村内公共装置设计及制作，嵩溪村农业产品文创设计，乡村文创短片，嵩溪村入口形象设计等，涵盖了乡村振兴中城乡规划、环境艺术、平面设计、工业设计等多个领域及不同专业的合作成果。这些来自全国各地的学员，大都从事乡村规划设计相关工作多年，自身本是行业专家，所以他们在嵩溪村做的相关规划与设计，较多作品已应用在嵩溪村的真实建设中。

本书出版的目的是讲好浙江故事，反映浙江乡村建设风貌，尽力展示浙江省社会主义新农村建设的经验。同时，我们希望将本次国培讲授专家的思想留于纸面，记录变革，留住乡愁，汇聚精华，总结经验，提炼理论，推广至更多的读者面前，使他们也能够获得身临其境的感受，有所启示，点亮灵感，用于日常工作。

　　我们希望更多的非行业从业者和学生朋友，积极地参与到乡村振兴的事业中来。希望读者通过阅读本书感受到我们坚守乡村振兴建设阵地的时代重要性，感受到乡村的物质美、生活美、生产美、环境美，感受到本书所倡导的社会主义乡村的民俗美、精神美、文化美。希望本书能够在乡村产业创新实践、乡村经济重塑、乡村文化继承与发扬等方面，为非规划设计行业工作者及在校学生提供些许启示。

　　因作者知识和水平所限，书中疏漏与不足之处在所难免，恳请读者予以批评指正。

编著者

2023 年 2 月

上　篇
异口同声话乡建

下 篇
国培成果（群策群力绘嵩溪）

上 篇
异口同声话乡建

特别声明：主讲人的先后顺序，仅代表本次国培项目
各位专家出场的时间顺序，并无其他任何意义。

历史文化村落保护利用创意设计人才培养高研班教学概览

施俊天

主讲人：施俊天，教授、博士生导师，浙江金华人。苏州大学艺术设计与浙江师范大学教学与课程论双硕士研究生毕业，同济大学建筑与城市规划学院景观学系研究生班结业，国家公派意大利佛罗伦萨大学建筑学院访问学者。现为浙江师范大学"双龙学者"特聘教授、文化创意与传播学院院长、乡村景观文化研究中心主任，浙江省历史文化村落重点村规划设计评审专家。承担国家社科基金2项、省部级项目3项，发表论文20多篇。2017年，其学术成果获浙江省人民政府颁发的第十九届优秀哲学社会科学奖三等奖。2020年被评为"浙江省担当作为好干部"。在乡村景观、校园景观建设方面承接了40多项横向项目，经费超过1000万元。

一、浙江师范大学乡村景观文化研究中心介绍

本次国培项目，是建立在浙江师范大学乡村景观文化研究中心团队多年设计探索基础之上的。表1-1为设计团队成员。浙江师范大学乡村景观文化研究中心创建于2004年，2008年正式挂牌。

表1-1　浙江师范大学乡村景观文化研究中心团队成员组成

姓名	研究方向	隶属学院
施俊天	景观设计	文化创意与传播学院
葛永海	古代文学	人文学院
刘修敏	汉语言文学	宣传部
徐成钢	视觉传达设计	美术学院
罗青石	景观设计	美术学院
鲁可荣	社会学	法政学院
宋霄雯	景观设计	美术学院
肖寒	室内设计	美术学院
吴维伟	产品设计	美术学院
朱一平	雕塑	美术学院
安旭	风景园林	地理与环境科学学院
申屠青松	汉语言文学	文化创意与传播学院

本设计研究团队成员具有不同的专业背景，使得我们能够提供更完整、深入、全面的设计方案，这也是甲方对我们较为青睐的核心原因。

一般在我们承接项目之后，从资源梳理和文化提炼到视觉形象的设计，再到各个景观节点的设计，甲方可能会发现综合性的全产业链服务，这正是他们所需要的设计服务。一般而言，甲方如果逐项单独聘请设计人员，则其自己需要协调不同的设计工种。但如果聘请我们这种设计队伍，却可能一劳永逸，效率更高。

我们设计团队成员均为在职教师，教师本身是需要终身学习的职业。我们主动紧跟时代、学科发展和行业发展。同时我们又是 UGV 模式，即政府 – 高校 – 村落的联合体。事实上，浙江省近年来将大部分具有保护价值的村落加以保护，便得益于 UGV 模式，本团队亦完成了浙江省 21 个历史文化村落重点村的规划设计，团队成员作为主要专家完成了 5 批 213 个重点村的规划设计评审工作，作为评估主体先后完成了浙江省 3 批 3 年重点村工作检查评估，得到了冯骥才先生和浙江省农办千村示范万村整治领导小组办公室的高度赞赏。2009 年，《浙江日报》对我设计团队进行了头版头条的新闻报道。

本研究中心依托学校教学基础设施，设备先进、功能齐全，拥有实验室 48 个，其中国家级实验教学示范中心 2 个，省部共建教育部重点实验室 1 个，省级重点实验室、省级实验教学示范中心 16 个。实验室总面积达 12 万余平方米，教学、科研仪器设备总值达 3.3 亿元。还包括 65 个微格教室、2 间自动录播观摩教室，远程教育系统。新购置 130 台可供学员使用的手提摄像机。同时，共享学校相关纸质图书 310 余万册、电子图书 205 万余种。本设计团队的后勤保障有力，借助学校的准四星级宾馆、专家楼及其周边新建宾馆，可供 700 余人同时住宿。另外，学校内建有设备齐全的小型医院一所，拥有 30 张病床。学校地理区位优越，距金华多家三甲医院仅十分钟内车程；距离金华高铁火车站、长途汽车站约十分钟车程；学校东侧即为高速公路出入口；距杭州、义乌、衢州三个国际机场均在两个小时通勤范围内。

浙江师范大学以往承担了多项国培项目，截至目前各种国培项目已经培养了 6000 余人，这也使得国家相关部门相信我们有能力将本次国培项目圆满完成。

对于本次项目，我们邀请了浙江理工大学丁继军乡村景观设计团队合办，还请到了一线的专家给诸位学员授课，讲授一线建设经验。

传统村落和历史文化村落存在区别，虽然在内容上有所重叠，但传统文化村落范围涵盖更广，历史文化村落的指向性和定义性更强（图 1-1）。

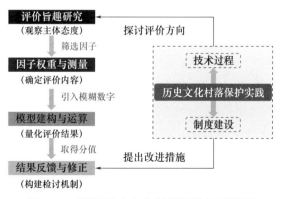

图 1-1　浙江历史文化村落评价体系简图

本团队的四个核心服务成果如下：

（1）浙江省新农村建设现场会、浙江省农业"两区"建设现场会、金华市的新农村建设现场会和婺城区桂花飘香风景线等美丽乡村建设现场会及风景线的区域景观文化营造项目。

（2）中国历史文化名村——寺平村、浙江省历史文化名村——蒲塘村、浙江省少数民族特色村——鸽坞塔村（图1-2）、施光南故居——东叶村、范仲淹后裔聚落——下范村等50余个传统村落的景观文化营造项目。

图 1-2　本中心设计并施工完成的浙江省少数民族特色村——鸽坞塔村村口及宣传栏

（3）浙江省金西经济开发区、浙江省磐安工业园区、磐安新城区、金义都市新区和金西峙龙湖公园等新城区的景观文化及乡镇公园设计项目（图1-3）。

图 1-3　本中心设计的金义都市新区和金西峙龙湖公园等新城区的景观文化及乡镇公园设计项目

（4）金华山旅游经济区的03省道赤松集镇建筑立面整治提升、罗电线西旺村建筑立面与庭院整治提升、罗电线景中村（洞前村）改善工程等乡村振兴思路下的整体景观文化设计项目（图1-4）。

图 1-4　金华山旅游经济区的罗电线西旺村建筑立面与庭院整治提升设计项目建成后实况

本设计团队的工作特点是"每村一做"。我们从设计调研伊始就重新梳理，全部工作从未套用任何模板，"具体村落具体分析"，任何一个村落均为一个不同以往的工作过程。

冯骥才先生评价我们："我知道浙江理工大学、浙江师范大学等都做了一些保护的调查案例研究，这很重要。要靠散落在社会上的个人很难完成，大学或者研究所就很好。因为大学是知识分子集中的地方，各方面的知识分子都有。知识分子也有那个责任。这方面，浙江的经验值得借鉴。"

浙江省农办千村示范万村整治领导小组办公室评价我们："浙江理工大学、浙江师范大学专家评估团队 2013 年起就受省农办委托开展了多轮的中期绩效评估和三年检查验收评估工作，有着丰富的评估经验，也对全省历史文化村落保护利用建设有着全面的了解，评估团队核心成员稳定、专业覆盖面广、业务精湛。他们对第三批省历史文化村落保护利用重点村三年建设工作的检查评估将在沿用第一、二批的标准与依据的基础上，进一步完善优化本轮评估的技术依据，突出评估工作的纽带作用，强化评估的公开、公平、公正，为进一步推进省历史文化村落保护利用工作的可持续发展提供保障。"

二、本次国培项目的意义和目标

1. 时代的需求

本次国培项目是美丽中国建设和乡村振兴战略的需要，是响应党中央的"高质量发展建设共同富裕示范区战略"号召的需要。党的十八大以来，习近平总书记就建设社会主义新农村、建设美丽乡村，提出了很多新理念、新论断、新举措。党的十九大又提出了"实施乡村振兴战略"，并提出了产业兴旺、生态宜居、乡风文明、治理有效、生活富裕的总要求。对历史文化村落进行传承与保护，保护好绿水青山和清新清净的田园风光，是"美丽中国"的重要组成部分，更是实施乡村振兴战略的关键要素。

本次国培项目是落实习近平总书记"总结推广浙江经验"的需要。浙江沿着"八八战略"的指引之路，始终坚定"绿水青山就是金山银山"的理念，认真开展传统村落的保护工作。在已公布的中国传统村落名录中，浙江占 176 席，数量居全国第三。作为全国第一个在全省范围开展历史文化村落保护利用工作的省份，近 5 年来已投入 30 余亿元资金，先后启动了 213 个历史文化村落重点村、868 个历史文化村落一般村的保护利用项目。3000 余幢古建筑、212 公里古道得以修复，32 万余平方米与古村落风貌冲突的违法建筑物被坚决拆除。

本次国培项目是培养新时代高水平、有情怀、接地气的创意设计人才的需要。中国五千年的农耕文明形成了千姿百态的历史文化村落，建设美好家园，必须保护代表民族根性文化的历史文化村落，从我国历史文化村落保护利用创意设计人才队伍建设的实际情况出发，以注重文化传承与阐释、全面提升专业素质为目标，体系化地打造高水平、有情怀、接地气的历史文化村落保护利用创意设计人才。

2. 办班的意义

除秉承时代的使命感，亦与诸位分享我们长时间积累的理论心得，履行我们的历史使命。

鉴于目前的传统村落保护正面临新的困境，已经收录于"名录"的传统村落正趋向"十大雷同"——旅游为纲、腾笼换鸟、开店招商、化妆景点、公园化、民俗表演、农家乐、民宿、伪民国故事、红灯笼，村落面临失去文化个性和活力的压力，传统村落的保护面临留不住"乡愁"的窘境。

3. 办班的目标

办班的目标如图 1-5 所示。

图 1-5　本次国培项目办班的目标

三、教学体系和内容

为实施本项目，本团队基于全面丰富的实战经验和高效优质的保障支撑，形成了项目特色。

1. 拥有"五位一体"的培养体系

课程设置了五大模块，分别为核心概念解读、现场考察调研、专家课程学习、创意设计实践、反思总结研讨，它们之间的占比情况如图 1-6 所示。通过先进、科学、系统、实用的培养方式，利用讲座、集中学习、现场考察与实践性项目实施相结合的混合学习方式（图 1-7），使学员了解掌握历史文化村落保护利用的调查、分析、评价、保护、转化、规划和创意设计的基本原理、思路、方法和技术，展现全景教学突破空间、时间、场景、人物、主题界限的特点，促进学员掌握历史文化村落保护利用（图 1-8）。基本程序为：核心概念理解→现场调查研究→村落文化主题提炼→确定保护古建筑范围→寻找古建筑保护利用最佳方式→非物质文化遗产保护与活化→特色文化景观营造→文化创意旅游方式→整合农业景观→理解古道→周边景观协调等一系列的历史文化村落保护利用创意设计的框架。

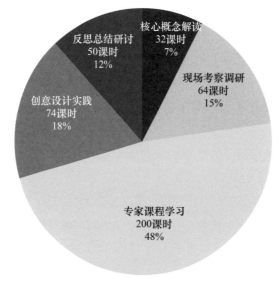

图 1-6　本次课程具体的安排占比情况

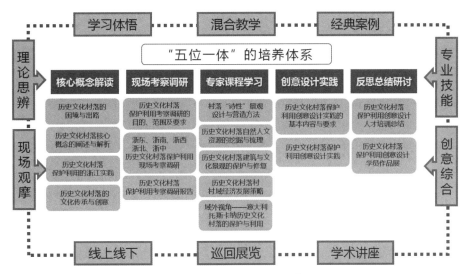

图 1-7　本次项目的"五位一体"培养体系

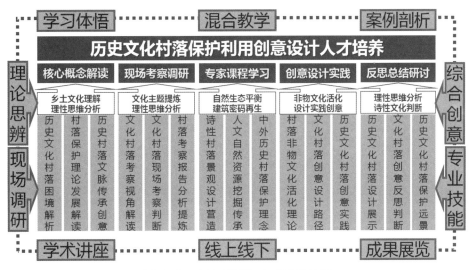

图 1-8　本次项目的人才培养体系

2. 讲座专家简介

讲座专家阵容强大，具体教学内容丰富（表 1-2）。

表 1-2　教学时间安排和专家情况

模块	授课时间	学时	课程	任课教师	上课形式	授课地点	主要内容
核心概念解读	6月20日（星期三）上午	4	历史文化村落保护利用创意设计人才培养高研班教学概览	施俊天	专题讲座	浙师大美术学院 18-304	历史文化村落保护利用创意设计人才培养高研班教学安排
	6月20日（星期三）下午	4	历史文化村落保护利用考察调研报告的要求与内容	安旭	课堂指导、网络指导	浙师大美术学院 18-304	现场考察分析与总结，提出保护利用发展方向
	6月21日（星期四）	8	江南第一家、前吴村、嵩溪村现场考察调研	团队教师	现场考察调研	现场	现场走访录音摄像，现场测绘，现场讨论

续表

模块	授课时间	学时	课程	任课教师	上课形式	授课地点	主要内容
核心概念解读	6月22日（星期五）	8	诸葛八卦村、寺平村、俞源村现场考察调研	团队教师	现场考察调研	现场	现场走访录音摄像，现场测绘，现场讨论
	6月23日（星期六）上午	4	从柳宗悦的民艺思想看中国传统之美的重新发现	杭间	专题讲座	浙师大行政中心报告厅	历史文化村落的民艺需要传承，更需要活态创新，并给出民艺的活态创新路径
	6月23日（星期六）下午	4	历史文化村落保护利用的困境与出路	赵健	专题讲座与深度对话	浙师大美术学院18-304	保护的必要性与紧迫性，传统村落是另一类文化遗产，中国保护的出路与转机
	6月24日（星期日）上午	4	以历史文化村落保护利用推进乡村振兴	邵晨曲	专题讲座	浙师大美术学院18-304	历史文化村落保护利用的政府责任，传扬"浙派韵味"、浙江路径
	6月24日（星期日）下午	4	问题导向视角下的历史文化村落保护利用规划	郑卫	专题讲座与深度对话	浙师大美术学院18-304	问题导向视角下的历史文化村落保护利用规划
现场考察调研	6月25日（星期一）	8	廿八都镇、六村、下南山村现场考察调研	团队教师	现场考察调研	现场	现场走访录音摄像，现场测绘，现场讨论
	6月26日（星期二）	8	芙蓉村、苍坡村现场考察调研	团队教师	现场考察调研	现场	现场走访录音摄像，现场测绘，现场讨论
	6月27日（星期三）	8	乌岩头村现场考察调研	团队教师	现场考察调研	现场	现场走访录音摄像，现场测绘，现场讨论
	6月28日（星期四）	8	东沙镇现场考察调研	团队教师	现场考察调研	现场	现场走访录音摄像，现场测绘，现场讨论
	6月29日（星期五）	8	乌镇现场考察调研	团队教师	现场考察调研	现场	现场走访录音摄像，现场测绘，现场讨论
	6月30日（星期六）	8	荻港村、燎原村现场考察调研	团队教师	现场考察调研	现场	现场走访录音摄像，现场测绘，现场讨论
	7月1日（星期日）	8	郭吴村、余村现场考察调研	团队教师	现场考察调研	现场	现场走访录音摄像，现场测绘，现场讨论
	7月2日（星期一）	8	东梓关村、荻浦村、深澳村现场考察调研	团队教师	现场考察调研	现场	现场走访录音摄像，现场测绘，现场讨论
	7月3日（星期二）	8	新叶村现场考察调研	团队教师	现场考察调研	现场	现场走访录音摄像，现场测绘，现场讨论
专家课程学习	7月4日（星期三）	8	浙东历史文化村落保护利用黄岩探索	杨贵庆	专题讲座与提问解答	浙师大美术学院18-304	介绍黄岩历史文化村落保护利用创意设计的经验，对历史文化村落的传承与发扬提出具体规划措施

续表

模块	授课时间	学时	课程	任课教师	上课形式	授课地点	主要内容
专家课程学习	7月5日（星期四）	8	历史文化村落建筑遗产保护利用的传承设计研究	过伟敏	专题讲座与提问解答	浙师大美术学院18-304	历史文化村落建筑遗产保护利用的具体方法
	7月6日（星期五）上午	4	历史文化村落保护可持续的灵魂	陈华文	专题讲座与深度对话	浙师大美术学院18-304	充分挖掘宗族文化、耕读文化、民俗文化等的历史人文元素，全面收集整理村落内婚嫁、祭典、节庆、饮食、风物、戏曲、工艺等习俗和礼仪
	7月6日（星期五）下午	4	历史文化村落的文化传承与创意	葛永海	现场考察调研	浙师大美术学院18-304	历史文化村落的文化挖掘、文化梳理、文化创意，列举浙江省内实践案例，提出文化主题提炼方法
	7月7日（星期六）上午	8	域外视角——意大利托斯卡纳历史文化村落的保护与利用	Maria Concetta Zoppi（刘益良）	专题讲座与深度对话	浙师大美术学院18-304	意大利托斯卡纳地区历史文化村落保护利用的现状，托斯卡纳地区历史文化村落保护利用的经验借鉴
	7月8日（星期日）	8	历史文化村落的视觉（标识、色彩与纹样）创意设计	徐成钢	专题讲座与深度对话	浙师大美术学院18-304	从主题文化出发，提出村落标识、纹样与色彩体系的创意设计路径
	7月9日（星期一）	8	历史文化村落古建筑保护利用的方法与路径	陈易	专题讲座与深度对话	浙师大美术学院18-304	对村落中具有较高历史文化价值和具有鲜明时代印记以及具有显著地域特色的传统建筑物、构筑物，提出科学的保护和修复策略与方法
	7月10日（星期二）	8	历史文化村落保护利用的文化价值与设计伦理	方晓风	专题讲座与深度对话	浙师大美术学院18-304	中国乡村的文化传承自身的历史不同，所呈现的面貌也不同，既往乡村建设的误区是简单化的工业化和城镇化，保持、激发乡村文化的生命力
	7月11日（星期三）	8	传统村落兴衰更替的历史经验与当今产业振兴	王景新	专题讲座与深度对话	浙师大美术学院18-304	中国农村土地制度改革与社会变迁，经营村域集体经济应借鉴有益经验，苏浙农村资金互助合作组织的调查与思考，村域经济转型发展态势与中国经验

续表

模块	授课时间	学时	课程	任课教师	上课形式	授课地点	主要内容
专家课程学习	7月12日（星期四）	8	村落"诗性"景观设计与营造方法	施俊天	课堂观摩设计主张研讨	浙师大美术学院18-304	全面掌握村落内保护建筑民间文化特色、非物质文化遗存、村落整体布局、古树名木等传承传统文化，突出乡土景观特色，形成品牌效应。从"诗性文化"的角度提出历史文化村落保护利用的新方法与路径
	7月13日（星期五）上午	4	乡村空间的守护与拓展	李凯生	专题讲座与深度对话	浙师大美术学院18-304	历史文化村落中需要保护的建（构）筑物应根据各自的保护价值的规定进行分类，逐项进行调查统计，保护和整治方式
	7月13日（星期五）下午	4	公共服务设施创意设计	吴维伟	课堂观摩设计主张研讨	浙师大美术学院18-304	公共服务设施的规划布局与创意设计
	7月14日（星期六）	8	历史文化村落保护利用的旅游路径	陈一帆	专题讲座与深度对话	浙师大美术学院18-304	在保护优先的前提下，积极利用历史文化村落的文化价值和景观价值，从历史文化村落"宜游"的建设目标出发，合理安排旅游项目和旅游服务设施
	7月15日（星期日）	8	基于历史遗产保护的村落复兴策略探讨	王忙	专题讲座与深度对话	浙师大美术学院18-304	历史文化村落的文创产品的方案构思、方法路径及创新设计
	7月16日（星期一）上午	4	历史文化村落的价值解析与活态保护	鲁可荣	专题讲座与深度对话	浙师大美术学院18-304	村落历史文化传承与发展，乡村旅游与农村社区发展，历史文化村落社区发展动力研究
	7月16日（星期一）下午	4	历史文化村落的公共艺术设计	朱一平	专题讲座与深度对话	浙师大美术学院18-304	历史文化村落的公共空间，公共空间中的公共艺术价值，公共艺术与历史文化村落保护利用的相互促进

续表

模块	授课时间	学时	课程	任课教师	上课形式	授课地点	主要内容
专家课程学习	7月17日（星期二）	8	历史文化村落保护利用规划设计的基本内容与要求	丁继军	专题讲座与深度对话	浙江理工大学艺术与设计学院	历史文化村落保护利用规划设计程序与方法
	7月18日（星期三）上午	4	历史文化村落规划设计常见问题及案例分析	王秀萍	专题讲座与深度对话	浙江理工大学艺术与设计学院	历史文化村落规划设计常见问题及案例分析
	7月18日（星期三）下午	4	历史文化村落保护利用规划设计程序与方法	洪艳	专题讲座与深度对话	浙江理工大学艺术与设计学院	历史文化村落保护利用规划设计程序与方法
	7月19日（星期四）	8	历史文化村落建设绩效评估	杨小军	专题讲座与深度对话	浙江理工大学艺术与设计学院	历史文化村落建设绩效评估
创意设计实践	7月20日—10月7日	104	历史文化村落保护利用创意设计实践	团队教师	网络指导	本地	利用网络等方式对历史文化村落保护利用创意设计实践开展深入指导
	10月8日（星期六）—10月16日（星期日）	72	历史文化村落保护利用创意设计实践	团队教师	现场考察调研、设计实践	历史文化村落现场	历史文化村落保护利用创意设计实践现场指导
反思总结研讨	10月17日（星期二）—10月18日（星期三）	12	历史文化村落保护利用创意设计学员作品展	团队教师	展览	历史文化村现场展览	学员布展、展览开幕、作品介绍等
	10月19日（星期四）	8	历史文化村落保护利用创意设计人才培训总结	丁继军、施俊天等	座谈与对话	团队参与	历史文化村落保护利用创意设计人才培训过程开展总结

3. 实地考察路线

实地考察分为两个阶段。前期在"核心概念解读"中安排一次为期两天的村落调研考察（路线见图 1-9），预热相关基本理论，熟悉浙江村落相关情况，形成初步的认识后再到课堂中落实自己的问题；随后经过若干天的理论学习，再安排第二次长达 11 天的实地调研（路线见图 1-10），形成综合全面的实践认识，之后再经过较长时间的课堂理论学习，形成螺旋上升的学习积累。最后将在嵩溪村现场进行为期两周的实地制作，完成各自的学习操作实践，达成全面整体学习的总目标。

图 1-9　第一次为期两天的考察的行进路线，两次均从红色五角星"金华"出发，当天回到金华

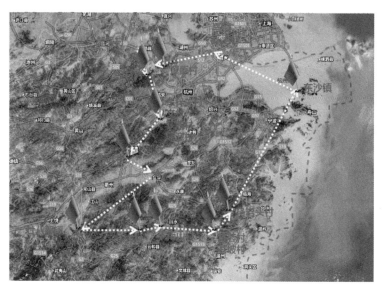

图 1-10　第二次为期 11 天的集中考察的行进路线，从红色五角星"金华"出发

四、结业要求与展示

在比较早期的时间节点向各位学员提出相关要求，提醒大家这次国培项目是诸位人生中一次重要的学习机会，是国家财政拨款和本研究机构大量资金配套的重点扶持公益项目，并不是召集大家走马观花地"旅游"，项目是对大家有课业要求的学习过程。

在座的各位学员中，有 7 位高级职称教师，其余学员均为中级职称或岗位。但诸位仍需秉承求学、好学、乐学之心，来进行这个较长阶段的全脱产学习。

1. 具体结题目标

各位学员必须在全部教学工作结束前上交如下相关的成果：

调研报告——在浙江省范围内甄选 20 个具有典型特征的被省农办纳入保护利用项目的历史文化村落，按"古建筑村落""自然生态村落"和"民俗风情村落"等主要类型，在历史文化村落文化内涵提炼、历史文化村落资源合理利用、历史文化村落保护长效机制等方面，各自独立完成调研报告。

创意设计作品——每位学员独立完成一个关于嵩溪村历史文化村落保护利用的创意设计，共约完成创意设计作品 30 件。

系列精品在线开放课程——此次培训根据人才培养需要，发挥授课专家的学术特长，设置系列主题明确的课程，将主讲教师的专题讲座、课堂教学和学术沙龙等内容，以及历史文化村落保护利用的原理、具体方法和实践案例分析等板块集纳，建立具有学术高度又具实用性的精品在线开放课程。

一次展览——对完成的创意设计作品，我们将在全国范围内开设展览 1 次，召开学术讲座 2 场。

系列文本成果——我们将在国家级出版社正式出版历史文化村落保护利用创意设计培训班《嵩溪实践——学员作品集》，精选授课教师与学员论文成品出版《嵩溪实践——师生精选论文集》；在相关专业期刊上发表高质量学术论文。

2. 创意设计作品安排

国家艺术基金介入乡村：选择金华市浦江县嵩溪历史文化村落开展设计和展览，届时我们将安排学员在嵩溪村内开展作品制作和展览事宜。

根据诸位学员的来源情况和质量要求，创新性地把创意设计作品与展览场地结合起来。目前规定两个作业方向：

作业方向一，历史文化村落保护利用规划与设计；

作业方向二，历史文化村落创意产品设计。

今天，本人作为系列讲座的开篇，综合、笼统地讲述了本次项目的一些细节，我在此代表浙江师范大学相关部门、金华市农业办公室、各位专家、本项目工作后勤及保障团队，向大家致以诚挚的欢迎，希望大家在这个较长时间段的学习过程中，有所收获、相互交流、学有所成、生活愉快！

谢谢大家！

历史文化村落保护利用
考察调研报告的要求与内容

安　旭

主讲人： 安旭，浙江师范大学副教授，发表学术论文二十余篇，出版著作 4 部。浙江师范大学乡村景观文化研究中心成员。

一、历史文化村落保护和利用调研报告

1. 调研报告

村落项目的调研报告，其概念意义不同于其他行业的调查报告。这是因为在规划设计行业中，调研报告的写作者务必自觉地以研究历史文化村落或具体村落项目为目的，依据农村社会或项目工作的需要，拟订切实可行的调研工作计划，如调研人员、车辆安排、村落对接人、伙食安排、调研设备、路线安排、基础资料收集、访谈、基础药品保障、休息场所等，做到工作有计划、遇事有准备，变被动适应为积极主动地工作。从明确的追求出发，深入项目村落的社会一线，不断了解村落的情况、问题，有意识地探索和研究，形成调研工作的深刻印象，事后写出对规划设计确有价值的村落调研报告书。

很多规划设计单位其实并无此环节，或许是因为涉及很多现实困难。我们从野外调查归来，可能已然身心疲惫，但当日的村落印象正深，在调查中同事之间的讨论也正如在耳际，如果不马上落于纸上，这些鲜活的印记可能转瞬即逝。另外，如果单独书写，也可能不够客观。或许个人会将非共性的感念占据大部分比重，这在客观上要求全体考察者均要进行即时总结，以确保调查研究记录事实的客观公允。

调研报告的本质是客观地述说客观事实，并给予准确到位的分析。其主要包括两个部分：一是调查（实事求是地述说），二是研究（准确到位地分析）。调查是深入村落实际，准确地反映规划设计目标历史文化村落的客观事实，不记录主观想象，依照事物的本来面目了解事物本身，详细地钻研甲方提供的材料。只要涉及研究，则或多或少地会有一些主观性判断。在掌握客观事实的基础上，认真且客观分析，逐步透彻地挖掘事物的本质。在这个内容中，还需要有相关问题的初步对策。调研报告中当然可以提出个人观点和看法，但这应该处于次要地位，同时这也是未来在具体制作和深入调研中可以被商榷或修正的部分。因为对策的制定本身无疑是渐进性深入、逐渐复杂且综合研究的过程，调研报告书写最初提出的对策应该经受得住时间的考验，其最终是否被设计实现，能否上升到物质实物，应经过规划设计实践的反复考验。调研报告直接为规划设计服务，它也可以成为可

行性分析报告的主要内容和基础材料。

事实上，这也是调研报告和可行性报告二者的根本性区别。可行性报告需要论证的是项目实施的可行性，它更强调项目上马后的可行性，以及项目上马后的未来愿景问题，而不是上马后效果对策的可行性分析。而调研报告阶段并不强调项目未来投资的问题，它比较关注的是目标项目当下的经济问题。

历史文化村落的调研报告是整个村落不同尺度的调查工作，在纵向层次上包括计划、实施、收集、整理等一系列过程的客观描述及总结，是调查研究人员劳动与智慧的结晶，也是目标项目后续工作所需要的比较重要的书面结果之一。它是一种沟通和交流的形式，我们工作团队也会将这种调查报告递交给项目甲方的负责人，让他们确定调研报告中我们确定下来的工作条件和工作项目。其目的是将我们的调查结果、战略性和框架性建议，或者其他结果传递给甲方项目管理人员或其直接利益人。当然，为了让项目进展更顺利，我们会将调研报告分拆为若干种版本，从结构上来说，一般会形成文字版和文字简版，两者是相同的，只是简版的文字量更少，语言更平实通俗，以方便甲方领导更快速地掌握项目的主要问题。因此，认真撰写调研内容，准确分析调研现象，明确给出调研结论，是报告撰写者的首要责任。

2. 书写目的

一般来说，只有那些规划设计研究类的机构和一些投资金融机构才会认真书写调研报告，因为调研报告对于其他商业业态的用途并不大，有一些规划设计单位虽然较为认真地对待调研报告，但亦不过是在必要阶段填写相关表格。反而是一些投资类机构比较重视调研报告阶段，并采用与我们较为不同的视角。我们也知道比较多的规划设计单位甚至并未设置这个工作环节。

本乡村景观文化研究中心和其他设计单位不同，我们所有的成员均需要进行比较多的研究工作，紧密地跟随着党中央的精神和时代要求，在实践中与时俱进，"教学相长"。因为我们只有紧跟时代，才能"教有所指""言之有物"。正因为教学行为是一个不断更新自我的过程，所以，这就客观地要求我们务必重视调研报告写作这一种看似较为额外的工作，让自己有机会更新、反思、推理、挖掘知识体系。

3. 书写的时间线

历史文化村落保护利用考察调研报告的书写工作，是贯穿于整个项目过程中的。项目受邀、竞标或由甲方带领考察正式开始之前，我们会对目标村落进行"路人"性质的考察，不打扰地方官员，仅以普通路人的身份到项目地进行初步考察，回到单位后依据考察照片和事先在网络上找到的相关资料，加之实地考察的感受，来进行这一部分的书写工作，从而形成对项目最初的印象。这种现场踏勘也发生在整个项目制作过程中，在方案阶段会有 20~30 次。

我们秉持"一村一做"的工作态度，虽然我们调研的过程和步骤可能相似，但调研内容却截然不同，我们会充分挖掘目标村落的地理条件、历史文脉、形态特征、村落业态、村民风气、秉持信念、宗族特色、资源特性等内容；另外，我们调研报告的书写过程，是群体智慧的结晶，是所有团队成员反复探讨、打磨出来的成果。所以，其书写过程并不是一个时间点，而是一条时间线，甚至是由多个成员共同组成的多条时间线，成为一个综合的时间面。这样形成的调研报告，是能够真实地反映项目总体情况的镜像，是真实的具备可持续发展的项目基础资料和策划映像，是可用作该项目未来很长时间段的后续工作的影像。

4. 报告形成之后的用途

（1）用于项目村落的进一步建设。作为设计方，我们的认识可以用于直接和甲方进行交流，以吸引甲方设置更多的项目，使我们进一步参与村落建设。这是从横向方面进行拓展。

（2）用于学术出版。作为大量一手资料的持有者，一个项目负责人教师，可以进一步将资料提炼成学术论文，在相关期刊上发表。这可以理解为在纵向方面进行拓展。

以上两点，对于一个有理想的科研工作者而言，都是实现学术理想的有效途径。

当然，调研报告也可以为以后的村落项目作学习样板。研究中心每年都会有新人加入，他们有些是新员工，另外一些是新进的研究生，这些学生来中心的目的主要是学习。为了让他们尽快熟悉业务流程，阅读前面已有的项目资料，也不失为一种较为便捷的方法。

5. 写作要领

（1）标题

任何一个项目的调研报告在研究中心均会正式存档，所以标题不可太长，且名称具备明确符号指示信息。一般用单标题概括调研时间、地点、对象、内容、文种五部分信息，如《2016.03.28 金华寺平村调整个别民居外立面景观工作调研报告》。有时候，一些比较口语化的文字，可以含"调研附记""调研札记"等词语。当然，我们也一般不使用新闻类文字，所以一般不会出现比较具有文艺色彩的调研标题，比如《土地的呼唤——关于张家村聚集村落村民素质的调研》这一类标题样式。需要注意的是，有时候"地点"和"对象"是相同的，那么就予以合并，且要素之间插入空格。

（2）署名、档案号和存储

下方署名，需要详细记录对调研内容做出文字贡献的人员。

档案号由文字和数字组成，如"D 东叶村·外立面 20180623"，文字一般采用三段式，如"D 东叶村·外立面"，意思是本调研报告是针对东叶村项目的外立面改造而书写的，大写字母 D 是首文字汉语拼音缩写，以便于快速检索，文字形成的时间为 2018 年 6 月 23 日。

纸质文件打印好后，保留一份收纳至文件柜中，每个项目存放在一个文件盒中，按照英文字母的顺序排列。这种排序在电脑中也比较容易检索。

存储至电脑中需要注意如下事项：单位中设立单独的服务型电脑，有条件的单位可以设置两台，其中一台有局域网接入，另外一台没有网络接入，只可以使用 U 盘接入。每天的日常工作，设计人员除了在自己电脑上存储之外，还需要在离开工位前通过局域网将自己的成果上传到服务型电脑。建立以自己姓名＋时间命名的文件夹，在这个文件夹内创建时间文件夹，然后将当日工作拷贝到这台电脑。这台电脑务必有两块硬盘，上述上传工作需要在两块硬盘中分别拷贝一遍。当规划设计工作整体结束后，需要用 U 盘或外置硬盘将项目全部工作拷贝到独立服务型电脑中，这台电脑也有两块硬盘，这个拷贝工作也需要进行两次。

另外，设计师在自己工位的电脑上工作时也需要随时存盘。很多软件可以设置自动存盘时间间隔，存储文件时需要同时保存两个文件，格式规定为"时间工作内容 . 后缀""时间工作内容（备份）. 后缀"，以保证在突然断电或蓝屏死机时至少有其中一个文件可以重新打开。

（3）前言

前言是用简单的语言明确表明整个项目在其时间点的宗旨性内容。

前言部分需要交代项目相关情况，为下文开展做好铺垫。前言部分需要简明扼要，但必要信息必须交代清楚。一般来说，前言包括以下部分：①交代调研的项目的组织情况，比如调研目的、对象、单位、时间、地点，还包括调研方法、过程和结果；②概要说明被调研对象的基本情况，比如调研对象的工作内容、基础、工作现状；③基本设计安排、工作内容、较大的框架。前言部分可以放在最后书写。前言部分是制作调研报告"简版"的主要内容，这个版本可以在汇报时提供给甲方领导参阅。

（4）正文

正文部分是调研的主体，一方面要全面具体地列出调研到的客观情况，另一方面也需要对具体情况做出分析，对调研对象的情况进行较为全面和详尽的记述，介绍情况需要分门别类，对重点区域或特征需要重点介绍。

在正文的写作中，需要注意几个问题：①运用数据进行比较精确的表达，比如描述金华婺城区金华山洞前村的冬季温度，不应用"比较冷"来形容，需清楚地记录具体情况，全年平均温度为××℃、绝对低温为××℃、绝对高温为××℃、冬季昼夜温差为××℃等，除此之外，不能出现很远、比较高等文学化词汇，所有单位务必使用科学标准的单位符号；②能列表表达的就不要用文字，表格格式需规范；③各级标题清楚明确，文字务必精练。

（5）结尾

对前文进行言简意赅的归纳、补充和完善，明确指出不足和有待提升改进之处。如正文完结，内容已经阐述清楚，全文应自然结束。

（6）参考文献

村落从业者应自觉地养成科学研究文字的书写习惯，平时也应主动阅读相关文献资料，列出主要理论依据和方法，以及有争议的论据。具体格式见文献综述中讲述的参考文献的格式。

（7）附录

在调查研究报告中只有局部使用或完全没有使用，但又与报告有关的具有学术价值、设计价值或档案价值的重要原始资料、数据，如调查问卷、访谈提纲、录音及影像资料、复杂的公式推导、设计程序、各类统计表、统计图、水文气象资料等均可放于附录中，有利于说明和理解调研报告，也可提供有用的科学信息。

6. 调研报告的真实性

调研报告的功能原本即为用调研得来的真实情况反映工作实际。因此，需全面、深入且具体地调研调研对象，将其实际情况记录在调研报告中。用事实说话是指用调研材料直接或间接表明工作团队对项目的认识。调研报告中所使用的材料：一是综合材料和典型材料。综合材料用于说明目标项目的广度，即项目范围、红线划定情况、设计规模、预期效益等，通过综合材料帮助项目甲方和设计方把握项目的整体概貌，了解总体发展情况。综合材料是对基本情况或一般情况做全面性且基础性的交代。典型材料反映的是目标项目的深度，具有项目特色与抓手的意义。典型材料一般对重点情况和内容做较为具体的描述和举例说明，是未来开发的亮点所在。二是统计材料。统计材料要反映出村落项目工作中的具体情况。数字材料是最有效的资料，其格式简单，表述的内容却十分具体，报表看似枯燥乏味，但最能说明与描述项目问题，因此其也往往是调研报告中最有说服力、最引人注意的内容。三是对比材料。对比材料可以突出目标项目的特点，鲜明地显示项目与其他作品之间的差异，帮助目标项目向模范样本看齐，激励设计师设定更高的设计目标。对比的方法有现状与历史的比较、先进与落后的对比等。

前面已经说过，历史文化村落保护和利用调研报告不是文学作品，不能使用文学手法。以下方法不但不会破坏调研报告的严肃性，而且有利于内容的表达，应当学习使用。它们是图表说明、数据说明、表格说明。这并不仅仅是为了真实性，事实上这也是为后续研究的发表打下坚实的基础。

7. 调研报告书写心得

除了上述文字之外，以下内容，是笔者在我们团队单位书写调研报告多年积累下来的一部分经验。成年人的所谓"经验"，一般都是遇到的实际困难以及切实克服后才得到的特殊知识。

首先，调研报告要真实。调研报告可能会呈送给甲方或相关领导审阅，因为他们常会依据调研报告来进一步验核项目立项及落实的情况。所以，调研报告中的数据需经受住考验，书写者务必保证其真实性。

其次，精准定位，调研报告要能耐受得住时间的考验，不能只对相关责任人负责。虽然说只要比较关键的甲方责任人通过，这项写作任务基本上即算告成。但如果需要让项目顺畅落实，仍需要多与各级别甲方当事人沟通，倾听每个岗位的工作者的思路，即使他表述得不够好，也能给设计方提供相对明确的方向。

再次，弃末逐本。在以往工作中我们已经搭建过很多写作框架。在村落中调查后我们所掌握的基层情况，有很多是比较细枝末节的。但为了做好一个项目，我们需要极大化并广泛地收集各种有效的资料，精细地掌握第一手情况，包括乡村行政上级的汇报、讲话、年度工作总结。把这些资料找全，越完备越好。然后从中选取与这次调研密切相关的观点、内容、表述，结合保护、设计、规划、建设等思路和想法，列出提纲，包括基本情况、存在问题、下一步工作计划等，形成一个初稿，随后应该向甲方多次汇报，取得他们对实际工作的支持。这就完成了项目任务的第一步。接下来，在初步设计中将这些调研心得运用进去，不重要的坚决断舍，重要的留下来继续深化。规划设计的从业人员要清楚地知道一个问题，那就是从重要问题中推导出来的细微问题，较之原本就是细枝末节的问题更重要；从小问题中当然看得到大趋势，但从大问题中其实更容易看出大趋势。

最后，区分轻重缓急，设计师需要自己把握好工作节奏。一方面，对自身要求需从严，一切工作往前赶，放在前面做，不可拖延。毕竟每一个项目都是新的项目，很多条件需要消化和吸收。另一方面，要充分利用汇报交稿前的时间，建议从业者把握好工作节奏。

二、浙中地区历史文化村落现状观感

改革开放之初，即便是有着悠久历史的古村落，人们也会拆除旧房建造新式房屋。

当然，一方面伴随着城市经济的抽吸压力，另一方面是基础农业劳动获利可能不能匹及城市的普通劳动岗位，大量的劳动力直接被城市抽离，他们搬离村庄到城镇居住。特别是当他们的子一代熟稔了城市生活后，会不再适应乡村生活。但较为早期时，他们对于祖居的态度，是大部分人实施了"拼贴"的建造行为。其中一个比较重要的原因是现代化的生活设备和基础服务器具需要新的空间环境与之配合，旧式建筑的空间可能在结构支持方面不尽理想。另一个原因是旧建筑的保护性建设，如"修旧如旧"的保护策略，需要消耗大于拆除后重建的经济消耗量，哪怕拆除后重新建造成旧样式，其开支也较之原体保护性建设要少。在这种资金压力下，没有经过文保单位定调的古旧民居的拥有者，并无动力进行保护性翻修，而多采用拆除原址复建的办法。而这种复建，其样式常常不但使用现代建筑材料，而且在空间方面也完全采用现代建筑空间了。

相对无序的建造行为无疑对古村落的保护造成了一定的压力，特别是一些古村落还未经相关部门认定。有些村落虽然经过相关单位的认定，但是也会陷入比较明显的窘境，即修缮资金压力的问题。古村落事实上作为中国传统建筑的一部分，有着明显区别于其他国家和地区的独特空间序列，其也反映出旧时代的社会秩序。与具备西方特征的现代的居住小区相比，古旧村落充满中国独特的美学观、自然观、文化观和哲学观，也体现出中国乡土文化、血缘秩序在古村落的熟人社会的传承和沉淀。党的十八大以后，习近平总书记在多个场合宣称自己对传统文化，表达出中国人对传统文化、传统思想价值体系的认同与尊崇。2015 年 5 月 4 日，习近平总书记与北大学子座谈，又多次提到了社会主义核心价值观和文化自信。

从宏观时间来讲，尽管我们数代都尽可能地进行保护工作，其实它们的最终结果却未为可知。问题在于，保护与否原本基于对历史的态度，也即我们秉承于祖先，也需要对后辈负责。现在建造的建（构）筑物，于后代而言依旧也可以成为历史建筑，我们尊重历史本身，也可以教育后辈在未来尊重我们自己。

1. 古村落式微的原因

古村落作为一个地区历史和文化的物质载体，对一个地区的风土民俗、文化历史、经济业态、人民传继起到至关重要的作用。古村落的建筑遗存不仅仅是建造技术上的物化成就，同时也传承着当地、当时的文化和历史文脉。现在，村落人口被城市吸力抽取，导致村民较多地流失。一方面，民居建筑得不到日常的必要"微维护"，而导致其系统性破损。要知道，很多建筑的恶性问题，其实源头通常在于比较细小的问题，如果建筑中有人居住，那些问题便可以及时得到矫正。另一方面，村落村民外迁成为主要的村落趋势和社会现象，主要文化持有者或主力年龄人群的离散逐渐导致本地文化和生活习俗的流出和遗忘，当村内现有的高龄的文化秉持者逐渐去世后，这种离心力将呈现加速的趋势。

所以，村落空心化、村落文化凋零的核心原因，是村落人口流失的问题，如果能改善村落人口问题，也预示着乡村振兴的实现。当然，回潮的人口也需要用年龄层次良性比率数值进行评价，也即改善村落人口才是最核心的问题，才能根本改变村落目前的状态，同时完成乡村振兴工作。而策略或许是有效地调整、培育和营造村落业态。空间改造和打造美丽乡村的工作，如果不涉及经济业态这一类核心的问题，就不能根本解决村落的经济复兴。虽然我们不能唯经济论，但至少也要注意到这个问题的重要性。

现存浙中古村落式微表现出的主要问题如下。

（1）经济问题

很多历史悠久的古村落中遗留了比较多的古旧建筑或构筑物，比如祠堂这种具备公共性质的建筑，这一类建筑正是借助了其公共性质，反倒能够得到较为精细化的维护。但中国传统木结构建筑的特点是，伴随着时间的推移，木质构件会自然地老化、风化、虫蛀、湿解、破损，直至物理性解理。一方面是很多构件如果不能及时更替，其受力情况减弱的结果可能会加速周围受力件的损坏；另一方面是有些建筑构件从外表上难以识别其结构性问题，但如果翻修时拆下，会发现它们已经朽坏不堪二次使用。木结构建筑于当下时段，仅材料本身的采购价就很高，不要说后面还有建造的人工费及维护费。况且村内人口的结构本已缺失，如果没有政府财政的支持，仅村集体自身难以承受修缮费用。

即便政府财政能够支持，也会面临"僧多粥少"的问题。浙江现存的历史村落数量比较多，等待修缮的建筑也非常多，资金缺口比较大。一方面总体上不能"厚此薄彼"；另一方面如果资金平均摊薄，反而面临着"任何一幢旧建筑都修不好，但钱也花了"的问题。

此外，村内原住居民中的一些人会从自身体验和"实用主义"的角度出发，觉得这些建筑的某些不合理缺陷导致较差的居住体验。伴随着现代化生活逐渐普惠了广大民众，尤其当他们将此类旧建筑的居住体验与现代建筑居住体验进行了比较之后，优劣自有公断。于是，村民们更愿意拆旧的建新的。新的民居建筑更符合现代生活方式，其更干净、更明亮、更方便，也更符合现代建筑审美需求。任何一个设计者都不应该回避这个问题。

更重要的是，村民中的年轻人大多到城市去工作，其能够获得的年薪总额常常大于在村内从事第一产业或简单手工业的年收入总额，而且他们不可能将比较多的工余时间用于异地通勤，即他们无暇顾及自己曾经居住的原生村落。同时这种城市吸引力确系客观存在，在近40年中并未减弱或消失，导致很多村庄的人数事实上越来越少。村内的"造血"能力一再下降，现状是很多村落中只留有老人和儿童，儿童一旦长大也会离开村落到城市中或者追随其父母，或者在城市中谋生。

面对逐渐衰微的古村落，只要祖宅能够暂时居住，则在异地务工的青壮年村民关注的重心是农业家庭经济收入是否能够获得跃升，而非建筑改善。而面对要修复的建筑构件，事实上需要大量的木材，单个家庭的资金有限。加之"不住的屋子更容易旧"的生活常识，旧的原因主要在于日常难以计数的细微修复均不复存在了。而另外一些在城市收入比较好的村民，可能出于一种"光宗耀祖"的心态，会回到村落拆除旧样式祖居，在原地之上另起新房。但我们也发现，即便是在经济比较发达的浙江农村，这种现象也在逐年减少，除了政策限制的主要原因之外，在日常问卷调查中，我们发现这种回乡建房的意愿也在减少。

当集体土地之上的房倒屋塌，现有的政策是这块土地自然而然地归还给集体，村内年轻一代不得不永久性地离开故土。如果一个村落的所有人都以各种方式离开村落，则这个村落事实上就"死亡"了。如何阻止或暂缓这种"消逝"，期待学术界进行深入研究。

（2）技艺的流逝

村落中某些相对落后的产业或者低产出的业态及工艺过程，伴随着生产力的提升和替代物的产生而消逝。但对于建造过程而言，昔日的那些旧工艺其实还有一定的实际意义。

我们在浙中地区的很多历史文化村落中都能够看到为数众多的旧式样建筑，它们中存有漂亮的木雕、石雕以及严格遵循的建造模数。尚存的旧建筑构件均比较精美，比如大木作、小木作、石作、砖作、建筑绘画等，具体表现为木雕、砖砌、格栅窗、隔板、灰瓦和滴水以及山墙、各种夯土的做法等。它们的工艺精湛甚至现在仍难复制。但这些做法，因为过高的工费而导致技艺难以传承并逐渐消失。在我们现在的一些新建建筑里，立面的木质门窗被现代合金门窗所取代，屋面的瓦转变为树脂机制瓦或琉璃瓦，山墙的弧度则消失不见。村民把很多技艺逐渐消失简单归结为现代年轻人不再持有这些技艺，因此只能用现代工业品来代替。其实并非如此，而是因为老建筑构件的制作过程复杂、时间较长，大范围制作导致其制作工费过高，最终被消费者抛弃。当然，另一部分原因也在于技艺的流逝，掌握旧工艺的老人难以将技艺传承下去。不能不说，物化与技艺的消亡，也是文化的消亡。

当然这一条完全可以用资金堆叠加以弥补，但我们需要尽快地正视这个问题，在信息方面给予相应的记录保存和弥补；在研究方面应该给予相应的立项激励。

（3）服务较为落后

如果村内人口呈现净流出的状态，基础设施的自给完善情况也就停滞了，同时之前的设备也逐渐老化，加之新居住条件需要的各种设施并未跟进，继而形成了古村落的基础设施并不是很完善的现状。事实上这与当下快速发展的城市形成鲜明的对比，从居住舒适度角度而言，前者当然不如后者。

在基础设施建设方面，浙江无疑走在了我国大部分地区的前列，浙中地区的村落经过村村通工程、五水共治、三改一拆、白改黑、雨污分流、新农村建设等系列基础建设之后，其市政保障已经不输城市了。除了硬件的基础服务之外，还有人的服务。人可以提供更多软质的服务，比如购买奶茶。

在中国的很多地区，因为仪式性假日不得不回乡短暂居住的原住民，可以忍受数日的生活不便，但如果将时间拉长，很多人可能就会选择离开世代居住的村落回到城市居住，尽管他们在城市中的居住条件可能较差，但从人能够获得的服务角度来看，即便服务性较差的城市也高于一般的乡村。

任何人都有期望及合理合法享受更好生活的权利，所以有经济能力、技术能力、年龄优势的村民就从乡村中迁徙出来了。从法理上来讲，他们当然是有权利迁移到城市的。在行政约束、交通工具和通勤条件已经极为改善的今天，村民自如地迁移出村落的各种条件已经客观存在。

基础设施以及服务的相对欠缺是客观存在的，但这并不是人群移动的主要原因。

（4）文化传承的断层

传统村落的公共空间多是以庙宇和祠堂为核心，其家族成员围绕祠堂两侧建居，形成一种严格的序列，核心是为了稳固一种层级社会形态。宗族会借助时代道德体系、公共言论话语或玄学理念，比如在外轮廓上受到礼制儒家思想的影响，讲求等级制度，不仅体现在建筑本身上，还体现在建筑的位置上。在相对落后的生产力条件下，族群的生存策略必须是以单姓亲族紧密地聚集抱团生存，因为这样才能最大化地让姓氏基因得到传继，村落才能得以存续。

对于传统中国村落的聚落形态而言，"聚族而居"是经过岁月的不断验证后，形成的在当时生产力情况下较为可靠并高效的基本居住形态，是伴随"宗法—族群"的外部系统的具体表现物，当然也可以被认为是标定村落整体规划的文化原点（文脉），要求利用空间形式对宗族的社会体系全面且明确地自觉表述。在"祭祖与教化"相结合的功能下，形成以祠堂、庙宇广场、家学族规、风俗习惯、庙宇水地和堪舆地形无条件且强势性地作为主导，与居住空间无条件让步的有机结合的形态，成为民间聚落外部空间的主要综合建构模式。维护公共利益和权益位序成为一种集聚效果的主要向心力，其向心力获得大于离散效应的总体呈现。大致这就是文化和物质之间的相互转化关系。这也表现为中国的国民性，是在熟人社会中的个体利益必然让位于整体利益，并且逐步发展为注重集体利益大于个体利益的整体民族心态。占据最好的地理位置的祠堂和庙宇成为村庄的重点和精神意志的重心。事实上在村落面临频发的自然灾难和群体性灾难过程中，其确实也起到了最大化地保护族群整体利益的作用。熟人社会的族群在特殊时期或遇到重大生存事故时虽然呈现出一定时间的离散的状态，但经过灾难性震动之后，反而会形成较强的向心性。其结果是族群如果不具备这种气质，则仅能生存十之一二，如果按照前述的生存策略，大家通过一种自发的宗教样式的紧密抱团形态，克服较大灾难之后则能够生存十之六七。后者的优越性显而易见，于是大家都有意识地选择后面那种组织类型，毕竟生命的存亡才是人及族群的最大事，生命存在才能有万种可能，生命不存，万事皆休。

中国实现了基础工业化及改革开放之后，现代生产力的突飞猛进和现代政体需要与之配合的新的文化形态，旧的熟人社会的儒家思想的尊卑制度必然逐渐淡出人们的视线，这并不值得惋惜。同时因为市场的极度缩窄及科学的深度普及，早先的那些堪舆已不堪重用。村落原来的规划形态需要适应更快捷的通勤方式，比如早先的水口建筑的功能作用已经被电力所取代，水路也被更为高效的公路和电气化铁路所取代，进村通道已经被新有模式打破等，也就是说，其支撑村中凝聚力的重要因素均被打破，评价族人权重的标准也随之发生改变。建筑因此也失去等级区分的意义，虽然仪式性建筑仍旧会开展某些特定样式的民俗仪式，但其被重视的程度已经今非昔比，旧秩序随着精神中心的离散而逐渐没落，人们早就不再严格遵守传统，或仅因为一定的信仰仪式方面的切实需要而采取节日式的仪式，这事实上已经不是根植于心的那种思潮。

比较多的人认为村落中出现新的建筑风格是对原有村落形态的破坏。事实上，这只是村落不断与时俱进的一种表现。要知道，村落从未停止出现新的建筑样式，村民自觉地根据自己的经济情况而对其生存条件进行改善的诉求是无可厚非的求美本性。我们希望通过我们的工作使得乡村得以振兴，在业态上面重塑乡村业态。

村落保护的工作，并不是保护糟腐的部分，而是为了去伪存真，为了能留住人，能够让古村落重新活络起来，焕发新的生命力。我们已经不能仅靠行政命令限制人和要求人一定在某个区域采用较为落后的生产关系模式生存。普通人都天然地会自行选择。就常理而言，正因为那些居住舒适、经济、便捷、高效的建筑存在，才会有那么多人推倒旧样式的不够舒适的居住建筑，继而采用新样式建筑或采用新材料。我们判断一个事物的正确与否，并不能依据时间的长短，而应该严格地依据是否和生产力相适应。举个例子，旧的工艺，比如米线的制作，如果不是出于旅游表演的需要，机器制作能够极大地提高生产效率，就没必要拘泥于手工制作。"大道至简"，对其他技术的态度和这个道理近似。同时我们也应该知道，手工榨油所得到的油料，在品控方面确实是落后于机械制油的，无论是产品品相方面，还是内含菌群方面。如果出于产品销售的目的而过度宣传手工制作是可以理解的，但如果就此而否定工业化制造则是不应该的。

2. 古村落空间的一般标准化形态

在意识形态上行业专家是可以形成某种标准化样式的。内容如下。

（1）古村落不仅是时间艺术，更是空间艺术

侯幼彬先生说，外部空间给人的审美感受是一种空间流动的综合感受，是四维时空的构成。人在空间中停步观赏，属于静观；穿行游览，属于动观。静观所接触的场面景象是共时性的，动观所接触的则是历史性的。古村落在自然形成过程中严格遵循了这种艺术手法，魅力在于通过层次序列的设计，使不同空间景致格调相互转化，将游历时的心理感受纳入一个总的组织序列中，空间层次变化之时，由视觉引起的一系列心理感受与情感刺激也随之而变。

（2）中国传统村落的外部空间序列

古村落的结构因其功能不同而成为各自的空间序列，这种模式也预示着传统村落其实是由礼制组成的人类社会群体，具有双重属性。其通常会由气势恢宏的标志性建筑如牌楼、旗杆等组成，通过一系列暗示性空间序列组成。街道是人行的路线，同时也是村落入口与中心的联系通道。

（3）街道的设置

不仅要考虑与中心建筑的距离，还要考虑沿街建筑形态的多样性，以期营造一个既明了又丰富的空间序列，起到过渡性的作用。

（4）祠堂的地位

祠堂通常位于中心地位，由不同的路径将居住在不同地方的人联系起来，建立起一条精神上的

纽带。由于中国建筑单体的高度程式化，单体建筑很难有艺术特色，只有建筑群才能显现中国古村落的特色，祠堂由于地理位置、建筑规模、建筑等级的不同，无疑会起到画龙点睛的作用。而道路将村庄各处的房子联系起来，使之成为有机整体的一部分。

（5）农田环境

散布于周围的农田可以看作村落的结尾，起到将村落与自然分开的作用，也预示着人类社会与自然的分界线。随着村落规模的扩大，空间序列也由简单到复杂。

（6）村落整体布局

村落会随着规模的扩大而变得复杂。比如道路，通常会形成不同的穿行路线，而不同的路线又会有不同的空间体验。对于古村落，小规模的村落的空间序列处理较为简单，但可以通过对景物的设置让其有步移景异之美感。在大规模的村落里，不同的地形地貌成为天然的分界线，将其划分为不同的区域，然后进行特色开发。在空间序列中，采取不同的手法将村落各部分联系起来，使之成为一个有开端、发展、高潮、结尾的景观。与现代简单明了的居住小区空间序列相比，古村落的空间序列根据具体的外部环境和交通方式、感悟层析和心理状态，呈现出它的不同之处：可以是线性结构，通过不同的路径将空间转化为实践，自由而流动；也可以是整体性结构，在序列的统一与递进中前呼后应，浑然一体；也可以依据地形顺势布置，突出它的"天人合一"的思想。在古村落中，动观所呈现的一系列景物是景观层次和空间序列富裕的外部空间连续的心理与视觉感。

但是，以上这些并非城市的游客来此的根本原因。

"城市人"到传统风貌的古村落去，游览也好，居住也好，核心原因是由"景观异质性"导致的。他们在村落中感受到和城市的不同。相反，如果感觉相似，他们没有必要从一个城市转换到另外一个城市去。

3. 村落研究现状

对中国传统村落进行研究，始于18世纪西方学者对全世界文化形态的广泛性研究。鸦片战争之后，清政府的行政命令逐渐松弛，大量西方人开始深入中国内陆，相关的村落研究也随之开展。19世纪末美国学者明恩溥的《中国乡村生活》一书在美国出版，中国乡土文化受到美国学者的关注。自此，中国传统村落文化开始进入西方人类学、社会学学者的研究视野。凯恩、狄特摩尔、白克令等西方学者，均以社会学的调查方法，秉持欧美社会研究的范式，对中国村落展开了不同程度的研究。葛学溥先生甚至还提出了对中国各地乡村，按照区域分别进行调查研究的计划，只是因为战事导致这项计划最终没有得到实施。

早先西方学者在中国的各种活动，较为积极的一面，是为中国学者提供了研究方法论和研究程序等方面的借鉴，催生了中国本土学者、革命家对于中国村落研究的兴趣和热情，包括并不限于毛泽东、陈独秀、李大钊、费孝通、林耀华、杨懋春、杨庆堃、梁漱溟、吴文藻等这些革命领袖和学问大家。在学术界，毛泽东同志的《湖南农民运动考察报告》及其他各种著作影响至深，再比如费孝通的《江村经济》《乡土中国》等著作，用朴实的语言勾勒出较为完整的乡土社会结构及其运作方式，这些表述均相当准确，容易让读者产生共情和共鸣，无疑勾画出了由各相关要素系统有机组合起来的村落整体，一直被视为熟人社会（血亲社会）或曰小型社区，可以用来窥视中国社会的实验性范例。这种对于中国农村进行个案考察的研究方法，被奉为中国村落文化研究的圭臬或范例。

除了费孝通的江村以外，还有林耀华的黄村、杨懋春的台头村、杨庆堃的鹭江村、周大鸣的凤凰村、黄树民的林村等。直到今天，这种对村落进行个案研究的方法，仍然具有比较大的学术价值。

实际上，社会学也能够不断地揭示出村落中空间形态的根由，这是近年来村落研究的一个显著变化。很多并非社会学的学者进入这个领域，比如城市规划、建筑学、景观学、生态学、人文地理学等学者。同时，学者们已经开始从对单个的村落研究转变为若干个或者某一区域村落群的研究，这样更易于进行村落间的比较，例如李怀印先生对于河北省获鹿县（1994 年撤县设鹿泉市）的村落研究等。现在城乡规划等学科由于村落建设的原因，不但成为一种显学，而且成为一种物质形态重塑功能的引领或主导。

不过，对于一个区域的村落群的研究和比较研究，与对单个村落进行研究实质上是一样的，其根本仍然是个案研究。在研究方法上，个案研究能够将一个小范围的村落考察得非常全面而深入，但从案例的选择上来看，尤其是从以往的经典研究来看，实际上具有比较大的偶然性。学者希望能够从自己的研究中做到以小见大，常常试图通过对单个村落的描述展示出整个中国农村的情境。但就中国数以万计的村落的复杂性、文化异质性、地域性、多样性、地理条件、历史进程特性而言，常常较难达到学者预期的效果。所以照搬西方人类学、社会学、经济学研究的既有模式来研究一个具有数千年或数百年农耕文明的传统村落文化，并不适宜；另一方面，可以放大视角，采用类似物种分类学的角度，对村落进行分类和分级，但因为每个村落的历史和文化过于复杂，其形成及存续的方式又千差万别，简单的分类也可能无法将其详尽地描述。

传统村落熟人社会中最为浓厚的是家族观念或宗族观念，以至于村落中异姓之间的争斗、仇视、抢夺、融合、纳受等过程也受到前述两个观念的牵制，使得村落文化事实上具有极为牢固的内在结构与外在形态，各种物质及空间都为这种观念服务。早期的村落研究者无疑注意到了这一问题，包括魏特夫、陈翰笙、胡先骕、奥尔加·兰等学者。林耀华先生的《义序的宗族研究》以乡村宗族为研究对象，挖掘宗族社会的组织及其社会功能，论证了宗族大家庭与小家庭的结构关系与各自的作用。而弗里德曼在《中国东南的宗族组织》中试图解释某东南地区村落的乌托邦模式，大致因为当时他没有其他名词来表述中国乡村的宗族模式。杜赞奇通过研究指出中国国家政权的信念渗透过程，他注意到中国基层社会的生产力变化以及社会风气的变化，这两种事物的变化事实上是受到了宗族文化的作用，他已经注意到宗族、村落信仰这些现象，也注意到村落人群的组织、庇护或评价行为，或者是亲戚、邻里之间的非正式关系及内部人群的关系网络，但却没有意识到"为什么如此"。也即学界早已认识到中国村落文化中"文化形态"维系人际关系的重要性和错综复杂性。事实上，我们已经意识到，中国村落中的这种庞大而细微的关系网仍需要更进一步且深入地研究。

近三十年来，经济学及更多学科也加入到村落研究的阵营中。总体来说，村落文化研究出现了万花筒样的方向，蔚为壮观。目前大致有两种倾向为学界所称道：一是从宏观的角度，即以区域经济的角度，对较大区块中的村落进行整体性的考量，即全域化视角。这种研究的意义在于，如果单个村落在乡村振兴过程中存在产业方面的困难，当多个村落形成一个较大的整体后，伴随消费人群的存在和扩大化，这种产业方面的布局就成为可能。如此，对于实际建设项目的工作者而言，在于得出村落文化的同质性、规律性和差异性，让我们在设计规划工作中更加有的放矢。二是从经济学、艺术学、美学等具体专业的视角对村落文化进行探讨研究。尽管目前研究仍局限在对单个村落个案的研究状态，而且研究也会涉及当地村民经济生活的部分。但事实上，人类的任何行为或文化行为背后其实都有其经济学以及其他方面的原因，完全可以从其他专业视角来考量村落文化。

村落文化中当然存在一定程度的活态文化，通俗地说，即村落需要村民确实生活于其中，一个没有了村民的村落，是真正的空心化。这一点也逐渐被学术界重视起来。虽然我们并不认为应该恢复之前的那些所谓的秩序，比如旧时代传统社会制度文化的"村礼""族礼""家礼"，但其文化中比较好的部分，也不应该简单地给予一刀切式样的摒弃，所谓"取其精华，去其糟粕"。再比如文化教育与道德教化的关系，民俗与原住民日常生活中的衣、食、住、行、婚丧、喜庆、信仰、风俗关系等，也决不能强制它们必须仍然保持其原有的相对落后的业态。以上其实都可以作为表演性村落文化中活态文化的部分。作为研究素材，它们都值得深入研究。

自 20 世纪 80 年代以来，伴随着建筑、规划专业、风景园林、旅游学等学者逐渐进入村落研究领域，客观地说村落研究成为一种显学。自改革开放之后，党中央和政府越来越重视农业、农村和农民，出台了一系列政策，并配套相应的法律法规。纵观中国数千年的历史，从未有过一个历史时代如今天这样重视农村、重视村民的民生、重视农业，如此努力地进行乡村振兴建设、保护环境生态、调整村落业态、给予资金支持等，我们完全可以客观且自豪地说，今天的农村、农民和农业，可以说是处于最好的历史时期，这绝对是中国广大乡村之幸。

4. 本次讲座的总结

乡村振兴的根本目的，是试图让乡村的人口结构重归健康，核心问题是让村落产业重新适应现代社会。村落不是我们单纯设计得美观，或者是建设得漂亮就算完成任务，重要的是能够让它的产业健康且可持续发展。就振兴乡村经济而言，我们目前除了开发旅游这个方法，全社会均需要积极且深入地开发其他更多的方法。但毋庸置疑的是，在没有较多数量的适龄村民的情况下，发展旅游业可能是效率比较高且成效比较快的方式。发展村落经济或许并没有一种固定的模式或方法，可能需要"摸着石头过河"。在复杂的现实世界，并不可能万事俱备之后再做，而常常必须采用"一边儿做一边儿总结"，不断优化着去做。如此，让人们先干起来，并不失为比较好的策略办法。

在古村落保护与活化中，应该找到具体项目村落衰落的原因，在源头上寻求解决之策，要真正让古村落重新恢复活力，做到形与神的双重活化。此外，在物态建设方面，应当找出其独特的空间序列，加以利用并进一步设计，使其在古村落中重新焕发生命力，并成为古村落的亮点。

振兴村落的本质，就是让村落中人口的比例重新恢复正常。换言之，任何能够让青壮年劳动力回归村落的业态建设，只要不违背道德且在法律的框架下，并且是在不以别人的利益为代价且多方受益的情况下，都可以被认为是好的业态建设，我们都应该秉持一种欢迎的态度。至于是否需要经过市场的检验，应该勇敢地让它经过时间的验证。

党的十八大以来，习近平总书记坚持用大历史观来看待"三农"问题，站在统筹中华民族伟大复兴战略全局和世界百年未有之大变局的高度，就做好"三农"工作发展发表一系列重要论述。科学回答了农村改革发展的一条例重大理论和实践问题，指引农业农村发展取得历史性成就，发生历史性变革。

从政策管理层面来看，党中央近 30 年的惠农利农政策以及村落政策表明，中央对"三农"工作高度重视。浙江省从 2003 年开始施行"千万工程"，2010 年于全国第一个提出建设"美丽乡村"，从"社会主义新农村建设"到"美丽乡村建设"，从"新农村"到"美丽乡村"，它们不仅仅是文字描述的转变，而更多的是深化性工作的递进。"历史文化村落保护利用"是浙江"美丽乡村"建设的升级版，从 2013 年开始启动历史文化村落保护利用项目，到目前为止已经是第六批了。2018 年省农办对前面三批历史文化村落进行验收，一共大约有 120 个村，这些村落建设 2018 年已经完成。省、市、县、镇、乡、村各级政府对乡村问题的积极重视和扎实的工作，使得浙江省全域的村落全面走向乡村振兴的征程，并且取得了卓著的成效。同时政府从财政方面也给了浙江的村落建设极大的资金方面的支持，再加上多种筹措资金的渠道，这些年来，浙江的村落迎来了历史上前所未有的发展契机。

从人才培养的层面来看，除了以往的社会学、人类学等关注村落的传统学科，改革开放之后更多的建设性学科也加入到乡村建设、研究和人才培养中来。比如城乡规划专业、环境艺术专业、建筑学专业、景观类专业每年培养大量的专业人才，他们都直接参与到村落项目，为乡村振兴奠定了坚实的人才基础。同时，非常多的其他专业的专家学者，也将研究视角聚焦在了乡村振兴方面。

从国民经济发展来看，改革开放历经 40 多年，中国经济已经腾飞，人民生活水平已经极大地提高，文化需求日益增加，其本身休闲文娱的客观需要，促使村落获得了开发旅游、调整业态、产业升级等机会。国家、村落和村民的关系，是国家兴而乡村兴继而村民旺的关系。我们正处在一个令人振奋的年代，更要为实现中国梦而奋力工作。

经过近 20 年的发展，浙江已经涌现出一大批优秀的村落、明星村落、"网红村落"等，它们在开发之前也曾有空心村等各种现象，或经历过衰落的阵痛，但经过良好的运作，不但在经济上实现了突破，呈现令人满意的状态，在村落人口方面也恢复了良好的结构。只要条件允许，村民就会有回故乡的意愿，他们当然也关注和热心故乡建设。浙江的很多村落还探索出一些成文的管理经验，比如网商村模式、管头模式、莫干山模式、松阳模式、民宿村模式、特色小镇模式等。虽然他们的经验或许不能"放之四海而皆准"，也不是说照搬就可以复制，但它们的成功，也从侧面说明村落并非只有衰落这一种结果，或许衰败也不是乡村注定的命运。我们设计师的工作，就是多走访、多思考、多学习、多观摩、多交流、多实践，虚心、耐心、恒心、热心和勤奋工作。尤其是在当今这个时代，我们要不忘初心，牢记使命，将工作热情和专业能力运用在自己的工作中，在实现中国梦的伟大号召下，在乡村振兴的伟大事业下，在为人民服务的伟大精神感召下，贡献出我们全部的力量。

从柳宗悦的民艺思想看
中国传统之美的重新发现

杭　间

主讲人：杭间，男，汉族，艺术史学者，文学博士，教授、博士生导师，中国美术学院副院长、中国美术学院美术馆馆长。现任教育部高等学校艺术学理论专业指导委员会委员，全国文物与博物馆研究生教育专业委员会委员，中国美术家协会理事、理论委员会副主任，中国工艺美术学会理事、理论委员会副主任，中国文艺评论家协会理事，中国民间文艺家协会理事，浙江省民间文艺家协会主席等职。中宣部 2017 年文化名家暨"四个一批"人才，第三批国家"万人计划"哲学社会科学领军人才。

一、以较大视角看乡村规划建设

1. 研究村落需要从大处着眼

本次讲座将分为两部分，前一部分是本人对村落保护的理解，后一部分是我当下对柳宗悦先生的浅显研究。柳宗悦先生为日本的传统文化风貌做出了巨大的贡献，剖析他，或许对我们保护村落有一些借鉴意义。

在当今中国社会的转型大潮之中，我们这个国培班的古村落保护方向，以及将要面对的村落保护困难，加之将要讨论的一些问题，均相当有价值且需要深入讨论。

比如陕西省西安市境黄土台塬地区的白鹿原，这个地区得益于被搬上银幕的电视剧《白鹿原》，近来变成了"网红村"。其实凡看过此影视剧或陈忠实先生原作的同志，一定会体会到该文学作品事实上浓缩性地描述了该地一百多年的地域历史变迁。《白鹿原》文学作品或影视作品中的主角白敬轩是极其熟悉并完美继承了中国传统文化价值观的正面人物，他如果按照固有观念继续走下去，遇到今日中国的巨变，就可能会碰得头破血流。人大致总是处于历史大时代的过程之中，个体或许较难做出"正确"的判断。

再比如，在中国近代历史上出现的文学大家及其作品，如鲁迅的《故乡》、茅盾的《林家铺子》等，他们都曾提到，"伴随着火车的尖锐的汽笛声，当这个庞然大物经过了中国大地上的乡村后，乡村都开始发生了变化"。我前段时间走访沈从文先生的故乡——湖南凤凰，其四周均被高山包围，所以当地的交通顺应了这种环境条件，极大地发展出了较为发达的水运，同时此种通勤方式成为当地主要的经济命脉与依托。这好似江南地区的水网结构。同样，水运在古代中国的作用极其重要。由此还衍生出各种服务和各种经济业态，比如水体旁边的酒肆或其他营业场所，它们的形态适应了人从水这一侧来去的这一自然环境条件。但伴随着火车这种更强大的通勤工具的到来，人们对水运的需求极大地减少了，这样乡镇形态就迅速而决然地发生了变化。我们也从鲁迅小说中读到有如阿 Q、吴妈、闰土这些旧中国基层民众的形象，他们的命运伴随着工业革命而发生了彻底改变。同时当这些农民失去了较为固有的生活方式之后，其生存面貌和价值观也随之发生了根本性的变化。

再有，当今农民已无力再秉持传统宗法价值观，完成传统村落建设。20世纪六七十年代建造起来的居住建筑，不再围绕父母房屋建造，一方面是因为族群内的约束力减弱了，另一方面是因为新建筑只能在指定的宅基地或耕地红线以外的土地上建造，且必须得到相关管理部门的批准。另外，也正是因为土地管理制度，导致子一代和其家族的关系在空间上成为一种"平等"的关系。这种根本性变化不但被学者所关注，而且已经进行比较多的思考。当然，他们也在试图解决族群离心化问题。

最近30年，中国的城镇化得到了政府空前的重视，但是仍旧有相当多的农村人口始终无法真正地融入城市，所以我们一直好奇并关注这一类问题。

2. 从历史和西方汲取研究村落文化的思路

我们一直在探索并挖掘传统的价值，因为现在确实出现了不再尊重传统的现象。现在的许多项目也指向了这样的问题。高质量地完成村落建设项目，不但可能改变村落的景观面貌，使得其获得美化，更重要的是可以重新调整它们的业态。

中国的传统村落到底是在怎样的传统文化影响下建造起来的？我们一直在思考。人类文明已经经过了工业革命、机械制造、电子时代和今天这样的生产力较为发达的时代，这些传统村落仍存在何种价值？如何将这些价值进行延续？

20世纪的建筑师柯布西耶曾经受到斯大林的邀请，为苏联设计巴西利亚城——它在理念方面是前所未有的新城。他的设想是将城市中所有居民的住区全部集中在城市的中心（核心），而且为了节省土地，尽可能安排高层，且建筑和建筑之间又设有立体交通。这使得人们上班通勤少于5分钟，生活设施配套包括教育也尽可能地便捷。城市核心与郊外用城市轨道连接，实现远距离通勤，其郊外有着大体量花园式绿地系统，绿地面积极其宽广。柯布西耶当时的这个想法较之霍华德的田园城市已经有了长足的发展，其更接近于我们现在的高密度城市规划理念。

欧洲在工业革命之前，实际上由许多公国组成，这很大程度上导致它们的城市形成了独立性经济发展形态。而且每个国家内都有其政治经济核心，各个公国之间保持一定的联系。直至现在，它们的城市大致仍是以"独立性"的形态发展的，其乡村沦为了只是为城市输送劳动力而存在。当汽车等快速通勤交通方式以及今天的信息化，在最近四五十年中逐渐形成主流后，以美国西部的城市为典型，人们之前已经习惯的城市核心消失了。也即如意大利经典模式：城市广场—港口—教堂，这种曾经被美国大量仿照的样式，也逐渐衰亡消失了。现在美国的亚特兰大、休斯顿等城市，其形态完全不像我们心目中老式样的欧洲城市。所以，当我们再回过头来看柯布西耶的巴西利亚城的规划设计，它其实是不同于以往人们的认知的，完全具备一定的超前性。但是它之所以未被实施，主要是因为这样的规划设计并不符合当时的社会主流价值观。

中国历史上的城市，是以魏晋作为一个分水岭。虽然儒家最终取得了胜利，但对自由的态度和追求，其实也可以归为道家思想。道家作为儒家的一种共存，比如《桃花源记》中阐释的精神境界，再比如苏轼时代的那一大批知识分子在朝和在野之间的那些互动。儒家和道家保持了中国社会的一种平衡性。通俗地说，即儒家让人们太紧绷的时候，道家可以让他们轻松一些，可以有时间去感受一下生命的实质，人和自然那种亲近的关系，形成了一种超稳定的态势。如同诸葛八卦村，它们都是这样一种超稳定结构的产物，同时它也是儒家和道家平衡关系的产物。这对现在的我们如何去保护古村落、如何去认识古村落文化，提供了较为本源性的思路。

60 岁以上的国民，需要考虑如何处理老后的生活，是回到乡村，回到远郊县的别墅，还是采用其他方式？如果其胸怀乡愁样式的文化归属感，又会使他做出何种选择？这样说来，似为书生之见，但此仍旧是某种理想。比如我自己退休后，如果回到家乡，我家乡的领导也热切期盼我们的家乡能够得到改造，改造成人们熟悉的那种面貌，但那种古镇风貌，可能是我并不认识的那种风貌，比如我们大部分学员去过的义乌佛堂、浙江的乌镇。现在的乌镇，可能并不是原来的那个乌镇，它其实是外地人心里的"那个"乌镇，是上海后花园的乌镇。我再去看看我的那些亲戚还在不在，的确，他们虽然大多还在世，但多已经不在故乡生活，这是因为他们已经在远离家乡的城市置业了。那么，让我们再回顾地理文化的归属感，那种地理文化是否还在？乡村的年轻人，绝大多数已经涌进了城市，而留在乡村的老的老、小的小，社会人口构成较严重地失调，这导致乡村的文化系统也较难重构或恢复了。所以，诸位想一想，如果一直保持这样的状态，可能不到 10 年，中国的大多数乡村就自然消亡了。那么，进而，村落消失了。这可惜不可惜呢？

没有了乡村，以我的角度而言是可惜的。但年轻人可能不这样想，也许从他们的角度来说乡村消失这件事并不可惜。我们年轻的时候，世界是从村落中一草一木展开的。现在的年轻人的世界，是从屏幕上展开的，他们只要有手机，一天就可能有比较多的事情做，或许因为他们年龄尚小，不需要去特别寻找精神归属。

我们的一个惨痛的事实是，中国的很多村落如此地破败，深陷危机，是如此地需要保护，保护我们细胞这个层面的东西（尽管这东西看不见也摸不到，从宏观来看并不是特别重要），同时涉及我们如何对其开展真正的拯救。这是今天我们这个国培班应该深刻思考的问题。

3. 中国传统文化保护的核心

2017 年我和赵健老师在慈溪的某个论坛上见面，当时赵健老师说了一句话，让我难以遗忘。他说十五年前很多专家提出了古村落保护，反而导致当时许多古村落遭到更多的和更大的破坏，因为那时候很多当事人都比较心急，把古村落的保护当作一种可期的建造或小型的模型来操作。让我们设想一下，某个动辄已经存世千年或百年的古村落，经过众多当事人精确筹划、不断地建设和无数次微调塑造，仅仅凭借设计师几个月的设计，或是设计师和甲方的数次互动，即希望"改天换地"。这种改造，到底是正确的还是不正确的，有否经过充分的论证，村民是否有比较充分的参与，是否经得住历史的考验，均尚未可知。况且，很多改动本是不可逆的。

所以我的建议是，我们要尽可能在完整地体察古代文化价值观的情况下开展对古村落的保护，对村落历史文化的发展，要如履薄冰、慎之又慎。

文化的选择，再有是对文化价值的判断，应是较为综合而非单一的重要之事。客观地说，当下"文化"和我们以往的传统文化尚有较大的区别。从绘画的角度来简单地举个例子，比如现在的东阳木雕大师，虽然他们也模仿清代繁缛的风格，但其木雕作品更倾向于商业化气息。我并不是说商业化就不可取，而其实真正的东阳木雕精品在卢宅的肃雍堂，但导游更愿意带普通游客去的观赏木雕的场所，是那些"大师"的工作室，而肃雍堂却门可罗雀。改革开放之后，当政府解决了大多数人基本温饱的重大问题之后，这二十年政府又完成了全国性质的脱贫问题，在一部分国民已经先富裕之后，我们发现国民的平均审美水平也必须跟上经济的发展速度才行。

也就是说，文化价值的判断决定了我们对现在存在的乡村的改造方法和改造模式。本人的看法是，无论对历史村落、特色小镇，还是古村落的保护，均不应该是"点"式的保护，而应该是对中国传统生活式样的成建制的、系统式的保护，这就客观地要求，保护那种当地的、在地的人及其人与人之间的关系，保护那些生产、生活关系等较大系统。我想，只有这种保护，才能在当今全球化的视角下保持我们自身的文化独立性。

二、柳宗悦的民艺思想——生活、美学、设计

我们接下来通过柳宗悦，观察日本是如何做系统性保护的。或许他们在这方面对我们有所启迪。

1. 日本的明治维新

日本在很长一段历史时期中希望"脱亚入欧"，实际上日本历史上的明治维新，在文化方面的核心在于日本期望真正地脱离中国文化圈的影响。他们首先要做的，是脱离中国的儒家思想。但像日本这样的被动开放的国家，要强行清除某个习以为常的文化圈层的影响，介入其他文化的思想，这种情形势必引发思想界的震痛，但这种震痛和当年朝鲜的李朝有所不同。日本做了一种折中，它是站在西方视角下，用西方的文化来阐释东方的中国文化，从而使得日本文化适应它的转型。

日本货币面值一万元纸钞上印着的是福泽谕吉的头像，此人是为日本的这种文化转型做出了杰出贡献的思想家。经过数次留洋，他洞察了本国及西方文明的区别，以及当时国家社会的关系。他对于西方社会经济的各种问题，诸如医院的经营、银行的业务、邮政、征兵法规、政党、舆论或选举等问题，都能做到比较深入的了解。他回到日本之后，根据平时的笔记资料，并参考原书撰写出了《西洋事情初编》（庆应二年，1866 年）。这部书好比一座警钟，敲醒了日本民众的蒙聩，启迪了无知的社会对西方先进文明国家的认识，甚至深刻地影响了维新政府的政策。这部共十卷本的书籍，共发行约 25 万套。日本的忧国爱民人士几乎都把它当作金科玉律。

日本在经过明治维新之后，国力迅速崛起，其本体文化不但在重塑结构，而且也随之逐渐系统化。其文化的结构是以"禅宗"为核心的文化形态，进一步说，即第一次世界大战和第二次世界大战之间的日本，其文化和产业结构已经奠定好了一个比较好的格局，他们先进的农业思想应该就是产生于 20 世纪三四十年代。第二次世界大战结束后日本成为美国的占领区，美国的廉价产品大量地倾销到日本，给日本本土经济以重创，这时他们意识到要建构日本人自己的生活方式。

2. 柳宗悦

图 1-11　柳宗悦

　　柳宗悦（SooetsuYanagi，1889—1961)，日本著名民艺（Folk Art）理论家、美学家，被誉为"民艺之父"。他 1889 年出生于东京。1895 年入日本贵族学习院。1913 年毕业于日本东京帝国大学文科部哲学科，在研究宗教哲学、文学的同时，对日本、朝鲜的民艺产生了深厚的兴趣，并开始对之进行收集、整理、研究。曾在思想家西田几多郎、禅学家铃木大拙指导下学习。研究过康德、托尔斯泰、黑格尔，深受佛教、孔子、老庄思想之影响。他是"民艺"一词的创造者。1936 年创办日本民艺馆并任首任馆长，1943 年任日本民艺协会首任会长。1957 年获日本政府授予的"文化功劳者"荣誉称号。

　　为了"通过艺术来了解精神"，柳宗悦于 1916 年 8 月至 10 月到中国和朝鲜进行了考察。在朝鲜考察了以石窟寺为主的石佛遗迹，实地接触了各类自然与文化形态，而李朝瓷器等生活中使用的工艺品，给他留下了强烈印象。他完全没想到朝鲜有那么多好东西。朝鲜李朝的瓷器，特别是青瓷，继承了我国宋代的传统，达到了极高的烧制水平，看起来很容易让人误解为中国古人烧制。隋唐时期我国就有了雕版印刷术，但雕版印刷刻版费工费时，而且刻好的版只能印刷一本书籍。北宋时毕昇发明了活字印刷术，其使用胶泥刻字。此后，能工巧匠们又发明了木活字，元朝中期出现了铜活字印刷。13 世纪活字印刷术传入朝鲜。朝鲜的铜活字对于整个国家教育的推广普及，意义非同小可。

　　柳宗悦而后又访问了北京，与英国陶艺家巴纳德·李奇碰面，他由此看到了许多中国文物，充分感受到作为"精神的物化的艺术之美"。这次旅行他可谓收获不小。这极大地增强了柳宗悦的信心，他的"将直观能力与思维能力紧密结合"的研究工作方法论即随之形成。

　　作为日本民艺运动宣言的《日本民艺美术馆设立趣意书》（柳宗悦全集），第 16 卷，筑摩书房1981 年版中写道："时机已经成熟，有志之士聚集在一起，共谋（日本民艺艺术馆）的设立。若想追求自然、朴素又充满活力的美，必须求诸民艺之世界。经过长期摸索，我们发现最原始的美就存在于民艺之中。但是或许就因为民俗艺术世界与日常生活的关系太过密切，所以反而被视为平常而没有深度的艺术，未能得到应有的重视。而且，迄今为止，还没有人进行过将民艺之美镌刻于历史的尝试，为了纪念这些被遗忘已久的工艺，我们特筹建这样的一座美术馆。"由此，柳宗悦就仔细地收集这些民俗艺术，当然，也由于他看到过中国的民俗艺术，他特别感兴趣中国的佛教艺术。

　　我们知道，鲁迅也喜欢收集魏碑和版画。郑振铎喜欢收集版刻，在而蔡元培"以装饰转化为教育"，他提出将装饰作为一种教育工具的概念，这就是说不但要重视装饰作为艺术本身，更进一步地使之成为一种教育形式。

　　关于工艺品的搜集，柳宗悦先生曾经说"我们主要的目的，是在工艺品的领域中搜集所需要的作品，这些作品是指由人们亲手制成，并与日常生活亲密且紧密相关的器具，尤其是平民百姓使用的日常用具，因此，这些搜集品都是大家熟悉的。很多人也许至今都未能察觉出它们所具有的美感，柳宗悦美术馆的目的就在于扫除这些疑虑，不但要给观众提供一个美而新的世界，而且还会使观众有意想不到的收获和体验"，他当然也是凭借这个标准筹建美术馆的，所以他的美术馆的藏品，是完全以美为标准，只要是能够表现自然美和生命力的物品，都成为其搜集的对象。当年，很多日本老百姓对柳宗悦直言，"我们的这些东西实在是拿不出手，实在是不好哇"，柳宗悦告诉他们，生活是系统性的，生活只要是健康的，这种健康的审美，以生活艺术为主导的选择。于是，当这些展品成系列绽放时，没有人不被其风采所震撼，那些贵族的雕刻甚至黯然失色。但与此比拟的是，这些展品单件的力量和气场显然是不行的，这也就是柳宗悦所建立的系统的重要性。

　　另外，他的这种挖掘内心的生活之美，也成为一种号召。民艺品中含有自然之美，最能反映民众的生存活力，所以工艺品之美的术语饱含了亲切温润之美。当美发自自然之时，才是最适合这个时代的人类生活。总之，为了发扬前人的创作之美，并给后人指点一条捷径，柳宗悦创设了日本民艺美术馆。

在日本民艺运动中，柳宗悦既是倡导者，又是实践者。为了实现"美之王国"的理想，他邀集了与他有着同样爱好和志向的学者与工艺作家，组成"民艺协团"，一同广泛地搜集造型优美的日用器具，指导民间艺人和匠师恢复传统工艺，制作新产品。同时，他也大声疾呼，提醒社会大众充分认识传统手工艺的重要，决不能让其在现代工业的侵蚀下逐渐消逝。他在挖掘、收集日本民艺的实践过程中进行思考和探索，还撰写了大量关于工艺和民艺的理论文章。这些文章中的大部分都发表在1931年创刊的《工艺》月刊杂志（参见《四十年的回想》）上，有些还以单行本的形式出版。

在座的感兴趣的同志，可以进一步深入地去了解，柳宗悦的人生轨迹，可以去查阅他发表的文字。他在近50年的岁月里，为了寻找美之民艺，其足迹遍布日本全境和朝鲜、中国、北欧以及英国等地，搜集到的日用杂器几乎囊括了东西方各个民族的各类日常生活器具，其中有当时日本各地民窑生产的陶瓷器、伊万里的青花瓷小酒杯、油壶、石器和李朝瓷器；五斗橱、朝鲜衣柜、英国温莎椅、西班牙茶几等木工艺品；琉球的"红型"、芭蕉布、山阴地区的碎白点花布、北海道阿伊努人（Ainus）的传统服饰；纸、木刻、民画、陶偶、玩具、以及英国、西班牙等国的民艺陶器等工艺品，数量多达数千件。

我们有时候去看西方的东西，或者访学出去一段时间，然后回过头来看我们的传统器物，可能会感觉比较不同。也就是说，如果不深入地了解别人，也就很难有这种对比，产生因为文化的比对而生发的价值选择。

也即，日本民艺的振兴，也有相应体制和制度的保证。柳宗悦经过长时间的努力，终于获得仓敷人造纤维公司董事长、仓敷美术馆创始人大原孙三郎捐赠的十万日元（相当于2020年人民币1200万元），于1935年开始建造日本民艺馆，在翌年秋天完成并正式开放，柳宗悦任首任馆长。日本民艺馆建于东京驹场旧前田家的后面，背对着日本近代文学馆。该馆是由12间展览室构成的日本式建筑，占地250坪，石屋顶，墙壁的下半部及地面均采用大谷石（栃木县大谷附近所产凝灰岩）铺贴，其建筑语言采用日本栃木县的传统建筑样式。日本的市、县、区，每个层次都有相应的条例或规定。

柳宗悦对民艺之美的见解是较为独特的，他认为，只有从民艺的世界中，才能寻求产生于自然的、健康的、朴素的灵动之美。我们有责任对美的本源进行保护并使之长存。人们在所需要的日用品上有着无上的美感和对美感的孜求。在美术馆中，我们将所有的畏惧一扫而光，在这里展示的新且美的世界，能给人以无法预料的惊喜。在这个世界上，美无处不在，但是精致的器物流于纤细，陷于技巧，恼于病态。与此相反，由一般的无名工人制作的器物却很少有丑陋的表现。但基于被没有被重视所伤害，它们是自然的、无心的、健康的、自由的，偶然所创世，所流传，所存现。我们必然会在"一般的器物"上发现我们的爱与惊喜，柳宗悦说"这边是完全的日本的世界"，这就是普通人的生活之美。一个器物经过了数百年的时间，它虽然可能是朴素的，但它常常经受住了时间的考验，我们的祖辈几百年或者几十年都使用同一件器物，它一定在外形上是经受得住品味的，它不是单纯的一种使用的器物。所以这种事物是朴素的、健康的、自然的，就是民艺的。也恰恰是这种精神，影响了日本以后所有现代的设计思潮。

1945年以后，柳宗悦之子评价自己的父亲时说"幸好我们已经处在能够认识这样的美的时代，并且生活在要求这样的美的时代"。所以我们看到现在日本的家用电器，无论是松下的，还是三菱的，都深刻地受到这种设计思潮的影响。民艺之美反映着生活在自然之美中的国民生活。只有工艺之美才是亲切之美、温润之美。很多设计工作者直到现在仍旧支持柳宗悦的格言："我们为了继续过去的展示，并且在将来也要展示，就必须启动'日本民艺美术馆'的工作。"

本人再简单地说一下，日本的民艺强调实用性、劳动性、自然、他力之美、单纯性、反复性、无心性、廉价性、程式性、地方性。他力之美就是"自力"之对称，指自力之外的其他助力。廉价性就必须是便宜的，绝大多数人可以享用的；程式性就是可以复制，程式性保证了廉价性的实现，其线条简洁，色彩也相对简单。同时，柳宗悦也总结出民艺之美的最主要的特征，即健康性。柳宗悦之后，日本的文化在其全社会得以彻底强化。从 20 世纪 80 年代之后，日本的工业造型全面向现代进行转化，他们之前日用的器物，通过语言的转换，成为当代的艺术。但正是因为之前打下了坚实的基础，产生了更绚烂的成果，在全世界中后来者居上。我们现在看到的很多民用级别的陶瓷器，既有传统的也有现代的，我们在河坊街或城市的各种商店中也能够看到，但是其很多都是模仿日式的，不是我们自己创作出来的。

说这些的目的，回到我们这个国培班上来，就是我们的村落也是这样，里面充满了珍贵的文化遗存，需要我们的设计师去细细地品味，千万别轻易就忽视了它们的存在，也不要忽视了它们的力量。

3. 简单说一下侘寂

侘寂是日本美学意识的一个组成部分，一般指的是朴素又安静的事物。它源自小乘佛法中的三法印：诸行无常、诸法无我、涅槃寂静，尤其是无常。

侘，这个汉字在汉语中有夸耀与失意之意，而放到日文中意思便相去甚远。在日本，"侘"（わび）是动词"わぶ"的名词形式，从其形容词"わびしい"的角度比较容易理解，即与良好状态相对的恶劣状态的意思。其引申的意思还包括"品质粗糙的样子"，或者"简单朴实的样子"等；更极端一点，这个词还可能指"寒酸的样子""贫穷"等。词源本身同此字在汉语中相似，不具有很好的意思，到了 14 世纪，可能受到禅宗等的影响，这个概念开始受到积极评价，从而融入了日本的美学意识。现在的"侘"是对以下事物的否定：富有、富贵、华丽、巧言令色、鲜艳、艳丽、豪华、丰满、烦琐；相反，可以用以下词汇来表示"侘"的概念：贫困、困乏、朴直、谨慎、节制、冷瘦、枯萎、老朽、寂寞、幼拙、简素、幽暗、静谧、野趣、自然、无圣。

"侘"在日本常用于表现茶道之美，人们称自村田珠光兴起的草庵茶开始，到千利休达到最高点为止的利休茶道全系统为"侘び茶"。"侘"成为茶道的一个理论，也就是"侘び茶"这个词出现的时期是江户时代。茶道当中"侘"所包含的意思不仅是粗糙，也包含虽然外表一般但追求质感、追求美感的意愿这层意思。"侘び"的意思通过"侘び数寄"这样的熟语来表达，指的就是指清淡但高质的茶，以及喜欢喝这种茶的人。而侘茶人，如同《山上宗二记》所写，也就是那些"不持一物，唯觉悟、工夫、技术三者齐备者也"的人，也被称作"贫乏茶人"。到了千宗旦的时候，单独一个"侘"字指的是"无一物"的茶人。

及大正昭和时期，随着茶具作为美术作品获得越来越高的评价，"侘"作为表达这种造型美的词汇得以普及。柳宗悦、久松真一等人在赞美高丽茶碗等茶具之美时一度使用这个词。结果就是，这个词作为代表日本的美学意识概念的地位得以确立。

由此可以看出"侘び"是在否定了世俗普遍意义的美之后产生的"无一物"的美。"侘び"的核心是禅，是禅的主体否定精神在美学领域里的体现。禅的"本来无一物"的思想使"侘び"否定了一切现有美的形式。与此同时，禅的"无一物中无尽藏"的思想又使"侘び"获得创造无权自由自在的艺术形式的可能性。简言之，"侘び"在否定的同时获得了新的肯定。

"寂"是动词"さぶ"的名词形式，最初是指随着时间流逝逐渐劣化的意思，也好比汉字中的"寂"的意思，表示没有人声，非常安静的状态。

这个字最初并非是美学概念，《徒然草》等古书中记载这个词有年代久远的书册散发出阵阵浓味的意思，这确认了那个时候已经有了鉴赏古旧之美的意识。到了室町时代，这个概念在俳句的世界中得到了相当的重视，还被纳入了能乐等艺术形式中，并开始理论化。此外，还在松尾芭蕉之后所创作的俳句中占据了美意识的中心位置，但一般认为松尾本人就这个词并没有留下什么直接的评价和记录。俳句中的"寂"尤其指旧物，或者老人等所共同持有的特征，用寺田寅彦的话来讲，像是从旧物的内在渗出来一样，与外表没有什么关系的美感；举一个形象的例子，比如生了苔的石头。谁也无法推动的石头在风土当中表面开始生苔，变成绿色。日本人将此看作是从石头内部散发出来的东西，尤为注目。

由于这种欣赏旧物之美的态度，这个词与古董鉴赏关系很深。有这个概念的日本古董鉴赏和西方古董鉴赏就有了不同之处，比如日本的古董鉴赏由于"寂"这个概念更为重视自然在物品上留下的痕迹，而西方的古董鉴赏更注重古董本身的历史价值。在汉语中，也有一个用于表达这种物质表面所流露出的那种安静氛围含义的汉字："锖"。

可见，侘寂描绘是的残缺之美，残缺包括不完善的、不圆满的、不恒久的，当然也可指朴素、寂静、谦逊、自然……它同佛教中的智慧一样，可意会不可言传，所以这个词用语言来表达时，有很广的包容性。侘是在简洁安静中融入质朴的美，寂是时间的光泽。LeonardKoren 在介绍侘寂的一本书 *Wabi-Sabi: forArtists, Designers, Poets & Philosophers* 中有一段话：Pare down to the essence, but don't emove the poetry. Keep things clean and unencumbered but don't sterilize.（削减到本质，但不要剥离它的韵，保持干净纯洁但不要剥夺生命力。）

柳宗悦和日本的侘寂茶道文化关系及其渊源，可以说是其成熟阶段的代表性人物。关键词是"残缺、朴素、寂静和自然"，这也几乎就是日本美学的关键词，这和我们是截然不同的。我们在这里就不作展开。

日本民艺的繁荣源于柳宗悦对民艺的倡导以及民艺运动的积极开展，包括：创立日本民艺学，提出民艺之美的标准；开展民艺运动，日本民艺协会和日本民艺馆的影响延续至今；手工艺的记录与发展、民艺品的收集和保管；保护民族文化的独立性。这四点既是对柳宗悦的人生轨迹的总结，也是他个人的巨大贡献。

柳宗悦的积极运作也推动了相关的立法，比如《传统工艺品产业振兴法》（1974 年），这是日本首次通过国家立法的方式来保护民艺。再如全国性的工艺振兴协会（1975 年），该协会制定了很多行业规范，开展了很多活动，保护和扶持了一部分公益行业和民间艺人。时至今日，柳宗悦的民艺思想已经经历了百年的时间，但其对日本民族文化的保护、向民众推广的民艺之美方面所做出的贡献，仍旧明晰可见。他的儿子柳宗理对他的评价："日本之所以成为当今具有独特民族精神的设计大国，柳宗悦和民艺运动功不可没。"

好，由于时间的关系，我后面讲述的柳宗悦的相关内容，不够深刻，但是希望对大家形成一个先入为主的理念或观念，希望在以后的实践中，诸位可以更深入地了解，并为己所用。

在我的讲座的最后，我们也要回到本次讲座的主题——传统村落保护，也正如老百姓长久和日夜使用的一件巨大的器物，他们的村落，是周围的环境、传统的继承、无我的工作、朴素的生活、自然的材料、简单的技法等因素的结合，才能孕育出如此的作品。这些如同日常器物一样的村落，会随着时代的变迁而发生变化，但丢失的就永远可能失去了，这很可惜，所以能够保留下来就应该保留并且开展研究，那本来就是一种宝库，是无心之美。这不是那种有绘画才能的人能够描绘出来的，无知并不是真的无知，无知是一种无我的境界。制作此物时使用的手法都是平凡而至纯的，也正是这样的单纯，才能满足村落所要求的自我的性质。今天给大家讲述的关于中国的土地，传统关系，土地政策的变化，对于中国传统村落形成的机理和根本性的改变，以及这种改变形成的文化，这种文化延续到今天的困难，对古村落保护形成的一些新的问题，我希望通过这样一个讲座给大家展示一个大背景，同时也通过对柳宗悦个案的这种简单解析，能够对大家具体的乡村保护建设实操有所帮助。

历史文化村落保护利用的困境与出路

赵 健

主讲人: 赵健,二级教授,广州美术学院学术委员会主席、广州美术学院原副院长,上海大学博导,澳门科技大学博导。中国室内装饰协会副会长、中国美术家协会平面设计委员会副主任、中国高教学会设计专业委员会副主任。原广东省美术家协会设计委员会主任、广州市规划委员会委员、广州市名城保护委员会委员。

2010广州亚运会整体视觉形象及景观系统设计专家组组长,2010年上海世博会主题馆展览展示专家组成员,2011深圳世界大学生运动会整体视觉形象系统设计专家组组长,2016年20国集团峰会(G20)视觉形象设计专家组成员,2022年杭州亚运会视觉设计专家组成员,国家级中国工业设计协会常务理事,中国工业设计协会室内设计专业委员会副主任,中国建筑学会室内设计分会常务理事,中国美术家协会平面设计艺委会委员,中国美术家协会环艺设计艺委会委员,广州市政府城市规划设计决策咨询专家组成员,广州市政府城市雕塑委员会委员,广东省建筑学会室内设计分会副会长,山东工艺美术学院、四川大学等十多所大学的名誉教授。

青少年总是直奔主题希望尽快达到终端,但其无拘束无知无畏的"天然的试错",正好凸显出了"中端"的成长属性;有思考的成年人对能力的有意识累积环节,更能清晰地凸显出"中端"的认识论及方法论属性。这次的"国培班",相信每一个学员都会有所收获。尽管最后的设计结果或者报告书结果可能不尽人意,但施俊天院长团队组织的这一次国培班所有过程,以及各位学员看到的、思考的全过程,应是本次活动最应为珍视的成果。

一、终端和中段

在今天的开幕式中,我首先想讲"培训本身"。

大家心里明白,这个培训做完之后如果其成果"有用",则皆大欢喜;但如果"没用",也并无关系,很多知识道理并非一下子就可以落在实处。

据我所知,咱们这个班的学员,入班条件之一是年龄,诸位已经在行内很多年,在村镇建设这方面都积累了丰富的经验。但参加"国家艺术基金"这样的活动,大家还是希望通过活动获得让自己满意的提升。正因为这样,我有一个建议,请学员同志们把这50来天形成的作业,将其看成并非非常规意义上的那种所谓"作业"成果,而把它看成是你个人人生学习过程的成果。

"终端"固然是"成果",但往往也是狭义上的成果,即一件事情做完之后的那个结果。另有词汇"中端","中"是过程中的段落,而非最后的结果。但事物的一般规律,是没有中端,也就不可能有终端。

青少年总是直奔主题希望尽快达到终端，但其无拘束无知无畏的"天然的试错"，正好凸显出了"中端"的成长属性；有思考的成年人对能力的有意识累积环节，更能清晰地凸显出"中端"的认识论及方法论属性。这次的"国培班"，相信每一个学员都会有所收获。尽管最后的设计结果或者报告书结果可能不尽人意，但施俊天院长团队组织的这一次国培班所有过程，以及各位学员看到的、思考的全过程，应是本次活动最应为珍视的成果。

二、文明和文化

我的理解是，施老师给各位的课程成果何种成绩，是否令你满意应放在其次，各位在意的其实应该是自己能够吸收多少。我想大家也不是为了这个数字而来到金华。正因为如此，你们暂时离开了各自的岗位，也就是暂时放下了你们的社会角色，尤其是在高校工作的同志，放下你的师道尊严，积极且虚心地重新做一个学生。沉下心学一些真东西回去，严格要求自己一段时间。这样做不是没有好处，之前，大家互不相识且并无交集，通过这个契机，我们自然而然地认识了，再通过一个半月的相处，诸位就相互熟悉了。之后我们离开浙江之后，虽然各自重新回到了自己的工作岗位上，但时间只会让大家的感情越来越深。完全可以想象，我们中的很多人可以成为好朋友，未来很多项目甚至可以互相合作。

接下来，我们再谈谈"文化"一词。近 20 年来，中国的教育，包括中国的媒体及舆论环境，把"文化"两个字描摹得神圣化了。而"文化"本身的词义，是跟另外两个词汇紧密地联系在一起的，即"文明"和"艺术"。事实上这三个词天然地联系在一起。当然，它们之间也有区别。艺术不是指美术绘画技术，而"文明"则是指大多数人已经有一些默契的价值观及取向，这个词汇覆盖了比较多的内容，有时一般性或很多自觉行为可以被认定为文明的表现。但很多一般性的礼节约束也被称作"文明"，比如不随地吐痰，遵守纪律讲秩序，自觉地排队，五讲四美。换言之，这些人人都能够做的、浅显易懂的社会常识，一般我们都会觉得，如果不这样做可能就是不对的，而这种价值认定取舍，叫作"文明"。

也就是，我们这里说的文明，是人类的一种类别性行为或共识。比如说西方文明，即为西方人比较一致地表现出某一种相似的或较为共同性的风貌；而东方文明，是东方民众表现出的具备一致性的风貌，这才叫"文明"。"文化"这个词和"文明"的区别，是"文化"一般来说是通过时间线性，表现出一种事物的时间性共识。通俗地说，文化是对已经形成的文明现象的一个结构性的梳理总结。而"文明"是正在进行当中的更大范围的人们的默契和自觉。

在我看来，艺术是少部分人不同凡响或曰出格的一些试验和智慧的物化与集成。"文明"是谁都知道但可能都没有意识到的事物，即所谓的"百姓日用而不知"。"文化"是谁都努力去争取的事物。"艺术"是有些人知道而有些人不知道的事物。这三者的关键，尚不是它们三种事物的本身，而在于它们之间的对比和关联。好比说当我们谈到某个人时，描述他长得很高，比较科学的讲法是拿一个较为已知的参照物和他做对比，没有比对这个身高就失去了意义。

三、试错

面对好的事物、完美的作品，纵使是专家也常常无话可说。比如面对宜兴紫砂壶精品，本人无话可说。前几天我曾到某个大学的美术学院工业设计班做讲座，课后参观学生的课程设计作业，主题是茶壶。我想，不但是我，在座的各位如果看到了那些作品，也会有话可说。因为紫砂壶艺术，它已经被这么多年的"文化"变成了一种可被保护的文明事物，对于高级的艺术形象，大家无话可说。但学生的作品，因为它仍有改进空间，不够完美，导致人们有话可说。

学生的学习过程，是从稚嫩到成熟，从不完美到完美的过程，或者是从让我们"有话可说"到"无话可说"的过程。于是这就涉及我们接下来要讲述的一个词汇——"试错"。

没有人天生就会一些较为高级的知识，学习过程，其实可以说是一种"试错"的过程，尤其是学习答案相对具有开放性的那种课程，比如学习设计或绘画，试错是一种比较重要的方法。

当然，试错并不仅仅指代学习过程，事实上在村落保护的整个过程中，包括所有的从业者或当事人，我们仍旧广泛地采用试错的方法。比如我们前日在诸葛村参观的时候，他们的书记给我们介绍了诸葛村的情况，目前他们主要的需求，仍旧是为了旅游。这也是他们为何刻意在其村名上加入"八卦"两字，现在的全称为"诸葛八卦村"。之所以这样说，是因为其历史上从来只是称作"诸葛村"。为了增加"八卦"的景观意象。他们充分地利用了村内较中心地带的公共池塘。比较早先的时候，这个池塘的形态甚至不那么像一个阴阳球的形态，有这个池塘，该村自然而然地分生出很多放射形道路，进而伴随着村内人口的增长，建筑和道路增多了，逐渐形成比较复杂的道路网络，无疑也增强了这种八卦意象。同一天我们又去了裕园村，讲解员也提到，他们村的水体像太极的阳鱼跟阴鱼，在平时可能是看不出来的，需要在某个特定的角度才大致可观。这些把戏当然都不可能瞒得过我们——为了旅游而讲的故事。再有，我们昨天去看的第二个村寺平村，他们号称的"七星伴月"，我猜他们自己想都没想过，很有可能是浙师大的施老师给他们策划的。策划当然是没有问题的，但是，我们需要根据这种现象寻找规律。即规划设计行为本身也讲究试错，那些成功的策略为市场所接受，那么这种规划行为就被大家保存并发扬。讲故事，在某种程度上确实促进了某个村落的知名度的提高，只要不是恶俗的、消极的，宣扬丑陋的故事，适度的杜撰看来也并无问题。

我们再看接下来这个有趣的事实，旨在说明村落即便是在自我生长过程中，其本身也在不断地试错。我们前面两天走访的 5 个村落中，有 4 个在其中心位置均设置了水塘。我想，即便未经过专业的训练，大家也应该知道"水往低处流"乃自然规律。同时，为何它们不约而同地在村落中央设置水体呢？事实上，如果诸位有一些农业常识，就能够理解这其中的缘故了。诸葛村的"八卦"池所在地，也即其中间宗祠所在的位置，在现实中其实是诸葛村地势最低的地方。然而地势最低位置却是村落最核心部位，这一点的逻辑很关键。这大概是理解中国江南地区传统村落的重要突破点。

按照水的走势，以水自然流淌的方向，顺应这种形式来决定这个村的基本格局。另外一种村落规划的要素是山形，事实上山形也就等同于依据水的流势，这两者在本质上其实是相似的。西方规划的理念却并非如此，他们是从人群、建筑容量、交通体系配置等指标出发，形成一整套网络。而我们和西方的规划理念不同，我们更强调自然的理念，允许相当程度上的自由性，我们的理念可能与我们自己的历史文化建筑保护和古村落保护更贴合。我本人的态度是，当我面对任何一个村落项目时，都尽力依据其历史，准确地明白和认知历史的逻辑，尊重历史的意向，运用历史的方法，在它的历史环境中去理解这个村落。

中国的古村落，事实上已经经过了数千年的自主选择，就自发性生长方面，不够合适的已经被淘汰，合适的做法被保留，这整个过程当然是一种试错的过程。

虽然我们现在的规划设计技术方法已经有很多，但我们自己仍需要将现代工艺意向系统进入旧时代的语境状态，否则我们的规划设计可能会成为无根之木。比如在我们的传统村落中突然"蹦"出个库哈斯、扎哈、黑川纪章，是不可以的。西方的规划设计方法只是他们的，中国传统村落的血管中仍旧流动的是中国的血液。

四、问题

当我们走进古村落时，我们将自己预先进行了某种心理定位，我们以为自己已经掌握了设计的十八般武艺，是以"技不压身"的自信走进村庄的。我们试图将它改天换地，我们的心起初很大，然后可能会逐渐地转换成另一种状态，那是一种全新的，以至于是自己不熟悉的，甚至是不属于一贯认知的和适应了的我们作为设计师的状态。

当我们走进任何一个村落的田野调查，我们都应该重新解读具体项目的"田野"里有些什么，这个重新解读的过程，也即我们自己逐渐融入"具体问题具体分析"而进入具体项目的过程。从小处着眼，即自己面对某新项目时，成就全新的自己；从大处着眼，即面对国家艺术基金这样的较大的机会，我们如何改造自己和大家的过程。

当我们进入古村落的具体项目时，我们已经逐渐地理解了它的过去。那么，关于环艺、风景园林、景观规划、建筑等专业的这一类武艺，面对某个项目，就单个专业者而言，可能会觉得英雄无用武之地。可是反过来讲，很可能某一些专业，之前本来和村落这个事物没什么关系的专业，在如今这个语境下，它就可以进到项目中来。实际上，上述的寺平村，我们浙江师范大学美术学院的教师设计队伍参与进去之后，该村落却获得了比较好的发展契机。昨天施俊天教授也介绍了很多他们的项目，他自述他们已经更多地介入和深度地参与。这些都不是我们常规的景观园林、城乡规划学科方面学者的介入。再如那景观建筑风月亭，不但是他们设计的，而且他们对村落整体的把握，点—线—面的设计，对寺平村的整体规划和布局，对这个古村落的整体景观价值都给提炼出来并且布置得当，靠的是什么专业呢？是环艺专业、平面专业、视传专业、园艺专业、装潢专业等，靠的是这些专业。客观地说这些实践，在之前是不太可能的。

谈及上述观点，并不是说现在做古村落的保护，主要就依靠环境艺术和视传等专业，而不再依靠城市规划、园林学或者建筑学等专业。而是说我们每一个设计师，面对这样的一个项目，我们第一需要勇气，把我们自己所拥有的十八般专业武艺先放到一边去。然后认真再认真地进行田野调查，用脚去丈量这个项目，逐渐挖掘和发现。我们以何种形式、何种渠道、何种路径来介入反倒并非重要。重要的是，首先要严格把握整体目标，较少地破旧立新；其次是重视整个设计的过程，尤其是在设计过程中积极发现"问题"。

于是，进入我今天将给大家分享的第四个词语——"问题"。面对一个项目，面对一个任务，我们首先是寻找问题。整个的设计活动如果没有"问题"，就失去了意义，甚至是完全没有了意义。往通俗了说，即"没有任何问题，实质上就不需要设计师"。

我们做村落振兴规划设计，是决不做沙尘暴式的，有抱负有担当的项目责任人很可能会寻找责任性问题，重视个体性的具体问题。我们需要知道，普遍性解决问题的方案常是以牺牲具体性问题作为代价，但我们的每个村落其实都是具有自己的个体性和具体性问题的。

倘若细部思考不足或处理不够，这就必然导致了在执行阶段的粗糙和不够细化。将设计的整个过程贯穿着问题，没有"问题"，设计就失去了意义。而"问题"一定是关于个别的问题、特殊的问题或具体的问题。以古村落保护为例，大家看普遍的"问题"，比如政府出了文件说"要建立美丽新农村"。可是人们普遍对美丽并没有评价标准，怎样做可以实现美丽这个目标，是需要我们这些设计师，将大问题进行细化和具体化，将美丽落在实处。

一般地讲，"问题"都出现在被各种专业所重视和注意的那些对象之外才叫"问题"。也就是，凡是被各个专业锁定的问题往往不叫"问题"。对于设计师或创意设计人才的培养，比较重要的事情和比较焦点的事情是要培养他们，或要他们自我训练出一双发现"问题"的眼睛。当在座的各位都能够明白，进而认同这一点，我想本次讲座就大获成功了。同时，诸位一定要在一段时间内，对我们的后辈有一定的耐心，因为年轻人通常没有我们这些教师这样有耐心。人们在青春年少的时候，未来的时间其实很多，可他们却常常比我们这些"老头子"更没耐心。

我相信，各位学员在参观古村落的过程中也会发现一些问题。一般来说，正因为我们都具备专业背景，所以通常会比较直观地感受到，古村落中总免不了会有这里或那里不够好，工作做得不完善、不理想。的确会有这样的问题。但事实上很多问题其实只是浮于表面的问题，几乎只要假以时日，或者借助一定的资金，这些问题可能就不成问题了。但是我们始终要明白，能够发现表面问题当然也是不错的能力，但这对于成熟的设计师而言是不够的，是否能够注意到独特性问题和更深层次的问题亦是关键。

在实际工作中，诸位不难发现，很多时候物质与非物质"问题"的边界比较模糊，要把握这个边界。比如"保护"和"利用"这两个行业动作，"保护"有时候是要狭隘理解的，那时别动它就是保护。至于"利用"这个词，实际上是顺势而为之意，而不是设计师给项目目标进行重新制造。历史和文化保护利用，对于我们这些以处理物理形态为主要谋生手段的专业人员而言，似乎总有些无处下嘴的感觉。正因为如此，我们这些设计师，不要妄自尊大地把自己当成救世主，是来拯救某个快要没落乡村的救星，也不要把自己当成新做法、新理念的传送者。我们务必需要知道，设计师不是来破旧立新的。请大家不要这么做，否则设计师就是对人家历史的不尊重。

从总体上说，我们逐渐地发现设计师能做的事情，首先应该就是俯下身段去发现"问题"，而不是首先去看能干什么和不能干什么。其实说到底，我们首先需要知道设计师不能干什么，比如不要去强行做加法，"不分青红皂白"地加要素就是加法。当然我们也不能擅自做减法，我们并不能开篇就给人家去掉什么元素。加法我们不能做，减法我们亦不能做。但是，我们有可能做乘法和除法。乘法就是我们有可能在现场发现一些重复的东西，然后强调重复的聚集效应。不加不减，利用这种重复的因子、重复的元素形成一种聚集效应。除法就是可以用相同元素，以一当十，突出一个，减弱几个，这是可以的。

截止到今天，中国有保护价值的古村落已有近六万个。数量看起来很多，但尽管如此，能够介入这些村落建设的设计团队，其实仍旧是少数。我们的工作还非常多，"问题"意识是非常重要的。

五、内外

前文已经提到，对于历史文化村落，有的物质要素不可以变更，而有些要素可以适度改变。说得口语一些就是，有的地方是一碰事情就闹大了；有的地方一旦动手就跟保护没有了关系；而有的地方呢，制作可以跟利用放在一块儿考虑。我们具体项目的时候，常常是以"问题"为先导，先发现若干较小的问题点，再将它们形成设计矩阵。

历史文化村落，可以说是历史跟文化的混杂包裹物，它们各自自发生长成拥有自身的大格局和脉络的村落形态，这种宏观格局，应该是"不可碰"的那部分内容。比如，如果把浙江俞源村门口的那个古树群和水口格局改成别的样子，恐怕是不可以的。再有，如果将诸葛村中央阴阳鱼水塘，改造成八角形态，显然也是不合理的。村落历史文化是村落的根脉，这种非物质遗存亦不可以妄自修改。相对于上述"不可碰"的要素，大致是"可以碰"的事物，甚至也有一些是可以"大碰"的事物。比如古村落中那些非保护性建筑和民居的室内是可以"碰"的，因为它们完全不影响村落格局，也不会影响古村落文化积累，"碰"了也不会有很大的问题。

设计师的职业共识，是对历史、文化倍加珍惜。总体而言，设计师事实上是局外人，不可不懂装懂，一味蛮干。旧的物质形态应该尽量保留，但村民的愿望是希望过上好日子，比如希望有电梯、空调、地暖这些现代生活设施，这对于全世界的人都是一样的，改善生活毋须指摘。也正因为这样，意大利、罗马这一类物质形态保留得比较好的城市，即便是断壁残垣，他们也给予保留。但假定我们走进罗马的人家，会发现他们室内的陈设已经现代化了。换言之，假定他们没有现代化生活，而是整天面对自己的破烂外观的民居建筑，大概就不会有自豪感并且安之若素了。罗马城在上述"外"跟"内"之间，有一条大家都知道的法律条款，大意是"整个罗马城，两块砖头只要连在一起，就属于国家，个体没有处置权"。

现在看来，古村落保护亦应"内外有别"。室外空间属于历史文化风貌，属于古村落本身，而内部属于具体的村民。这大致就是今天我们谈到的活化，我想这是比较重要的原则，正如我们前几天看到的，很多古村落中留居的村民已经比较少了，尤其是青壮年更少。主要的原因，是村落中几乎没有可供年轻人谋生的职业，除去众所周知的原因之外，再有就是基础设施较差、居住不够舒适等原因。今天浙江省内的民宿，有一些之所以房费昂贵，是因为其内部设施非常舒适和现代，尽管其外部表现出和城市迥异的风情特征，而其内部应该和城市生活相差不多。

我认为这次古村落保护利用国培班，就可以将这种内外差别的方法作为一种具体的渠道。外部保护和内部利用兼顾，室内利用主要指的是活化，是活化建筑室内的物理空间，也可以指居住在里边的人的生存方式的变化。这个问题很值得深入研究，我建议大家可以去探索一下。积极保护从总的方面而言，是不改变它的风貌，而在其内注入新的生命。大家都有这种生活经验，所谓"房子有人住才不坏，没人住就会逐渐变坏了"，我们的目标村落，需要吸引他们的原住民回来住。

内部，村落和建筑的内部，是我们可以研究、观察、试错的一个突破点，当然这也是一个很大的范畴。而且，建筑内部同样承载有村落的历史和文化。我们深入这些古村落内部，深入那些现在看起来不太舒服的室内时，我们这些自称为设计师的人，有没有进一步地观察这些室内是由哪些有意义的细节构成的呢？比如昨天我们参观过的那3个金华地区的古村落，这3个村落民居的关于日照的这个概念。从总体来讲，它们除了顶日光采光，其多数的室内空间其实很少有较长的日照时间。换言之，我们在做室内改善时，是否同样要将古村落的这种特殊利用日光的方式加以保存，因为其内部所呈现的明暗关系，是属于古村落的，而不是属于城市的。再有，比方说它们的既有的排水方式，假定把它们既有的这种雨水收集和排水方式变化了，变成我们现代城市家庭生活方式，那样的改变，是否会对他们既往的生活方式产生影响？我们也会注意到，这些古村落的传统居住建筑的山墙上，都没有较多的且开口比较大的窗。我们怎么样以现代的方式，在不改变村落基本风貌的情况下，能够加入新的日照方式呢？我个人认为如果利用现代建筑材料，办法终归还是存在的。关键在于，既不改变它们的这种建筑的各个立面本身，但是又能改善它们的这种光照的条件，这其实也是一个很有趣的探讨，是可以涌现出学术论文的好课题。

六、新旧

接下来，介绍一个日本建筑师的案例，这也属比较成功的旧建筑改造的项目。我们主张"修旧如旧"，也就是说做过了好像是没有做过，使人看不出来。而日本一贯的做法，和我们大致相反，是做了之后人们能够看出来是修过或整理过的。甚至他们并不忌讳将他们所利用的现代保护旧建筑的技术和技法，无保留地呈现在观察者面前，给人们一种新、旧交替的井然有序感。这个案例是丰田汽车公司旧址，它有一座比较旧的建筑，历史大约有100年。丰田公司在其初期，主要业务并不是汽车，而是纺织业。这个建筑其实是纺织厂房，后来当其业务发展为汽车时，他们并没有将其拆掉转建为汽车厂房，而是将它改成丰田产业纪念馆。这个纪念馆将新旧部分有机地结合在一起，人们从这个建筑中，感受到今人对前人的尊敬和保护，也看到了现代技术对旧物的支持。即我们常常说的"设计智慧"。当本人走进丰田汽车纪念馆时，我对里面展览的汽车并无兴趣，但这座建筑使得我就迷动情，我在里面停留了很长时间，近乎到了痴迷和膜拜的程度。他们利用现代技术让摇摇欲坠的墙壁，重新被加固。人们惊叹那些砖头还在，也惊叹今天的技术，这个建筑展现的就是尊重旧物的价值观。新就是新，旧就是旧，过去跟现在似乎可以对话。我饶有兴趣地听它们在说话，我恨不得搬进去住几天。

再让我们领略一下福斯特先生做的柏林国会大厦。这个案例既让我们看到了今天的建筑技术，比如说玻璃穹顶，现代建筑材料技术是如何利用自然气流和人工采暖，又是怎么用中间的旋转楼梯来反映德国式的国民风气，同时也让我们看到了建筑墙壁本身，那些在第二次世界大战时期在这个建筑上发生战斗的真实情况，其墙壁上还保留了很多被子弹击中而产生的孔洞。顺道人们也能看到德皇时代的楼梯和苏俄时代的楼梯共存，福斯特将这个建筑本身塑造成了无声的博物馆。

"新"和"旧"并不难理解，在此我们也就不再赘述，设计师的工作，在于努力挖掘它们的辩证关系，以及我们应积极探索对传统村落建筑"新"和"旧"所秉持的态度。

谢谢大家！

问题意识与历史文化村落保护利用规划

郑 卫

主讲人：郑卫，浙江大学建筑工程学院副教授，博士毕业于同济大学建筑与城市规划学院城市规划与设计专业，主持国家自然科学基金项目和省部级研究课题，发表论文数十篇，研究方向是乡村规划与设计、城市规划历史与理论。

一、环境意象的营造

环境意象营造是我近几年集中思考的问题。历史文化村落在很大程度上反映了国民的精神追求。大家回想一下，不但传统村落是这样，苏州的园林也是这样。而且文化人在村落营建过程中，基本都涉及环境意象的问题。村庄传统的做法，也会体现意境或图景，这种意境和图景就是环境意象。那些历史悠久的村落，虽然我们不知道是"谁"设计的，但是它们的山水格局和整体布局，显然是有所考量的。村落是一个生命体，营建是一个长期的过程，在这个背后隐含着规则性。

中国古代的环境意象营造，现在被大家普遍地将其归结为"风水"，也称"堪舆"，这体现了他们看待和处理外部环境的认识。这也恰恰是中国历史文化村落和欧洲古村落的差异之处。我认为历史文化村落规划要做出自己的特色，环境意象提炼是比较重要的。

比如我做的月山村项目，位于丽水市庆元县的东南部，村落四面环山，背面的小山被当地人唤为后门山，举溪自北而南绕村而过。这个村庄始建于公元 1004 年，为吴氏聚居之地。明清时期，月山村人才辈出，登进士或授显职、名列仕籍者多达 200 余人，被誉为"庆邑之冠冕"。月山村又有"廊桥之乡"的美誉，有"二里十桥"记录。至今该村还保存了五座廊桥——如龙桥、来凤桥、步蟾桥、白云桥和耕坑桥，村内还有 8 处文物保护单位，历史遗存比较丰富（图 1-12）。

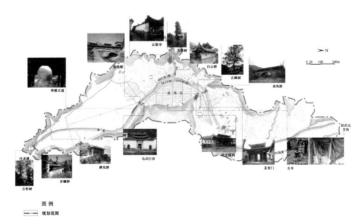

图 1-12　月山村历史文化村落重要历史遗存的分布

但是，在 20 世纪 80 年代的村庄建设中，传统民居被全部拆除重建，原有的村落肌理遭到彻底破坏，而且，村庄建设用地向举溪西侧的扩展对村落整体格局也造成了较大的影响。从平面图的道路系统上，能看出中间有一块地域，道路横平竖直，原来的村庄路网不是这样。这种情况给我们的设计造成了很大的困扰。如果仅仅按照传统的做法，整体肌理遭到破坏，历史遗存处于散点状分布状态，将这些历史遗存单体保护下来，项目即可完成，但这样显然不能令人满意。经过研读历史文化资料和深入分析后，我发现，月山村其实有一个非常特殊的环境营造意象。

从月山村的鸟瞰图可以看出，月山村的后门山呈现出非常清晰的半月形（图 1-13），这也是月山村名字的来源。古人正是以月宫意象来营建月山村的。我们从其族谱中的插图（图 1-14）可以看出该村落是仿照月宫进行营造的。这种环境意象的营造建立在优越地形条件的基础上，后门山形如半月，村前的举溪曲似银钩，山环水抱，好似一轮明月。

图 1-13　月山村鸟瞰图（半抱的山体呈现清晰的半月形）

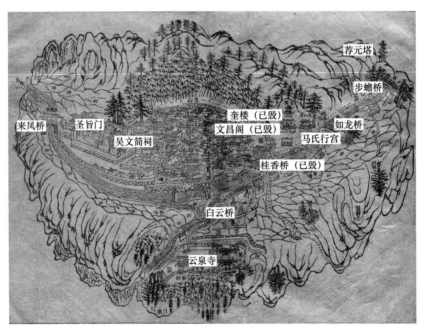

图 1-14　月山村《吴氏宗谱》中的村落意象图

意象的营造也非常重要。月山村的月宫意象并不仅仅局限于此，古人还把中国古代的很多文化内容融入其中，比如桂香桥、步蟾桥的命名，这些都是对月山村蟾宫桂阙意境的文化烘托。步蟾桥位于月山村南面，通过此桥，沿举溪边的小路，就到了月山村，所以桥以"步蟾"命名，即步入蟾宫之意，既写实又写意。该村还有一座白云桥，白云桥上方有灵泉寺。白云桥是月山村通过举溪到达对岸灵泉寺的重要通道。

月山村环境意象不仅仅是形态上的简单处理，而且月山村的先人们在月宫意象的营造中，还将科举文化也结合进来。古人以桂花赞誉秋试及第者，称为"折桂"，登科在古代叫"折桂"，又叫登蟾宫，以步蟾和桂香作为桥名，自然含有"蟾宫折桂"的寓意，寄托了村民对学子科举中第的美好祝愿，更加丰富了月宫意象的文化内涵。

理解古人对村落环境意象的营造思路，对于历史文化村落保护规划是非常重要的。下面以丽水市苏村灾后重建为例。

苏村的灾后重建结合了历史文化保护利用重点村规划项目。苏村的历史建筑主要是苏氏家庙和苏姓大屋，此外还有一些体量较小的传统民居。由于灾后重建有时间要求，初步考察之后两周，就快速确定了该项目的规划策略。在时间的维度上，由于这个项目自身的特殊性，不仅要考虑历史的维度，也要考虑"现在"这个时间维度。在梳理自然地形特征和历史脉络的基础上，结合救灾这个重大事件，进行空间格局和环境意象的重塑。

我们设想了三个"曲"来讲述苏村的故事——"一曲"桃源清溪贯穿古今，"二曲"苏氏家风世代传承，"三曲"救灾战歌感恩于心。第一"曲"对应的是苏村的自然地理条件，第二"曲"对应的是苏氏家族繁衍的历史渊源，第三"曲"则体现了对当下这个重大事件的铭记和感恩。规划理念确定后，我们通过空间进行落实。规划出了"一轴双环"的空间结构，"一轴"即沿着桃源溪及主路作为村庄的发展轴，呼应"一曲桃源溪贯穿古今"。"双环"中的内环，是以保护区内村庄重要文保建筑和保护建筑为基础串联成村庄发展环，呼应"一曲苏氏家风世代传承"。外环，结合村庄周边自然资源串联为基础形成村庄发展环，由灾害遗址、救灾事件的地点和灾后建设成就要素等构成，呼应"一曲救灾战歌感恩于心"。在景点节点的规划上，我们设计了内六景和外十景，以规划结构来统领景观节点，以景观节点来支撑规划结构（图1-15、图1-16）。

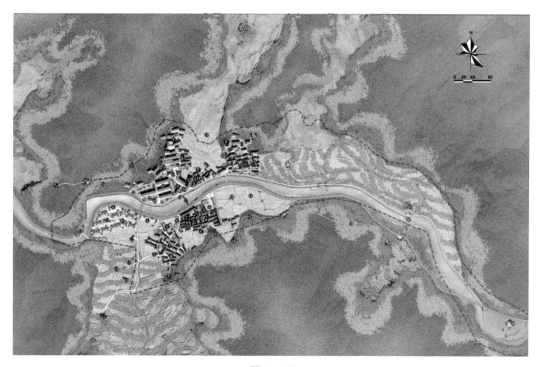

图1-15

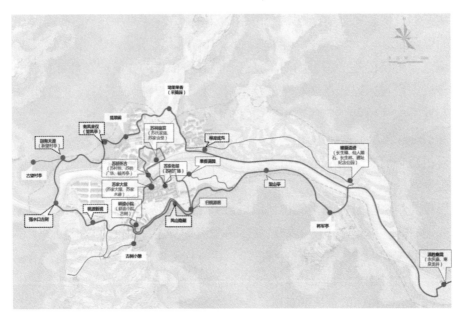

图 1-16　遂昌苏村规划的平面布置图

二、文化景观的保护

文化景观的保护，用崔家田村为例。崔家田村（图 1-17）已经整村搬迁到山下，保留在山上老村旧址的只有几幢宗祠和庙宇，以及几处民居。对于这个"空心"的村，保护的价值在哪里？如同处理好历史保护与民间资本开发的关系？

我尝试着从另外一个角度来看这个问题，即文化景观的角度。1992 年联合国教科文组织的世界遗产委员会将文化景观列入文化遗产中。崔家田村的文化承载要素有哪些？

第一是环境，它有着风水格局的营造。

第二是农耕文化，我们希望找到这个地方的农耕文化遗留，而绝大多数的村落都具备农耕文化，所以重点是将具体项目"农耕文化"的特殊点找到。据了解，本村遗存了一个神农庙，即便这个村已经搬迁好几年了，每年仍有两次比较隆重的祭祀，分别是农历五月二十五日和八月二十三日，这两天附近的村民都会过来，人声鼎沸，热闹非凡。第二个是社祖庙，每年也有两次祭祀活动。中国古代文化之核是农业文明，农业思想早已根深蒂固，古语"仓廪之所以实者，耕农之本务也"。虽然村民已经住到山下，但他们每年的祭祀活动也还继续，并没有消失。

第三是宗族文化。祠堂这种较为特殊的建筑带有公共性质，所以大多数这一类建筑得以保存。在宗族制社会里，祭祀是非常重要的事件，所谓的"国之大事，在祀在戎"。崔家田村保留了一个大公祠，一个二公祠，一个三公祠，每年都还有祭祀活动，宗族文化具备较好的物质遗存依托。宗族文化还涉及比较重要的家族繁衍，在建筑构建方面也是有所物化的。

我们碰到的另一个难题是历史保护与民间资本开发的关系。在我们规划设计时，已经有一个开发商进驻了，开发商希望在此建一个度假村，建造一些用于度假住宿的新建筑。因此，在建筑风貌的管控方面，如何协调"新"与"旧"的关系，就显得比较重要。我们必须处理好控制和引导的关系，"控制"即落实保护的要求，保护山水格局、历史建筑物、乡土风貌，保护那些能够体现村落历史价值的事物，并重视保护的途径。我们可以控制建设用地、建筑高度和体量，以及色彩。二是

"引导"，包括对建筑的容量、建筑群体的组合形式、建筑的形式、建筑色彩等进行引导，要把村庄设计的概念贯彻进去。

图 1-17 崔家田村设计后设计图

三、规划的实施分析

规划设计要考虑规划的实施问题。举个义乌市某历史文化村落规划的案例，这个村子内部的一些区块已经衰败了（图 1-18），我们采取了片区有机更新的模式。

做历史文化村落规划，最让设计师感觉畏惧的，可能是建筑和土地产权问题。

原本有保护改造价值的建筑，如果有较复杂的产权关系，推进起来就较困难。我们在做历史文化村保护与利用项目时，一定要把产权问题弄清楚，否则对规划的实施有较大的影响（图 1-19）。

图 1-18 浙江某村的实景照片三幅

图 1-19 浙江义乌某村一个有机更新片区中产权处理方式图

地域建筑艺术遗产保护与再生

过伟敏

主讲人: 过伟敏,教授,博士生导师。现(2019 年)为江南大学设计学院"建筑艺术遗产保护与再生"研究团队负责人。兼任 2013—2017 年教育部高等学校设计学类专业教学指导委员会委员、教育部工业设计专业教学指导分委员会副主任委员等、教育部高等学校艺术类专业教学指导委员会委员和艺术设计专业教学指导分委员会委员、教育部工业设计专业教学指导分委员会副主任委员。中国建筑学会会员、中国室内装饰协会设计委员会委员、中国流行色协会专家委员会委员、江苏省工业设计学会常务理事、江苏省建筑师学会专业委员会委员、《江南大学学报(人文社科版)》《雕塑》《设计》杂志编委、英国伯明翰城市大学(Birmingham City University)伯明翰艺术设计学院(Birmingham Institute of Art and Design)兼职博导等。曾获"中国设计业十大杰出青年提名奖"和江苏省"优秀青年骨干教师"等称号。2015 年 10 月,中国工业设计协会第五次全国会员代表大会认定过伟敏教授为常务理事。近二十年来聚焦于江南地区城市历史街区与代表城市特色的传统建筑的传承设计研究。依托多个省部级人文社会科学研究项目,从设计学的角度,建立了传统建筑认知与价值判断的方法,为传统建筑与城市建造特色的传承设计奠定理论基础。主编"江苏城市传统建筑研究系列"丛书(东南大学出版社,已出版《扬州老城区民居建筑》《镇江近代建筑》《南通近代"中西合璧"建筑》等三卷)。研究成果得到国内外同行的关注,并为当前城市传统建筑的保护、修复、更新与地域建筑文化的传承等工作提供重要的参考和指导依据。《建筑艺术遗产保护与利用》(专著)曾获江苏省第十届哲学社会科学优秀成果二等奖、《江苏城市传统建筑形态及生存现状的调查分析报告》获 2012 年度江苏省"社科应用精品工程"优秀成果二等奖。主编出版《中国设计全集(20 卷)·第 1 卷·建筑类编·人居篇》(商务印书馆、海天出版社联合出版,国家出版基金项目、"十二五"国家重点图书和中国出版集团公司"十二五"重点图书,获江苏省第十三届哲学社会科学优秀成果三等奖、江苏高校第九届哲学社会科学研究优秀成果奖二等奖),被认为是国内第一部体系完整、容量大、学术性强的中国设计史专著,填补了中国设计史论大型研究成果在分析手法和展示方式方面的学术空白。担任《中国现代设计全集(20 卷)·卷三·建筑类编·城建篇》(国家出版基金项目)(商务印书馆)主编,及由人民美术出版社与山西美术出版社联合出版的《中国少数民族设计全集(全 55 卷)》总主编及《藏族卷》《珞巴族卷》共两卷主编。

· ·

过伟敏教授的报告,包括两大部分,第一部分主要讲述他近三十年逐渐形成并秉持的设计理念,第二部分是过教授列举出的数个案例。本短文将第一部分又分为以下三段予以简述。

建筑自身具有明确的时代性,也即不同的时代产生出不同面貌但功能相似的建筑。经典建筑学认为,全球建筑从古至今由时代分成五个较大的阶段:石器时代、青铜时代、宗教时代、航海时代、工业时代。结合中国的具体实际，或许这五个划分并非准确，以史为鉴是设计师的重要素养。与时俱进是每个设计师无法忽视的时代命题和使命。

建筑具有明确的在地性，无论乡村还是城市，"在地性"均是首要的问题，其次才是保护与利用（再生）的问题。在地性成为我们日常工作的主要思路和重要理念。同时我们也务必注意到，在地性也同样伴随着时代而发生内涵与外延方面的变化，作为古村落保护工作的设计师，应该对村落的这一类在地性变化加以研究并巧妙利用。

接着，过教授重点强调了一个广泛存在的问题，那便是设计师对传统认知较为不足，在这个前提下，设计师们对地区形成了比较明确的符号化认识，进而会对设计形成较强的主观性影响，从而忽略了个体性格和特征，应该从设计学角度建立传统建筑认知和价值判断的方法。在大型的设计、大型研究成果分析和展示方法方面，设计团队通过大量的实践，创造出了"图说文论"的方法，对上述问题进行了有效的弥补。

历史文化村落的历史文化重续

陈华文

主讲人：陈华文，男，浙江省武义县人，1959 年 7 月生。二级教授，曾任浙江师范大学文化创意与传播学院院长。2007 年入选省"五个一批"人才工程（理论），2014 年入选 2013 年度浙江省非物质文化遗产保护十大新闻人物。中国民俗学会常务理事，中国立春文化研究中心主任，浙江省民俗文化促进会会长，国家非遗评审专家库专家等，出版著作 20 多部，发表学术论文 120 多篇，科研成果获省哲社优秀成果一、二、三等奖多项，省高校优秀科研成果奖一等奖等多项，教学成果获国家二等奖，省政府一等奖等多项。

传统村落的保护是一个近些年来热门的话题，但人们在提出种种保护措施和保护实践时，却往往带着城市居民的心态，甚至是城市精英的居高临下心态，以城市标准要求传统村落。因此，有些保护愿望很好，效果却甚微，甚至相反。鉴于此，我们提出对传统村落的保护主要重在传统村落的文化重启，让似乎已经失去生命力的传统村落在完成转型后，通过文化重启和保护，获得自由生长的空间和向度，从而重新获得生命力。传统村落本来是自由生长的标杆，因此，多类型、多样式、多形态是它的本质，只有回归这种思路和保护，才能真正让中国的传统村落获得生命力和灵魂，走向正常生长的道路。

我们大家都知道，改革开放之后我们的传统村落一度不断地弱化，甚至在经济发展过程中不断地消失。有很多人想当然简单地将此归结为现代化导致，现代化确确实实是一种可视的背景，但另有一个重要的原因是我们生产方式的改变，就是传统的农耕文化下的这种生产方式、生活方式和今天的现代化过程当中的以工业技术为独特指标的生产方式和生活方式之间，发生了比较大的落差或差异，也即传统的事务在不同程度上无法适应现代的环境。

随着现代化的进程不断向前，也随着这一进程带来的生产方式，尤其是生活方式的改变，社会处于不断的变革和重组之中，传统村落在这一进程中受到的冲击和影响是最直接也是最大的。20 世纪 80 年代之后，基于传统村落改变而带来的传统村落保护，就一直伴随着这一进程。但不管是照单全收一成不变的保留，还是在生活中进行彻底的改造，或者通过一些学者的参与，有限度地保护和发展，直到最近这几年特别盛行的旅游与建设民宿，本人认为均未能从根本上起到保护作用。或曰单方面的保护策略，无法彻底扭转传统村落走向衰落的趋势。

西方的现代化是在他们的传统基础之上生长起来的一种跟他们传统相衔接的自然的技术生活文化。而我们中国的现代化因为比较多的部分是从西方借鉴或者移植而来的，也即并非生发于我们的自己传统技术和生活方式的基础上。我们去看欧洲的现代化，他们老牌资本主义国家的城市民居建筑的结构，如果从村落作为切点来说，他们的生活方式几乎并未改变，但他们已经建立起了现代化板式。美国亦不同，因为其实际的建国时间很短，它所谓的现代化是从欧洲移民到那里之后，掠夺了印第安原住民的土地后建立起来的现代化。所以我们到美国会发现，美国的现代化标准是高楼大厦，而我们引进的所谓西方的现代化，实际上主要是引进的美国的现代化。在改革开放之后，我们所进行的现代化建设，标杆国家是美国。但也正是由于这种建筑气质是搬来的，所以我们整个社会在转型过程当中有些不适应，也就是我们需要不断地变革重组，借助变革以形成自适应和自身寻找出自己发展道路，传统村落在这一过程当中所受到的冲击和影响是最直接的也是最大的。

但同时，我们城市本身也一直处于这个变化过程当中，但城市并不是以农业作为基础产业形态，它自有其更城市型偏向的业态，所以说城市不会感受到如同乡村的阵痛，甚至城市非常欢欣鼓舞地接受了这样子的现代化，因为在这个过程当中，它们的经济获益最大。而乡村则相反，乡村原来的生存方式跟城市的生活方式存在着较为巨大的差异，乡村的现代化过程中的变化，让农民切身感受到他们可能失去了土地和生存技能，而且他们进入城市中时也失去了他们熟悉的自身的传统文化，这导致他们非常迷茫，所以这是一个很现实的问题。

20 世纪 80 年代开始的人口流动，就已经非常明显地说明了这一点，在城镇化过程当中出现了乡村建设被城镇化的趋势，但我想说的更多的是文化，用现代化思维、城镇化模式来建设新农村。诸位的设计可能有这样的趋向，当然需要避免。设计出的农村实际成为山寨版的城市，或者是小型城市，乡村失去了原来既有的特点。就像一个生命体本身原本有各种各样的自然特征，假如现在我们所有的人都整容成了一个模样，比如通过挤压操作，挤压成一模一样的。

我们中国传统村落或者乡镇的随形造势、随地取材、随兴造景、随遇而安的特色，我想在座的各位，你们看过的不一定比我少，可能在这个问题上，或者说理解得可能比我更加深刻。随形造势就是农民的房子就是沿着地形或沿着山势来建的；随地取材就是这个地方出产什么就顺势拿什么作为材料来造房子，所以有的地方是木结构的房子比较多，有些地方石材结构的房子比较多，有一些地方泥胚的房子比较多，有些地方竹制的房子比较多，有些地方茅草的房子比较多等，是各式各样的。现在则统一成了钢筋水泥，加之随性造型，村民喜欢怎么造就怎么造。当然所谓的这种随性造型，实际上是符合村民个体的审美或基于个体的功能需求。只不过，有的时候自然审美比我们通过教材形成的这种审美观念可能更符合当地人的实际需要。随兴造景是指我们的基层民众其实都是有审美需求的，在有余力的情况下，"往美了造"或者按照内心的感召而造物，再或者经营家庭的美，他们是有原始动力的。随遇而安，是指生活的随遇而安，但现在这种可能发生了改变，因为其技术因素比较重要。中国的传统文化决定了一些国民性特征，在此方面就表现得比较鲜明。

乡村文化被异化。在城镇化的过程中，农民的意识和城市居民相似也逐渐个体化了。原来村落文化几乎是中国文化的一个典型，它是比较模式化的，大家几乎拥有共同的思维、道德观念、伦理意识和比较一致的想象。现在是普遍的个体化。农村文化信心逐渐失落，农村人对自己的文化没有了自信。

乡村传统文化价值被置换，这个就是我们所说的城市的西方的文化价值观念进入了我们的乡村，导致一些乡村的特色文化逐步消失，所以现在有很多地方都在重建，试图恢复或者试图重启。

原来村落中传统的重义轻利的道德观念也在淡化，重义轻利是说相互之间并不看重利，而是看重人情。人际关系日益功利性趋向，导致人情社会的商品化。维系农村社会秩序的乡村精神逐渐解体，乡村社会秩序失范，这就是现在的情况，当大量的农村人口从农村流失，势必导致了空心村落或老年村落的出现。我们现在有个新词汇，叫"386170"，"38"是说较多的老年妇女（超过 55 岁）留在村落里；"61"指留守儿童；"70"指村落中较多的 70 岁以上的老人（包括老年妇女），这种现象目前比较普遍地存在。因此，中央提倡乡村振兴过程中重启乡村文化，重建乡村文化，并在整个社会转型过程中借助乡村文化，重启与重建，达到乡村振兴的目的，我觉得非常有意义，其目的是

"产业兴旺，生态宜居，乡风文明，治理有效，生活富裕"。

今后农村发展中经济振兴发展是不可忽视的重要工作，而且会成为全党全社会的共同行动，"五级书记抓乡村振兴"，五级是指总书记、省委书记、市委书记、县委书记、乡镇党委书记这五个行政级别，当然还要加上村镇的党委书记。全面振兴包括扶贫，也包括乡村业态扶持和很多其他事务，总体而言是抓重点，补短板，强弱项。实现产业振兴，人才振兴、文化振兴、生态振兴和组织振兴，但这里面最重要的还是人，如果农村人口还是持续地流向城市，城市还是无节制、无序地向周边扩张，我想其效果可能会大打折扣。如此，可能会导致乡村振兴的滞后，前面的很多问题也随之很难得到解决。

一、传统村落的形成原因

大家可能已经非常熟悉传统村落的形态和结构，但是中国的传统村落形成有它自己的特征，主要的原因是基于血缘的，也就是凡居住在一起的，基本上属于家族制、宗族制的，其核心在于他们有着血缘关系。在历史上，他们也许是血缘部落的较早期的形态，后来在农业经济的生产关系情况下进化成了村落社会结构。好比原始社会，所有的生产生活资料，都由大家共享。但实际上那时候并不像我们想象的那么美好，但是族群是基于血缘却是毫无疑问的，因为血缘很容易确定长幼顺序，以保证族群能够和自然及天敌进行对抗。这一类群体在原始社会出现，以后在社会历史过程中不断地扩大。

从前人类部落之间，需要的可能并不是人口的融入，而是简单粗暴地抢夺土地资源。比如另外一支部族迁徙到一个地方，感觉这块很适合住下来，但是这片土地已经有人早在此居住了，于是就可能发生冲突或战争，其中一方需要将另外一方的主力消灭了，战胜的一方可能会收编战败的一方。所以，鹊巢鸠占的这种现象也是可能存在的，只要有外来的人进入，新加入的人势必会带来新的文化，由战胜的这一方扬弃后吸收，融合成一个整体。但也请大家注意，一个文化与另外一个文化的冲突不一定带来一个文化的自然发展，有的时候可能是倒退，因为先进的文化未必一定能战胜后进的文化，或者落后的文化，历史上已经有无数次证明了。

我们可以看到传统村庄形成的最主要的原因，是基于生存和环境。中国传统村落形成的原因各有差异，同时我们也应该认识到，传统村落是处于不断发展过程中的，它没有定型，哪怕截止到今天，我们也不能断言传统村落就定型了。现在的村落地由之前的单姓氏血缘宗族自然村落，逐渐变成了杂姓氏混居的村落。南方地区目前仍旧存有单一姓氏的村落，但是也逐渐变为多姓了，甚至出现了多民族的。

村落是整个社会发展的缩影，它首先是血缘群团的聚居地，接下来好理解的一种发展是相近血缘者生存的一个特殊空间。在进入阶级社会之后，承载了社会比较基层治理的各种任务和工作。因此，传统村落是社会的基本组织也是基本细胞，它的稳定与否关系到整个社会的稳定或发展。中国的传统村落形成，一方面是基于血缘的，但同时，也是基于生存的环境的。从平原地区来看，血缘的关系可能要大于环境的影响。

不过，中国地域广阔，环境差异非常巨大，其中原来的东夷和南蛮所属的区域，在版图上纳入中原王朝的治理后，实际上主要依靠的是当地乡绅或族群领袖进行治理，而这些乡绅和族群领袖，是村落或族群中的佼佼者。这些乡绅和族群领袖与村民和族群成员之间都或多或少地存在着一定的血缘关系。加上，中国东南、东部、西南等地区大都以丘陵和山地为主，以血缘等为依托的村落可以承载人口的生存空间相对有限。因此，可以看到一种普遍存在的现象：翻过一座山就是一个村落，过了一条河又是另外一个村落的现象，而且这些村落大都为非同姓村落。中国社会在进入封建时期之后，有一个非常有趣的现象，就是两三百年改朝换代一次，这就像人的生死自然进程一样。王朝建立之初，蓬勃兴旺，后期则腐败衰亡，于是就出现了烽火连天的农民起义或造反运动。战争给城市，实际上同时也给王朝中心的中原地区带来毁灭性的打击。一些具有一定迁徙能力的人，开始走出自己的村庄，走向不太受到战争影响的相对比较平稳的东部、南部、西南部等地区。安徽的徽州等地，在汉末就已经有中原地区因为战乱而迁入的移民，他们聚族而居。后来，在魏晋南北朝、隋唐末、南北宋和宋末、元明清的王朝后期，都形成过大规模的移民，进入这一地区。他们在一些特殊的山与山的冲击区域，建立起有着一定血缘关系的同姓村落，最后有的发展成为大村落、小城市。这种因移民而形成的村落，在浙江的各地也比比皆是，他们依山、依江、依溪而居，建立一个个传统村落。这些村落中的村民具有相同姓氏或血缘成分相近或拥有所谓共同祖先，他们通过祭祀来完成村（族）民的凝聚和通过血缘来实现社会伦常的关联，达到和谐和睦相处的状态，生生不息。像浙江是一个文化融合比较典型的区域，因此，除了同姓村落之外，还形成了大量多姓氏的村落，这些村落或者各自筑起祠堂，分头祭祀，或者有着共同的村规民约，规范村民的行为，当然，也会不时有一些冲突，但都可以通过相对比较独特而又公开的方式进行解决。比如泰顺的三魁镇在元宵节有一种结合祭祀而进行的活动叫"百家宴"。"百家宴"是由张姓族人举办的祭祖后设立的祠堂酒的一种开放形式，通过这一形式与周边不同姓氏或不同村落的人建立和睦和谐的关系。类似的村落还有畲族与汉族同居住的畲汉村，不仅不同姓，还不同民族，但大家却和睦和谐相处，共建村落家园。严格意义上说，浙江已经没有源于于越或百越人的村落，目前可见的比较多的是同血缘同姓氏的单一姓氏村落，这类村落大都是移民迁入而形成，也有异姓杂居的村落，但基本上也是移民或原居民引入入赘女婿后而形成两姓或多姓的村落，不同民族居住于一村的村落，也是基于移民或入赘等上述原因形成。当然，历史上移民主要是因为战乱或社会动乱，是民间自发的一种行为，而在当下还有一些诸如水利设施建设而成村落，移民或脱贫下山新建的村落等，也有一些是城市建设或资源开发而形成的特殊村落，甚至还有一些是军垦或戍守而形成的村落。总之，历史上的村落的形成大都是基于自发的原因，人们根据自己的需要和生存而建立村落并随着生产生活的需要而发展村落。

浙江这个区域形成的文化有这么几个特点，一是善于用舟，北方善于骑马，我们善于使用舟船。所以《淮南子·齐俗训》记载，"胡人便于马，越人便于舟"。二是种植水稻，《史记·货殖列传》记载"楚越之地，地广人稀，饭稻羹鱼"，这些生产方式和独特的交通方式使得浙江的村落与浙江的文化紧密地结合在一起。三是干栏式建筑，河姆渡是非常典型干栏式建筑，我们现在考古发掘的历史可以追溯到9000多年之前，在连云港那边发现了一个遗址，有9000多年，但河姆渡只有7000年，浙江人还有一个特点——断发文身，如《史记·赵世家》记载："被发文身，错臂左衽，瓯越之民也。"我们回过头去看古人，照现在的话说就是那个时候的古人真是很前卫，很"酷"。因为中原地区跟浙江的古人不一样，这就是我们中华民族的不同区域中的不同民族的差异性。中原地区的古人是留头发的，而且将头发留起来再将它们盘到头顶或者后脑勺成为"冠"。出嫁以后的女性将头发盘在后脑勺，称之为"脊"。所以，任何一个女孩子只要一出来，你就知道她是已婚还是未婚的，盘起来的就是名花有主了，如果没盘起来就是未婚，谁都可以追求。

吴越地区的文身，包括脸上文身，不将头发盘起来，原因之一是浙江这一带夏天的昼间温度比较高，蓄发会导致头部的温度过高，且不利于散热；另外是这里的古人还需要经常和水接触，长头发并不利于在水中开展行动。人的很多行为及习惯其实和其生存环境是息息相关的。但后来，江浙一带的这些文化，最后都被削减或融入了中华民族的文化之中，成为多元而一体的中华民族文化的源头之一。

秦代之后，浙江地方的文化逐渐融入了中原文化，主要是融入汉民族为主体的文化，同时在朝代更替的离乱之中，大量的北方移民迁移过来，逐渐成为"江南文化群"的文化昌明之地，成为汉民族聚居的主要地区和核心文化区，所以我们现在都认为浙江是汉民族的核心文化区，几乎是以汉民族为主的人群居住于此，这并不是说浙江没有其他民族。现在聚居于浙江的少数民族，主要有两个，一个是畲族，一个是回族，回族主要在浙北湖州一带，而畲族在浙江的地区就比较多，分布在杭州、金华、丽水、温州这几个地区。从古村落的这个发展情况来看，干栏式模式的建筑被改造并融入中原文化的这个道德伦理和价值观念，天地人三者合二为一。

宗族、家族和家庭观念成为村落承载的主要内容或中心内容，因此，浙江的古村落与中原地区的古村落，是同中有异，核心相近，造型不同。当然，不论是从浙江的，还是从全国其他不同地区的切入点看传统村落的形成和分类，都是不同的，从发展和生存角度切入，传统村落可以概括为如下几种。一个是自然选择型的村落，就是古人有意识地自然选择这个他们认为特别适宜于人类的生活和居住的地域范围，这种行为应该是从很远古的时候就已经开始了，开始可能是非常少的一些人做这个事情，后来越来越成为显性的学问。而且自然条件比较优越的地块，甚至可能伴随以后的不断积累，可能其体积越来越大就形成了城市。比如特洛伊的九个文化层，也就是其九次文明叠加，都在这个上面建造城市，这就是说这块地方特别适宜人类居住，其物质被战火毁灭了又在原地重建，重建了之后再次被战争毁灭，再重建，每一次重建都在城市的上面建造。当然也有某些特别适宜于生存的区域本身比较广大深远，所以当这个地方被毁坏之后，人们就在附近重建。人类历史上的很多古代城市，后来找不到了，主要的原因是毁了之后并没有在其上重建而是在旁边重建的，再毁了，再在边上重建。因为在北方的平原地区，很难说只有某个地方可以建造城市，只要其边缘靠着河流就可以。河流在古代的作用不但是可以提供水源，而且也可以形成天然的屏障，起到防护的作用。当这些地方后来发展为城市，其原先的所谓的村落，就弱化甚至消失了。

哪个地方特别适宜于人类居住，我们的传统村落的选址问题。第一个是自然选择型，这些区域适宜于人类生活，从很远古的时代开始，便有人类居住，原来是传统村落，后来就发展成了乡镇和城市，村落的功能弱化甚至消失了，而现代的城市功能则完全具备，虽然有村或集的名称，但已经名实不符。如山东潍坊的周村便是典型。不过还是有一些至今还是传统村落的形态，但却已经经历了居民的不断更替，早已不是原始居住民的后代了。不过，自然选择的类型在历史发展过程中，是极其普遍，也是极其重要的一个类型。

第二个是移民迁入型。战争或者朝代更替的时候这种情况比较多，整体的移民迁入、部队整体长期驻扎或者大型单位整体入驻。但更多的是，局部或部分的少量移民迁入。再有，在大型工程建设时期，有的时候也有移民迁入。比方说你看我们之前三峡水库建设的时候，就有四川的移民成建制迁到嘉兴、金华。我走访过这样的几个村子，虽然现在他们还说着四川话，喜欢吃辣，而且这些生活习惯甚至可能影响周边的原住民地区，但这些特征也正在融入到当地之中，他们的第二代、第三代之后，四川方言逐渐地弱化。这一类移民村落，在历史上是非常常见的，在浙江还有淳安千岛湖工程移民村落。再有，比如安徽的徽州地区，它的村落基本上是从汉代开始，逐渐迁入由北方而来的居民，之所以常常形成单姓村落，是因为其总是由一个族团构成，其宗祖领袖带着人们迁入这些地方。

第三个是避世而行，避世就是关于躲避纷杂的世务或特殊原因而迁入一个当时不为人知或不宜为人所知的地方居住，最后发展成为一个村落。这种传统村落也非常常见，这种避世既有因躲避战争的原因，也有因避朝廷诛罪的原因，甚至也有避仇杀的原因，还有避尘世而隐居者等，这种传统村落大都在交通极不发达的地区，大都在大山深处或远离当时的政治经济中心区域，有山、水或其他独特的自然屏障，不宜为人所发现和骚扰。如温州永嘉的一些传统村落就属于这种原因形成的。避世是常因战乱、荒祸、病害等严重威胁到人们的生命，而族群不得不选择离开祖居之地，另外重新寻找乐土的整体移居行为。比如泰顺的很多村落都是其始祖避世到那里的。他们认为那里如同世外桃源，所以那里后来形成很多世家大族的村落，其风尚特别提倡耕读传家。一般这种村落当社会稳定之后，他们的子弟就有大量的学子通过考试入仕的途径重新走出去。这种传统村落大都交通极其不发达，有些甚至在一个山崖上面，出入都需要爬上爬下的，这是用天然的屏障来保护自己的子孙和后代的一种比较自然的方法。

第四个是民族迁徙型。这类传统村落比宗族的概念要大，不是基于血缘而是基于语言、文化等民族基因形成，历史上由于亡国、被异族胁迫或追杀等多种原因，当然可能还有经商或宗教等原因，也是形成这类传统村落的重要源头。这类传统村落在浙江以畲族为代表，民族文化或宗教文化的传承延续是这类村落得以存在的重要原因。但这个类型有着各种各样的原因。比如浙江有很多地方都有畲族村落的分布，旧时代的畲族是因为其较低级的生产方式决定了其刀耕火种的简单农业特征，是因为他们对土地的这种轮歇制度不是特别熟悉，所以其开荒十几年二三十年之后，土地变得贫瘠，于是他们不得不迁徙到另外一个地方，以至于他们不断地流动。当然，后来当他们学习了汉民族的这个较高级的农业生活方法之后，也逐渐定居下来，才形成的畲族的现在状态。明代之后民族迁徙形式很独特，有些是战争原因，有些是因为生产生活，也有些是因为宗教等原因导致的。

第五个是地区开发或军垦。文化开发包括因政治原因而进行的。如当代知识迁出或历史上的军垦形式等，这类村落在一些边缘地区，如新疆、黑龙江等地都有形成，当年浙江一些地区从明代开始的军籍制度，也形成了这类村落，如苍南的蒲城所城就是代表。再比方说像现在石河子有大量的上海人，1949年之后的建设兵团或上山下乡等这些都有，在全国各地均有出现。迁到那个地方去之后，一个地方居住的都是部队的人和其家属家族，家族成员都在那里，同时长期在那居住，以至于世代都在那里住下了。比如现在贵州的童谱，是江浙一带迁过去的，他们自己也认为自己是江浙一带迁过去，到现在跟江浙这边已经在血缘上失去了联系，因为时间太久。这个就是军垦型。

第六个是侨寓而居型，这种传统村落在中国村落的发展史上也是比较常见的，侨寓也有多种原因，一种是做官卸任后，被当地民众挽留，不再回归故里，或因此地山水形胜不凡，自己的故旧势力也在这一带拥有影响，对于子孙的生存完全有保障，便在此地生活，从大族而发展为聚族而居的村落；一种是流寓一地，便娶妻生子，久而形成一族一村；还有一种是因为各种原因，侨寓他乡，无法回归故里，最后因人丁旺，形成村落。历史上这类村落在南方尤其多见，原因是当时交通不便，路途遥远而不归，于是便侨寓于某地，从此成为当地人。本人祖上从族谱的叙述来看，就属于这种类型。当然，说的是当地山水绝佳，便娶妻定居，形成村落。再有些，开始的时候是临时居住，他们的祖先其实并不打算在那个地区长期居住，他们可能最初是盼望着战争结束，但有些历史中的战争持续时间是很久的，在经过了两三代人之后，逐渐形成了村落，其后人可能甚至已经没有了最初的家乡的记忆，也就无所谓回迁了。比如福建一带的客家人村落。其构成方式，或许是聚族而居，形成单一姓氏模式。再有可能是多姓混居的，比如这个退休的官员带来的杂姓仆役及他们的后代形成的混居模式。

我们在处理这些村落的传承保护，包括重新改造的时候，我们的经验，是聚族而居的单一姓氏的村落民众相对来说比较好办，只要将宗族势力说服，很多事情就可能比较顺畅地推行。比较麻烦的是多姓混居的村落，如果姓氏之间可能本来就有着强势与非强势之间的利益冲突的，很多矛盾或历史矛盾本来就很难化解或均衡，如何去化解这是相当的艺术。

　　根据地理生态等不同迁入的传统村落，可以概括为平原村落、高原村落、草原村落、山地村落、河岸村落、湖边村落、沿海村落等。平原村落在北方常见，几乎无须要我们举例。事实上浙江的很多村落也是平原村落。比如浙北的塘栖，我们可以看到这种地形的平衡，其周围也有一些山，但其平衡村落一般是团块状的，就是村落根据团块而居住在一起，根据需要可以进行随意组合。当然也会根据河流、湖港等进行布局，所以平原村落事实上在生存条件上一般都优于山地等村落，因为其生存环境相对来说比较优渥。高原村落是由地形环境所决定的，因为它都比较特殊，比方说青藏高原的村落。山地村落是沿着山或者山地河谷等而建的，这些村落在浙江发育得非常典型，尤其在浙南地区，山地村落都特别的典型，比如松阳的一些传统村落，依山而建的，形态统一非常漂亮，但生活在这种地方是非常辛苦的。

　　河岸村落与湖畔村落，这两者有相似的地方，这些村落的主业是农耕，副业往往是渔获，不同的地方是一个是沿河，一个是沿湖。比如重庆的乌江边上的龚滩古镇和太湖边上的南浔镇。

　　沿海村落主要是指以渔业生产为主的村落，这个是浙江省第二大的渔港——箬山村，这是个渔港边上的一个渔村，非常漂亮。这个村里面有好几项国家级的非物质文化遗产，那么这些村落，实际上它主要的生产方式比较特殊，当然其居住的环境也非常特殊，由于他们居住在港湾的地区，又面向大海，经常面临台风，虽然居住在山湾里面对渔船的冲击比较小，但是台风刮来之时，风雨还是非常厉害的，所以在这个地方建的房子大都是石头房子、石屋，连屋顶的瓦片都是石头的，石头上面还要压上石头，否则大风来的时候屋顶就会被风掀开，甚至汽车都能够被风吹起来。这就导致了他们的建筑模式和样式的独特性，但他们还是要居住在港湾的那种地方，因为他们生产生活必然依托海洋而生。

　　另外，根据区域的不同还可以将村落划分为南方村落、北方村落、东部村落、中部村落、西部村落等。我们都知道南方的村落跟北方的村落是不一样的。因为南方的村落现在是楼房比较多，北方的村落平房比较多，你看南方的山地地区多是干栏式的，北方多半地窖式的。远古时期的民居建筑如半坡式的房子，是先往下面挖下去一两米深，挖下去之后，在其上面再搭个茅草棚，人们居住在半地穴的地方，其具有冬暖夏凉的特点。南方山地或水边的干栏式，在下面先装平台一样的楼，再在上面搭茅草棚建起来，这样子的建筑模式，主要作用是防潮防湿，再有还可以躲避一些野兽的冲袭。南方的村落跟北方的村落不一样，东部跟西部也不一样。西部地区的雨水特别少，除了汉民族地区，很多少数民族地区的房子也设平顶，因为降雨较少的缘故嘛，如果这种形制放到东部来肯定不行，所以东部地区屋顶做成坡面，便于降雨时排水。

　　根据建筑方式可以划分为四合院式、窑洞式、干栏式、半地窖式、平顶式、碉楼式、蒙古包式等，类型实在是太多，可以参考《中国建筑史》。之所以有如此多的类型，是因为：第一，建造者是根据他们自身的生存环境而造（生境）；第二，他们根据他们的传统（习俗）；第三，他们根据自己长期以来形成的审美观念（观念），所以其建筑样式表现得很不同。比如说山西有半面坡的建筑样式，浙江人已经习惯了人字坡的房子，但他们那里的房子只有一面坡的屋顶，看上去他们的房子是一边儿高一边儿低，整个这样斜下来。半边坡进出都是从坡底的这个地方进出，其建筑将院子围起来。每到下雨天的时候，所有的雨水只往院内一边流，在流下的院子里面要将水全部接起来，以提供给日后的生活用水。这种建筑很好地体现了旧时代人们的"风水"理念，他们将天上的雨水理解为"财"，水是财的象征，降雨时全都接起来，所以他们还有个特别的名字叫作"肥水不流外人田"，全都流到自己家去。这些就是地方性的建筑语言。

二、传统村落的多重功能

传统村落本身的历史都已经比较长，它在自身发展的过程中，在不断地变化或发生偏移，甚至有些村落后来发展成了城市。而绝大多数村落长期地存在，它一定有其独特的功能。除了我们经常说到的，村落在整体的社会治理中作为最基本的单位之外，传统村落也是经济社会自觉的最基本的单位。实际上，传统村落承载的功能内涵是非常丰富的。

首先是其组织功能，传统村落是一个特殊的社会结构，虽然这些传统村落在我们前面已经说过了，它们各自都有着不同的差异，不但是形成原因的差异，而且不同的村落其功能也有区别。在同姓村落中，长期存在以血缘为基础构建的宗族组织，其管理层次的架构包括族长、厅长等多级序列，这种结构所起的管理作用是非常显著的，对于社区民众的管理而言并不具备特殊性。只有不同村落之间进行比较时，才显出每个村的稍许差异。我们之前提到的"乡贤"并不属于这种管理性质的组织，在他们行使权力管理组织过程中，其特殊的功能性的人物，在民俗学或者文化学研究中，有一个特别的概念，即村落中的领袖人物。这和村落组织的权力结构是紧密结合在一起的，这些人物在组织中发挥着较为巨大的作用。旧时代有些族长在村中的权力比较大。

其次是生产活动，我们现在很多在传统村落保护的时候，实际上忽视了这一点，生产活动，村落建起来的目的，就是要更好地生活，生活可以理解为"消耗"，前面有消耗，后面就必须有生产活动支撑，而生产活动的目的也就是要让大家活下去和生活得更好。我们原来的传统村落几乎是基于自给自足的，只不过其自给自足的方式各有不同，即表现为不同的业态。有些业态以捕鱼为主，有些业态以养殖为主，比较常见的业态是以农耕为主，也有半农耕半游牧的或半农耕半渔猎等。

生产活动无疑是村落人群组织中最重要的事情，而生产活动的不同，会形成不同的文化，这就是我讲到的"文化重启"的原因。而我们现在把城市文化形态或者一些思想观念带到了传统村落里面，大概率会出现问题。原来传统村落以血缘脉线实现了全局控制，约束向下传递后由各个家庭来完成共同经济属性，基本为"自给自足"的生产方式（整个过程当然比较复杂）。当某个村落衰落了，首先是因为其生产方式逐渐衰弱了。其一方面的原因是劳动力的离开。现在很多村里的年轻人可能真的已经"不会"或吃不消种田或种菜了，我本人还真的倒蛮担心的，如果传统村落重新振兴之后，谁去干这活儿呢，有些人说可以用机器，机器的确可以替代一部分。但很多事情可能是不能用机器替代的，比如说关于用牛耕田，山里有大量的梯田很难用机器去替代。一方面是机器可能上不去；另一方面是机器的效率可能并不高，这并不是机器本身的问题，而是因为有时田的面积太小了，用机器不值得。

再次是文化活动，文化活动的功能在传统农业村落也是较为重要的。而且，客观地说传统村落的文化活动方式也较为多样，这是他们形成自己的特殊民俗的重要智慧来源。比如说节日、庙会、庆典等这些共同的文化活动，其在生活中更多样。借助村落这一载体，人们将其传承、保留甚至消解，这对于传统村落的影响较大，是乡愁的重要组成部分。

现在年轻人的教育方式已经和旧时代不同，再有是生活方式有较大的改变，第三是交往方式不同以往。他们对传统文化的这种认知和认同度较低。手机占据了人们的大部分时间，甚至人们都忘了自己的生命才是自己较珍贵的一部分，手机改变了整个世界，就这个问题，我们已经不应该讨论是不是的问题，而是思考怎么借助这个现代工具，推行村落保护和推行村落文化。我们的传统村落是可以借助这个时代工具的，而且这种工具一定会越来越占据人类本身，甚至和人类合体。我们面临村落的文化活动的问题，在于人口流失之后实际上是已经没人去传承这些文化，而对于很多现代科学技术的传播也客观地造成了传统村落文化流失或者弱化。

最后是对外交往，村落的对外交往功能的实现，常常并不是村内家庭自身完成的。当然，个体也有对外交往的功能，但其力量是有限的。同姓氏的村落其婚姻问题是不能在同村落内部完成。为了避免产生经济损耗，传统的婚育观明确地要求"同姓不婚"。"同姓相婚，其身不蕃"，这是生活常识，同血缘男女结婚，常常会带来很多糟糕的后果，后代畸形、低能儿的比例较之非血缘婚姻要高30%以上。所以，一般的情况下同宗族的村落，他所寻找的配偶都是外村落的，村内的女性都是外嫁的。这就是说村落有它的对外交往的功能，这种异村联姻，也是村落外交的重要手段。这些亲戚关系，使得村落和村落之间形成了坚实的纽带。本村落大家都是同宗的，人们是堂兄弟、堂姐妹等关系，外村也有他们的表兄弟、表姐妹等。村与村之间的交往受限于传统的方式，一般在5~15公里之间，这样他们的婚姻范围也在5~15公里之间。

接待从远方来的外孙辈，外公外婆先是给小辈一些点心，稍微垫下肚子之后，他们接着会做正餐，当然这里面也包含大家伙儿一起吃的量。不久舅舅、外公这一类家人从田里回来聚齐，全家人在一起吃饭，就是这么一种文化形式。如果距离太远，小辈过了人家的正餐的饭点儿，就会生发很多的矛盾。

由上可见，村落对外交往是比较重要的。对外交往也可以使村落之间的某一些矛盾得到协调。比方说"分水"，假设两个村互相有较多的联姻，他们之间采用相互和平协商的办法完成比较公正的分配过程的概率就比较大。这是因为，水维持村民的近期和远期的生命。水，不但人要喝，而且也是农作物最重要的生产资料，没有灌溉农作物就会失收，农民就会饿死。所谓"上兵伐谋，其次伐交"，这就是说对外交往的重要性。

第五个是聚心收族，就是同宗族的人或者同村落的人，必然居住在一起，尤其是同姓氏的村落就有这方面的独特功能，紧密地凝聚起来。表现在非物质形式的宗谱上，常常是要"20年一小修，50年一大修"。修谱的目的是确认村民是不是宗族的人，是分辨"为我族类"的仪式行为。

但有些人是通过另外的方式，加入某一个宗族的，比如入赘，比如某人家特别穷，娶不起媳妇，到别的村落或者哪个地方去做上门女婿，传统的做法是先在自己家的宗族里面的族谱中除名，同时"上门女婿"常常需要改姓，这种情况较多。当然，如果这个人后来的经济情况极大地改善了，有的时候甚至带着媳妇重新回到他自己原来的宗族中，回来以后是可以重新入谱的。也有的时候是因为这个"上门女婿"的丈人去世，其家的政治重心发生了变化，这个"上门女婿"于是就将自己的本姓重新恢复，以其作为"始祖"的身份，重新开枝和创业。当然这些行为都需要通过各种各样的仪式，强者昭示自己的强势，这也是一种光耀门楣的事件。

所以，聚心收族是较重要的一个功能。传统村落现在大多通过政府完成，很多传统文化可能被弱化了。就地方而言，浙江温州地区的宗族，还是很有生命力的，他们仍然活跃在历史舞台上，但近些年伴随着生活方式的变化，这种弱化还是溃败得比较快。有时候某一个宗族计划修谱，于是大家都捐款，包括重修宗祠。如果我们去温州看他们的各个姓氏的宗祠，建筑都很雄伟壮观。

聚心收族到了现在，仍旧有很大的意义。我记得我曾经受邀参加过温州苍南王姓家族的修族谱仪式，这个浩大的仪式在其祠堂举行，家族内部成员的私家车排队，居然排出去十几公里长，宗族内部的社会精英，借此机会相互沟通，相当于一次大联谊。平时不怎么来往的也重新建立了互通关系，他们就可以开展合资联营等商业行为，这也是好事情。这就是聚心收族，是通过这种形式确认我们是一家人。

多姓聚居的村落，是通过乡规民约，完成收族这一功能的。我的老家就是一个多姓聚居的村落，村里面有好多个祠堂，该村落完了之后人们就以乡规民约处理村落事务，而非以各个宗族为标准。当年有一次事件，我记得特别清楚，村落里面的树木被偷，然后这个贼人被抓到了，对他要进行处罚。处罚的方式是让他自己拿个锣，边走边敲锣，敲完一下就喊一句"我对不起大家啊，我偷了树，你们不要学我啊！"在村落里面从这头敲上去，再从那头敲回来，故意使得大家围观，让所有的人都看到。这相当于现场教育，家长就对小孩子说，"你看多丢脸啊，你们以后千万别去偷东西啊，偷东西就要去敲那个。"这一类的公众性羞辱，别人就会因此而瞧不起他，如果偷东西的是个小伙子，以后娶媳妇会成为障碍。所以，村众通过这种形式来完成共同约束和集体教育。

三、传统村落建构与文化价值

　　大家都会说，传统村落是基于农耕生产的需要而建立起来的，这是这个事物的本质。很多学者对此有过探讨，但都是从自身的视角切入，前面我们也讨论过这个问题。以生产角度作为抓手，其重视的是传统农耕生产的意义；以组织形态作为抓手，其重视的是宗族等社会形态对村落传承的影响；而从功能角度作为切入点，其重视的是传统村落的程序价值内涵。但这些讨论本身都没有错，都是村落形成发展的重要前提和内生条件，也是我们文化建构的一个前提性的条件，但实际上最本质的问题是没有任何一个传统村落是按照我们规定的某种模式自发建立起来的，它是多种文化要素、自然之力、周围环境、地理状况、历史条件等综合作用的结果。而在以农耕为主的中国传统社会中，还有大量因游牧而形成的特殊村落、以渔猎而形成的渔村等。换言之，历史上所有的传统村落，都不是应政府提倡而建立起来的，它们是自然勃发，在自主的基础之上逐渐形成的，也就说传统村落发展成什么模样，回过头去看都是"自我选择"的。所以，这是一件自古以来从未有过的大好事，乡村遇到了非常好的历史机遇！伴随时间，当然会形成很好的实践经验。我们在座的各位都是时代的见证人，同时大家也是在一线工作的设计师，我们在这个过程中，都会经历并形成宝贵的行内经验，我们有责任进行深入的探讨和研究。

　　村落中有比较多功能性的文化类型，有时候跟我们传统的文化是紧密地结合在一起的，比如类似"堪舆"的这一类文化，很多人认为堪舆文化是传统村落建构的一个重要依托，所有的村落几乎都有，但人工的选择，不能替代自然选择，自然选择实际上也是在这种文化要素之内，只不过村落本身具备随意选择性，但随意选择的确也是按照人们的地域观念而进行的"随意挑选"，是建立在"事前"而非"事后"，古人偶然找到了一片极好的土地，其后代可能会很好，但常常"为什么发迹起来"事实上人们可能并不清楚。如果请风水先生来看，只凭他说聚财、聚气，或者其他说辞，但这些只是风水先生的判断。我们这些设计师是唯物主义者，所以我们相信具体村落的"后人"比较出色，自然环境的因素是有的，但并非核心推动力，其族人出现佼佼者，仍是人、制度以及后勤保障等很多和人切实相关的原因促成的。进一步地，加之比较多的社会原因，比如说其时的社会较和平，政治经济持续发展，我想这种社会气候就使得所有的村落都能够受益。

　　我本人并不认同风水理念，我认为它并无意义。实际上，我认同的是一种"心理健康"的生活习惯和审美喜好，比如人们在家里睡觉的床，对面最好就不要正对着镜子，因为人夜间起夜，可能会被镜子里自己的影子吓一跳。比如，睡觉的位置上方最好不要放空调，是因为人体长时间接受低温风，可能会出现"着凉"的问题。再比如居室建筑的门口不能直接对着路灯，是因为灯开着的时候，直接将屋内的器物照得一览无余，这使得一些别有用心的人看到他喜欢的事物，可能会招贼，这当然不是好事情了，比如得做个玄关隔挡一下。风水的解释是说"煞"直冲进来，但实际上这仍旧是一种心理健康的表现，我本人是并不赞同，在物质匮乏和社会治安不够好的时代，即便有玄关，小偷还是会来的，和路灯毫无关系。

村落家庭中长、幼、嫡、庶等人的层级，是传统村落在建构的时候较为重要的因素。很多村落的结构能够体现这种特征，祠堂的位置一旦定下，其长房、长子在某些地方就已经被布局好了。当亲族旺盛的时候，会分厅，建造房屋的顺序重新围绕厅重构。但我们现在的这种城市套居的模式，实际上将旧农业社会结构模式瓦解了，当人们在立面方向发展，不在平面上分布的时候，这种秩序就全部消失了。或者说我们的文化传统已经不蕴含在我们的居住的空间里面了。

重新对传统村落进行建构，比较重要的是让村民相信，自己的村落不仅承载了传统的农耕文化生产方式，也能承载现代的生产方式。这一点较重要，现在我们传统村落之所以衰落，就是因为现代的生产方式不适宜于传统村落，而且村民既有的生产方式由于经济效能较低，导致村民的自信心渐失。这也昭示着，其生产方式的转型可以在传统村落空间与现实生长的一些特殊建构的空间里共生共存。这一点是我们村落设计或者我们在今后村落改造中，我觉得必须坚持的理念，因为如此，文化才能被重新植入到村落里面去。

四、村落重启文化

2014年9月24日习近平在纪念孔子诞辰2565周年国际学术研讨会暨国际儒学联合会第五届会员大会开幕会上的讲话："优秀传统文化是一个国家、一个民族传承和发展的根本，如果丢掉了，就割断了精神命脉。我们要善于把弘扬优秀传统文化和发展现实文化有机统一起来，紧密结合起来，在继承中发展，在发展中继承。"

如果村落里的中国优秀的传统文化被割断了，村落也就失去了精神命脉，在逻辑上这是可以推及的。这就是说一个传统村落就是养育一方百姓的居住空间和精神家园，是居住空间和精神家园的一个综合，是建筑与文化的结合，它不仅仅只有建筑，也不仅仅是布局。正因为有了文化它才具有了灵魂，同时也具有了生命力。建筑和空间是死的物，文化才是活的魂。这需要承载这种文化的人，生活在其间，如果地方的人全都搬走了，那村落其实也就没有了意义，也就失去了我所说的灵魂，自然也就没有了文化。

当下整体社会正在转型，原来根植于传统村落中的文化，我们不仅批判它，而且还在全面地舍弃它，这是传统村落保护中比较根源性弱化的一个原因。或者说是我们其实并不重视对于文化的保护，我们重视的是其外在的一些设计化的东西的传承。我本人并不反对旅游规划，比如开发民宿和农家乐。因为旅游业态在某种层面上确实是部分地激活了传统村落的一些功能，但是我不认为这些方式是万能的灵药。现在很多地方一提传统村落保护就是旅游开发，结果是旅游越开发，一些村落衰落得越快。

大量做民宿的现象，的确从外面引进了一些资本，但资本的本质是逐利的，当民宿的价值被榨空之后，投资方可能就会撤走了，如果当地村民的参与性不强，这种形式就有可能不可持续，那其后果是很严重的。如果资金是内生的，这种本村落人的资金投入，或许可以形成新的社会阶段并跟他们的生产、生活形成一定的关联，相对地可持续性会比较好。

因此重启文化，让传统村落重新植入，是与当下社会相一致的文化任务，植入与当下社会相一致的文化内涵，是使传统村落重新焕发生命力的比较重要的钥匙。主要从以下这几个方面着手。

第一，让传统村落与城市在功能方面进行重新定位。简单地说，当下的传统村落保护或建设，即希望让村落中的人过上城市市民般的生活。前面我已经提及了，目前村落城镇化的现象比较明显。不仅是生产方式、生活方式，还有居住方式等城镇化，这导致乡村的自我修复生长功能减弱，等同于我们把农村建成一种特殊样式的城市。

第二，转型完成后的传统村落必须要建立起自己新的业态，因为有新的业态才会是传统文化的基础，在其之上重启、重生，或者重建。村落必须要有自己的生产业态，即农业生产的那种业态。当然，其业态也不一定是"传统的"，它是在传统基础上生长起来的一种新型的业态。但业态的成长，必然需要一定的时间。但乡村要振兴和持续，就一定要将业态培育起来，而且它还要能够和乡村相结合。结合具体乡村的环境，结合本地的出产等。当然，如果说本地没有比较好的业态，那么不管是外来的资本进入也好，还是本身在这里生活的人也好，它都不可持续。

外来的资本有撤走的可能性，在村落中的人可能会流失，因为他们必然追求更好的生活品质，所以需要为他们创造比较体面的工作岗位，如果没有的话，那我想乡村也是不可持续的。

国家在乡村振兴方面有很好的政策，但效果究竟怎么样，现在一些具体的做法可能还要靠各个省市去落实。这是一个建立配套和建构系统的繁重工作。是业态与惠顾对象如何更好地相互配套，这是值得我们设计师进一步思考的。

第三，文化的重建，原来的人情、纲常在逐渐消失。我们知道城市中的人与人之间的关系，通过各种专业岗位的工作、职业相互交叠和联结，呈现"人人为我，我为人人"的这种形态。而在乡村中，是源于与生俱来的血缘和邻里宗亲等关系。在城市里面，仅一墙之隔的两家人，数年间彼此不认识实属正常的现象，但这个显现在乡村中显然是不可能的。但现在这种格局也可能正在被逐渐打破，因为他们的建筑模式被彻底地改变。现在每家每户都是关起门来的。

第四，让传统文化中优秀的知识体系，在村落中得到恢复。比如前面我们说到的，我觉得乡贤文化、新的乡规民约文化、孝道文化、传统信仰和民俗文化等，都有重新生长的空间。

最近这些年，我们做了一些关于非物质文化遗产保护的项目，使得很多文化获得了新生，而且目前发展得更好了。但是，目前也有了一些异化的现象。我们就发现保护的过程中存在的一些问题，包括一些传承人制度，一些技艺类的传承方式。我们认为，当政策红利或者其他资源慢慢地集中到这些被保护的领域，也随即产生了一些现象。这些现象不由得让我们进一步考虑下一步应该如何去做的问题。同时也矫正之前的一些做法的缺陷，进一步思考该怎么保护，今后如何发展。尤其是类似村落的这种群体性的文化，凝聚一个村落民众人心的这种文化，代表一个村落族群特色的文化，应该怎么去保护。

第五，政府引导传统村落在建筑方面的改造，必须具有传统的根和灵魂，这一点可能涉及我们在座的各位的创意设计相关方面的内容，我们设计在传统村落的建筑或构筑物时，我觉得必须要符合他们的生产生活方式，同时必须符合农民一贯的传统文化认同。

第六，引导产业转型，让传统村落自由发展。引导产业转型，政府在这方面可以有些支持的空间。有些地方我们可以学习日本或韩国，设计成一村一品，扎扎实实地进行产业转型，在这方面是可以大有所为的。当然，产业转型的主要目的并不是说我们要固定或者我们要确定这些村落向什么方向发展，事实上最终确定的目标是让村落自由发展。因为我们知道，在历史上已经存在了几百年几千年的村落，从来都未有固定它们要做什么或者必须做什么。所有的村落都是自由发展的，今后乡村也应该是这样。

农村在就应该自由发展，这样才会发展出如江南水乡的那种村落的布局，或者是沿海渔村的那种布局，或者是沿江的那种村落布局。让他们自己自由地重新组合，当然现代技术也必不可少。各种各样的村落，政府仅仅是一种引导和指导，特别是引导产业转型，根据产业转型的需要重新建构村落。当然，现在的很多政策相对来说比较严，土地的使用比较严格。严格是好事，但随之也带来了一些弊端，怎么去规避这些弊端，这可能是需要进一步研究的问题。

不同的地方，总是拥有不同的生产方式，而不同的生产方式总是形成了不同的传统村落。无论怎么样，也绝对不能通过改造风潮，造成千村一面的现象。所以，任何的推进都应该慎重和谨慎。传统村落是当下所有中国人的传统村落，也是这些传统村落中生活着人的传统村落。换言之，乡村是全体中国人的乡村，更是乡村人的乡村。现在，情况已经有所改变，改革开放之后城市居民先富起来，这个先富起来的人群，是有义务带动后富的乡村人群的。

当下让很多城市的保护力量进入乡村，参与保护，是件好事。但我们希望那些不够慎重的设计，或者可能将村落往不利方向引导的设计，尽可能少地发生。任何一个设计师都要知道，中国的传统村落本身不是由设计师建造的，而且也原本就不是城市精英设计建造的，它是在适应生产和生活方式以及优秀传统文化基础上自由生长和成长起来的，从前是这样，未来也一定是这样。现在可以适用同样的道理：将传统村落还给传统村落中的人，让居住于其间的人自由生长。当他们随顺自然和社会转型的进程之后，传统村落应该会通过自己的方式重新生长，只是在这一过程中，我们需要保护一些传统村落原来的文化，让他们可以在今后的发展中，有着更多的选择。所以，现在重要的是重启文化传统，重建文化自信，还传统村落文化一方自由的天空。我希望人们到任何一个村落去看，看到的景象都是不一样的，这些村落应该是多种多样的，同时内容也是丰富的。

另外，还需要尊重他们的那些原生的农业生活方式，那是他们文化的本源。我们设计师不能基于城市的生活方式产生的价值观对它们进行判断，强行加入城市的干预，这样他们的文化才可以在转型之后的村落中自由地生长，同时这才是具有可持续性的。否则，我想我们的保护可能会事与愿违。但无论怎么做，乡村振兴都需要政府的经济投入，而且投入可能会比较大。但既然投入了这么多，效果自然需要得到保证，那当然就需要按照比较好的方法去做。以上均为个人观点，不一定准确，请大家批评指正，谢谢大家。

文化村落的主题凝炼、形象设计与文化建设

葛永海

主讲人：葛永海（1975—），浙江嵊州人，文学博士，浙江师范大学人文学院教授，博士生导师。主攻方向为古代小说与传统文化、文学地理研究，兼擅文化创意与策划。为浙江省"新世纪151人才工程"第二层次入选者，担任浙江省高校文化素质类教学指导委员会委员。曾获浙江省"青少年英才"奖、浙江省高校"教坛新秀"、浙江省高校"优秀共产党员"、浙江省"十佳"青年教师、浙江省"五星级"青年教师、浙江师大"教学名师"等荣誉。现任浙江师范大学初阳学院院长。中国红楼梦学会理事、浙江省文学学会理事。现正主持国家社科基金项目《中国城市叙事的古典传统及其现代变革》。出版专著《古代小说与城市文化研究》，入选《上海市社会科学博士文库》。在《中国社会科学》《文学评论》《文艺研究》等学术刊物上发表学术论文 70 余篇，论文中有 20 余篇分别被《新华文摘》《中国社会科学文摘》、人大报刊复印资料转载。学术成果曾获教育部高校科研优秀成果三等奖 1 次，省哲社优秀成果二等奖 1 次，省高校科研成果二等奖 2 次，省社科联社科研究优秀成果三等奖 1 次，省哲社优秀成果学术进步奖 1 次。

一、文化村落与村落文化

文化村落是指具有历史文化内涵的村落，而村落文化包含物质文化、精神文化和制度文化等丰富内容。当然这个表述比较笼统，它其中包含两个内涵，首先是有历史内涵，其次是人文内涵。即我们要"打造"的某一个村落，它可能有历史特定的背景和文化特定的需要，所以，设计师就朝向那个方向，以"看得见青山绿水，听得见鸟语花香""望得见乡愁"为目标，做出能寄予人们文化乡愁的历史村落作品。当我们在炊烟袅袅升起回望的时候，我们能够感觉到什么，那里面有一种亲切感、归属感、依恋感。也就是设计师塑造的美丽乡村景观要与更大维度的中国梦背景结合于一处。

历史文化村落保护需要一种选择，即将这个村落框入到文化村落的范畴中。同时，文化村落概念的准入门槛不宜过高，也就是每个村落其实都应该有自己的文化特色。举例，金华市金东区下范村。该村给本人留下的最深刻的记忆，并非其范氏祠堂，而是它在路旁边的一个大横幅标语——"下范村的葡萄熟了"。这个简单的语句给我留下了极其深刻的印象，当人来人往的时候，大家就都知道下范村的葡萄熟了。下范村是一个葡萄产业村，村民自称是范仲淹的后人，村内有雕梁画栋的范家祠堂。他们自称其文化为"忧乐文化"——"先天下之人忧而忧，后天下之人乐而乐"。但这些似乎都没有那个标语的话语具有震撼力。一个简单的话语，给人无穷的想象空间。于是，我们给下范村的文化内涵，大致总结了这样几句话，即"以产业为造诣，以范氏祠堂为载体，以忧乐文化为

内在"。以后如果做这个村,它的文化层次感就可以这样定位。

关于文化的概念有各种各样的词组,仅"文化"名词本身即有一百余种定义,一般讲得比较多的是文化三分法:物质文化、精神文化、制度文化。比如传统与当代的问题,包括文化与产业的问题,包括所在乡镇文化的"常"和村落文化的"变"的问题。比如金华金东区孝顺镇,其主题我们定为"孝顺文化",因为它主打孝顺牌,孝顺背后隐含着中国孝道,包括它之前建设制作了硬件和软件,如二十四孝公园、婆媳档案、村民荣辱录等。孝顺镇这个中心文化里面也有其他文化,而且它下辖的多个村落可能并不都能够和孝顺文化对应。于是,问题就随之而来。因为具体村落的文化一定要有这个区域的文化的共性,但孝顺镇下辖的具体村亦是可以有个性的,它当然要结合自身历史特征,有自身的个性的其他的文化特征。所以,孝顺镇村民提出要求要"一村一品",于是,在整体基调下的特例,使得这个特例不那么突兀,在整体把握和细部调整等方面,就比较难。但这里又体现出一种规划设计和建设的方向,怎么做能够让每个村落凸显出自己的特色,没有特色我们能不能创造出特色,或者说我们能不能熔铸出特色。

对村落文化的理解,其本身应该有比较多的维度,包括了物质层面和精神层面。比如,前段时间各个市文化部门提倡村落发展体育文化,于是有些村落发展出篮球文化。再有包括民俗文化,相对来讲它的底蕴更加丰富。更勿论民俗和非物质文化遗产,它有更多的样式。现在,文化还包括产业文化,一些常见的农业作物,如西瓜、葡萄、花生,这些"我们有",但别人也可以有的,将文化注入可能就可以获得更多产值。比如就可能必须有特定的地理位置,例如它处于半山居浅坡腰上光照充足,种出来的植物可能更优良等,比如金华有名的两头乌、盘前蔬菜、巨岩贡茶等。于是,村落文化要深入挖掘其多维度,从大的方面来讲,物质的、精神的、制度的、地理环境的、历史的等,它包括一个村落的方方面面。关键的是我们怎么样去寻找其蛛丝马迹,怎么样来寻找可以提炼、探究的内容,我觉得这是村落文化的重要内容。

村落文化,我们从两个方面来讲,第一个是历史层面,村落文化所表现的是由祖训、村规、民约等构成的文化精神。这里又可以分两个角度,就纵向而言,它是一个村落千百年发展演变的根源,是村落之根;就横向而言,和这个村落物质形态的其他方面相类比,它属于村落长期积累形成的内在精神,村落之魂。区别于别的事物,其有"必要性要素",即某种内在气质。我们说内在的必要性要素以视觉的语言,是以各种建筑小品的方式,包括视觉思维性来呈现,这里我们要定一个基调,即它的精神是怎样的,是以什么样的色彩呈现的,是以什么样的线条呈现的。也就是说,历史层面也要做到两个层面,第一个是村落之根,第二个是村落之魂。

讲到村落之根,任何一个村落作为村民古老的聚居地,它的存在一定会有它的某种独特性。我之前在做一个课题——《江南商业世家的发展路径》,研究明清一直到现在江南商业世家的发展和演变的历史路径,包括其整体演变轨迹,总结历史教训。我对很多村落尤其是这些村落的第一代始迁祖格外关注。我发现江南一带的所谓南方人其实很多是从北方迁移而来,在中国历史上大约有 3 次比较大的人口(文化)南迁。人口的迁移,一般我们也认为是文化的迁移。第一次文化南迁的视角叫"永嘉之乱",大致是西晋到东晋,然后到衣冠南渡之间的人口南移;第二次是"安史之乱",大量北方人南迁;第三次是从北宋到南宋转折的"靖康之乱"导致的人口南进。那么这三次文化南迁代表中国文化版图的改变,南方大量的原始村落受到中原文化的渗透,所以我们看很多的家族,如像江南苏州的贝氏家族、张氏家族。贝氏家族是说贝聿铭这个家族,它的第一代人来到南方,是因为逃难,贝氏始迁祖是在明代初年包括到后面清初的大族。

其实宋元的很长一段时间中,政府还会招募逃亡者到南部垦荒。各村始祖均特别受到尊重,是因为他们能够在一个陌生的地方扎下根来，进行最初的积累，他们是克服了很多困难的，非常了不起。

一般他们首先会傍水而居，我们说人类和水的关系始终是大命题。所有伟大的城市都建立在河流旁边，这几乎是一个亘古不变的规律。那么，很多村落的选址也是这样，驻扎在一条水体旁边，根据这个地方的地势和其他各方面的条件，然后定居下来。定居下来之后继而开始开垦土地，再通过几代人的不断经营，慢慢地开垦出大片的土地。个别的姓氏宗族可能形成人口众多的世家大族，农业是他们发家和存继的基础，积累多年之后可能完成了较为初期的原始积累，当他们有了文化的意识，就开始培育文化生产，村落的发展轨迹，如果仔细梳理起来非常有意思。首先是开垦土地，然后勤奋耕耘，再然后是剩余价值的积累并缓慢致富，其后慢慢富起来，小有家资之后，开始形成精细的分工。一般老大留在身边一起管理田产，老二、老三开始读书，老大管理田产时也会做一些小型手工或小型经营，比如说金华的何氏家族的何炳松、何炳棣、何德奎，他们并称为"何氏三杰"，他们在金华城里面经营商铺。从乡间农民到地主，成为地主之后再在金华城里面经营商贸，他们的店名叫何茂盛，但当"何茂盛"商铺经营起来之后，老二、老三得以专心读书应试。一般来说，后面的老四、老幺，很可能变成浪荡子。这是因为往往父辈老年得子，便比较宠溺。另一个原因是哥哥一代管理田产管理家族事务，二哥、三哥出去读书，而老幺往往会被放任。讲述这个是因为，一方面是这种情况并不少见，另一方面这是某个家族呈现经济波动的重要因素，出现败落的一个源头，这使得村落呈现出特定的某种形态特征。

当一个家族从一个乡间的地主慢慢地成长起来以后，这个家族才会分生出他的语言、义节、艺术等高等级文化，这个村落也才会随之慢慢地扩大，慢慢地这个村落也可能变成地域范围足够大的知名村落。而这个村落中的那些读书的子弟就会成为这个村子里面的文化代表或文化象征者，我们后面也会提到这一类家族。之后如果这个村落宗族真的出现了学而有成的"入仕"者，其族人就会在物质方面给予仪式性的奖励，比如树立旗杆，或者允许搭建某种形制建筑，成为这个村落文化的物质标像。

其实，中国封建社会大家族的发家史是和其依存的村落历史紧密地联系在一起的。比如在某个家族里会有很多规约，包括很多祖训、村规和民约。通常说这些文字表述，其子孙后代都要恪守。有的家族甚至将这一类文字编纂成四字一句的韵文，而其宗姓后代子孙名的首字就来自这个韵文，逐字按照这个文章的顺序往下排。通俗地说，这相当于某人是属于某辈的人，在辈分分层方面就比较清晰。它的意义在于村落并不是图景方面的，而其实它是一个纵向的画面，它本是一部平民史。所以说我们要去了解一个村落，一般需要去看它的家谱或族谱，事实上那上面一般都会有谱系表，然后我们就会知道具体家族代表了这个村落所达到的文化高度和它在历史上曾经有过的辉煌。当然，并不是每个村都有这样的运气，一方面是说并非每个村落都能涌现出比较高级的人才，另一方面是说经过前面的各种历史洗礼，并非每个姓氏宗族都能够比较完整地保留下来他们的文字资料。经过长时间的资料阅读，我们说一个村落的兴起是因为有一个家族的存在并不为过，同时一个家族也是因为有这样所谓的高端人才，不但这个人才使得整个家族、整个村落熠熠生辉，而且也使得其家族能够在整体文化水平方面有比较大的提升。进而，我觉得这是我们在了解村落历史文化的时候能够把握的历史层面，假如设计师不了解村落的历史和文化，那么也就无法深刻地了解它的现在，当然也无法规划其未来。

第二个是现实层面，村落文化往往表现为由其民俗特色、产业特色、交通地理特色、物产特色、文体特色等构成的特色文化景观，比如体现传统习俗特色的民俗文化村，物产特色等。前面我们讲的是历史层面，但一个村落往往不仅有历史，而且这个历史还要为现实服务，所以我们当然也必须关注这个村落的现实层面。我们所做的工作其实很明确，就是当设计师面对村落项目时，除了要了解这个村落的历史——既往的历史，而且还要充分地观察这个村落的现实。它包括且并不限于人口、常住人口、人口年龄构成，村中有否合作社，村落业态，村落产业，村民主要经济来源，收入水平，村落主要的亮化、净化、美化、绿化、硬化（村落五化）的情况，五化每年投入和支出情况，村落整体经济状况等。

也就是，其村落文化要能展示自身的特色，是村落文化的立身之基，发展之本。

借此我们暂时插入讲述一下村落文化的特点：

一是标志性，指一个村落具有区别于其他村落或一类村落的标志性特色；

二是传承性，村落文化往往有较长的历史，经过传承发展；

三是规约性，它产生的某种观念或意识对全村是具有约束和规范作用的；

四是辐射性，村落文化能对周边区域产生影响；

五是时代性，村落文化应与时俱进，具有时代感，不断被赋予新的时代内涵。

标志性纯粹是我个人化的表述，是一个村落区别于其他村落的标志性特点。比如诸葛八卦村比较形似太极的钟池，再比如武义俞源的星象村，这些村落的标志性比较突出。

更进一步地，很多村落其实是很平庸的，其实并没有特别明确的标志性。比如金华寺平村。大家在寺平村里面所看到的关于很多传说其实都是我们团队依据该村的各种史志、传说加工的，包括那个七星伴月的故事。我们工作的一部分是整理加工和深化"野史村言"。即经过对前代记载资料的解读，进而综合熔铸了符合当下这个时代的创新。最初我们在寺平村做规划设计，当时准备推油菜花节这个项目，我当时提炼了一句话："同醉天下黄花，共谱星月神话"。因为当时我们有个比较大的布局性规划思路，是想把寺平古村打造成"五婺三村"——诸葛八卦村、俞源星象村、寺平星月村。当时"七星伴月"还本来是他们比较模糊的记载，来源于寺平村族谱中的一段话，大概的意思是说，某个建筑疑似七星伴月，但如何"似"，在原文中古人并没有比较深入的描述，当然也没有进一步解释。于是我们据此进行了考证和再创造。我们说有7所建筑大致是所谓的"七星"，寺平村中间刚好有个"月湖"，这当然是个硬件性质的前提。当然其所谓的七个建筑具体是哪七座房子，我们其实查无实据。但是，我们说历史是被我们后人创造出来的。当若干年之后，后来的很多人重新来回顾这段历史的时候，会感觉不那么突兀，也没有因为我们的加工而形成明显的历史坑洼感，我认为也是可以的。历史本来就是不断地被创造出来，后继如果有实物出现，当然可以弥补编纂的不足。

规约性，它产生的某种观念或意识对全村具有约束和规范作用。旧时代比较多的村落事实上是大家族聚落，存有家训、家规或家学。于是我们有必要了解具体项目村落氏族在古时的情状。民谚有云"家是最小的国，国是最大的家"。旧时代家族中一样有着"君君、臣臣、父父、子子"的旧时代层级顺序，之所以说古人的家族利益很重要，是因为这关乎到他们个体与整体的生与死。但伴随着生产力的发展，前述的那些落后的、腐朽的理念和层级必然遭到淘汰，可是其中有一些合理的，在近年来经济发展的前提下，也应该给予一些关注并恢复，比如比较好的家文化。但困难在于，现在我们的家庭结构伴随着生产力的发展也发生了变化，我们已经由之前的"聚族而居"变成了现在普遍的"小家庭化"（核心家庭化）。家文化对整个家族成员中所有的家族人员的约束力，来自家规和家训。比如南通张謇家族，其家规中就有"实业救国""教育救国"的语句，这种表述非常明确，他们的子孙后代将这个诫训作为自己的人生目标。再比如苏州贝聿铭家族，其家规、家训和家学，概括为"变必"，第一变是"农事积变"，即依靠农业积累致富。第二变是"致富经商寻变"，成为其家族的基本脉络。贝氏经商之后，产生了"商业转型之变"，接着转向了利润率和社会地位更高的中医药，当时有"贝一帖"，比较出名。第四变，是转为更高利润率的金融业，由于其家族所居住的地理位置，后来逐渐出现了比较多的商业"买办"，也即现在所讲的从事金融和经济的职业经理。第五变是建筑，以贝聿铭为代表，贝聿铭以及其两个后代也是职业建筑师。所以我们说从一个村落家族的发展可以看出，其文化虽历经变化，但仍延绵不息，这种生命力是比较强大的。

时代性常会被设计师忽视，我们讲村落文化当然会涉及历史。可是，我们当然不能只讲以前的事物，因为如果设计不结合当下的现实，甚至如果不结合当下的时代性，也不利于村落的发展，因为文化最终还是要落地，虚的东西要转化到现实的生产力或者真实的物质。我们所有的历史文化村落的保护工作最终要落脚于当下，要推进这个村落的发展，而发展层面包括了旅游业或者其他村落业态，也包括了其他产业的开发，它们均有所关联。历史和现实这两个维度的结合，值得进一步探讨。

二、村落文化定位与主题凝练

凝练村落文化的主题，以蒋堂镇下尹村为例，它的文化定位是"吉祥文化村"。文化主题词为："吉者，福善之事；祥者，嘉庆之征。"文化主题阐释为："下尹村乃千年古村，文化积淀深厚，多福善之事，呈嘉庆之征。如入家塘之修葺，出于公德，意在遵规重德。"村北古井"六家井"，清澈甜爽，亦是村中望族所掘，凡此种种，不一而足。村有"三瑞"之征，曰：知礼、长寿、丰裕。

下尹村村委会自己也曾经做过一个定位，在我们初次交流时，他们认为自己的定位和提炼相当出色，于是我们就必须在制作的时候对其进行扬弃性参考和再提炼。文化定位一旦确定就不应在短期内更改。则设计师必然考虑到地域的整体性，尤其是地域利益的整体性和均衡性，不能和整体发生矛盾。于是它就不再是村落的问题或乡镇的问题，而是范围较大的地域性问题。

在座的老师多来自浙江，或者说多来自"江南"这个地域范围。那么，作为设计师的我们，是如何理解"江南"的文化特色和文化精神的，这其实是一个更大的背景。村落的背后，是更大的地域，可以是乡、县，或者是浙江省、中国，更大则可以是华夏文化圈或者亚洲。伴随着地域扩大，这个村所具备的属性或者说包含的内容就会更多。比如说，中国的文化，地域的差别，南方与北方的差异等。但是，事实上不同的村落又有相对较为共同的事物、属性或内容，关键是我们如何来提炼这些不同地域的地域文化精神和地域文化特色。

大到一个地域区块，小到一个县，再小到一个村，我们面对具体的村落项目，就必须思考中国传统文化的共性和个性，还有就是地域的大传统和具体村落的小传统。对这个逻辑的理解，我们可以江南文化为例。我们现在的江南，其实为"中江南"概念，主要讲的是包括江西的东北部、安徽的南部、浙江的中北部、江苏的南部、上海的边界较为模糊的区域。那么江南的文化特色和精神是否有较为精确的概括，对于这个问题的探讨，学界已经有了很多阐述。但是我们越是思考和研究，就越感觉江南文化的特色很难被认识和精确地进行描述。梅新林教授曾将它概括为："箫与剑的二重变奏"。龚自珍曾讲"一箫一剑平生意"。这个"箫"代表温婉柔顺；"剑"为刚烈之意。则"箫与剑的二重变奏"在江南整个文化的发展演变过程中，经历了"北箫南剑"的时期，也即北面的吴文化与南面的越文化，即"北箫南剑"进行了激烈的交融过程。六朝之前吴越地区的民风是比较刚烈彪悍的，这里曾有"中国的兵器库"的说法，比如吴戈、吴矛，我们说"操吴戈兮被犀甲"，包括"干将莫邪"、越女剑、苏州虎丘的鱼肠剑。当年"阖闾与专诸以鱼肠之剑刺吴王僚",扶持其父,合理继位。对江南文化的评定,现在又有"内剑外箫"的说法,也即"内刚外柔"。

也就是说江南整体品格中,一直就有"箫"和"剑"的两面性,吴文化和越文化彼此碰撞是较大的地域文化背景,这种箫和剑的碰撞在我们江南地区确有典型的家族案例。比如绍兴的周氏家族中的鲁迅(周树人)和周作人。鲁迅即为剑的代表,所以他的文风"一往无前",他评价他自己说"我是一块硬骨头",所以他代表了江南文化非常刚烈的一面,表现出一种斗士的精神。而周作人的文风可追溯到六朝,因为我们说江南这个地方六朝在这里留下很多的遗迹和文字资料,他所追求的是那种潇洒的名士之风,所以他就偏向于箫的感觉,表现为较为柔和的风貌。这就是说,"剑和箫"在这个家族合体,所以开出了两朵花——鲁迅和周作人。这其实就是我们所说的地域文化锤炼熔铸的结果。

当然,江南文化的发展演变除了刚才提到的"箫与剑的问题",历史上还有"吴和越的问题观",我们说它还有数个发展阶段,从吴、越发展到江南的地域文化,最终江南文化走向成功的是以城市文明为特征的文化——海派文化。此时,江南的区域就从六朝以前江南之江南,再到六朝及晚清的中国之江南,晚清之后这个江南就变成了世界之江南。我觉得这是一个比较宏大的文化背景,是关于江南文化的时间纵向的背景,当最后走向世界之江南时,它也完成了从诸侯国文化到吴越文化到区域的江南文化再到以城市文明工业文明为特色的海派文化历程,最终上海成为整个海派文化的桥头堡,它辐射江南、吸纳江南、引领江南,这是大的背景。

在这个大背景中,理解每个区域的文化特色,就要在江南区域这个大传统中,具体理解和解读小区域的传统。比如,我们说杭州的风格特点是精致、和谐、大气、开放。那么,金华的风格特点是崇德、尚学、勤业、践行。我们着重述说一下金华,我认为"崇德"是第一重要的。我曾经有个比喻:如果把中国的城市比作一个课堂,比喻成一个班级,班长是北京,副班长是上海,语文课代表是西安。西安说:"这是因为我从小就写唐诗",但是安阳不服气,他说:"我虽然没有写过唐诗但是我从小写甲骨文"。太原竞选劳动委员,理由是他从小挖煤,可是这时候大庆表示不服,他说他打小就开采石油。在整个城市文化中的城市各自都有自身的文化特点,有些特点确实具备一定的雷同性,但它们却又具备比较强的独特性。这个班级的同学们还争夺班花。苏州认为她可以当班花,杭州不服气,说:"G20我都开过了,班花应该是我。""江南忆,最忆是杭州。山寺月中寻桂子,郡亭枕上看潮头。何日更重游?"所以杭州这个城市无疑具备当班花的条件。1200年的时候,也就是南宋宋宁宗时,杭州是全世界最大的城市。所以我们说中国梦首先是在杭州初步实现了伟大复兴,一千多年前它是全世界最大的城市,一千多年后全世界政要在这个城市聚首,坐而论道。这当然是一种复兴的表现,是辉煌的回归,它具有伟大的意义。

那么,金华在中国大班级中,他可以做品德委员。大家可以注意一下,当孟祥斌的塑像在婺江通济桥西南角驻立起来的时候,当一个人感动一座城的时候,当磐安的教师陈斌强背着妈妈上班的时候,我们就知道金华的特色了。金华籍入选"感动中国"的人物人数是比较多的,"浙江是全国的道德高地,而金华又是浙江的道德高地"。崇德,一直是千百年来金华人不变的追求。比如金华义乌市,这个地名之所以有"义"字,是因为这里曾有孝子颜乌,其父亲去世后,他无力请人挖穴葬父,又因为穷困无任何工具,于是他只好用手扒开泥土给其父亲造墓穴,一群乌鸦看到,它们被颜乌的孝行感动,通人性的乌鸦开始衔土来帮助颜乌葬父,来来回回,泥土上甚至沾满了斑斑点点的乌鸦血,这乌鸦就被人们称作"义乌",而这个地方就开始被称为"乌伤"。秦始皇统一六国后,此地即设乌伤县,到唐高祖七年(624年)正式改名为义乌县。但我们说,虽然乌鸦嘴巴受了伤,但是它的心灵受到了滋养。让我们再举一例，浦江的郑义门，其被称为"江南第一家"，最多的时候全村3000人一起吃饭，这种崇德文化可见一斑啊。所以，崇德，不论是在金华的古代还是在现代，可以说是举不胜举，比如蒋堂镇、寺平村等，就需要有一个概念，我们需要从背后更大的地域文化来考虑，在设计、提炼的时候要有这样的设想。

任何话题的背后还是需要有具体的框架，其可以作为我们文化地域的文化方向。接下来我们讲述蒋堂镇下尹村的案例。

下尹村的文化宣传词如下：

1. 吉祥下尹，吐故纳新；

2. 下尹紫气凝佳果，三瑞霞光照生民；

3. 堂前结三瑞古有遗蕴，庭中树双旗今为标杆；

4. 锣响百年声犹在，龙舞元宵月正圆。

上述提炼主要来自我们对其村的历史考证。下尹村还曾建造石桥六座，统称为石六桥，它们集中于清嘉庆八年（1803年）建成，均为集通行与水利功能于一身的青石堆叠桥。我们团队的设计规划工作，首先会把整个村子"摸"几遍，目的是要盘点村落的"家底"，它有哪些资源可以被我们"点化"，然后以此作为抓手，再提出新的方案。那么下尹村就是这样，我们提炼了下尹六韵。

1. 下尹六韵之一——入家塘——吉庆有余

古塘沐歌澡身浴德

主题提炼的关键是要和主题联系起来。

2. 下尹六韵之二——三瑞堂——金玉满堂

三瑞霞光科名流芳

3. 下尹六韵之三——石六桥——风调雨顺

石桥清波泽被嘉禾

这一句讲的是石桥下清清水波灌溉了无数禾苗，让它们快乐成长。桥在中国文化中的意义比较丰富，于此并不赘述。

4. 下尹六韵之四——正月十八灯节——花好月圆

元宵龙腾五谷丰登

本条涉及该村的一种民俗活动，即元宵节后面第三天的灯节，其他地区一般以正月十五为传统的灯节，该村之所以和其他地区不同，将灯节延后三日，是因为其特殊的历史事件导致的，也是为了纪念这个历史事件而特意为之。

5. 下尹六韵之五——葡萄园和两头乌——紫气东来

紫果满园硕豚矫健

本条是对下尹村的经济业态的提炼，我们期望将文化和经济相结合。

6. 下尹六韵之六——水口庙——福星高照

轩昂古庙佛光普照

当然，从这样一个其实很普通的村落里，要总结出六韵并不简单。我们中国人很痴迷于数字6或8，大致是因为这样的数字，会给人们一种心理安全，或代表村落未来会比较顺利。换言之，提炼5个也没有问题，但满足吉祥数字，其实就是为了在其他方面都较容易开展工作。

下面我们接着讲金华竹马乡张家村。

文化定位：国际茶花文化村。

文化主题词：山茶绝品倚竹马；花坞独步下张家。

文化宣传词：

1. 山茶绝品，天下花坞；

2. 山茶绝品倚竹马，花坞独步下张家；

3. 踏青骑竹马，看花下张家；

4. 春半相约下张家，浙中争赏第一花。

这四句话构成的画面，有了"郎骑竹马来，弄床绕青梅"的意境。之所以叫"第一花"，是因为金华的市花是茶花，堪称地方特产方面的第一。

有了这个定位之后，我们可以从不同角度来透视它。

5. 山茶一枝真绝色，不问人间二月花；

6. 性堪寒梅并，色共牡丹夸；

7. 皆怀千古风雪志，岂同红尘儿女花；

8. 万紫铺就桃源梦，千红点成致富经；

9. 山茶火红偏耐久，民心炽热更奋前；

10. 千蕊喜植点点润，万户笑看年年春；

11. 春风共度、千花竞艳，鸿业续成、万民开颜；

12. 浙中有绝色，艳惊中外，奇葩号山茶，红遍乾坤；

13. 以花为媒广邀天下佳客；驭竹作马共赏人间奇葩；

14. 百变人间绝色，一醉天下花坞。

茶花是山茶属植物，具有天生的芒姿丽质。它干美枝青叶秀，花色艳丽多彩，花型秀美多样，花姿优雅多态，气味芬芳袭人，使人观后赏心悦目，心旷神怡，得到极大的美的享受。它藐视风寒，傲霜斗雪，顶凌怒放，给严冬增添色彩，给万物带来春的希望，人们见到它，会受到坚强、刚正的高洁气质的熏陶和激励。加之它花期长，又是在百花凋零的寒冬开放，而且恰处元旦、春节的隆重节日气氛之中，因而身份更加高贵。正是由于以上这些特点，才铸成了茶花非比寻常的观赏价值。所以，古往今来，它为世人所喜爱，为文人墨客所倾倒。它备受欢迎地走进了千家万户，也被许多的诗词歌赋所赞颂。茶花的价值，首先就在于它那非凡的观赏性。由于茶花具有独特的观赏价值，因而它也就十分自然地成了观赏性商品而备受人们的青睐。因茶花姿态和色彩迷人，可以作为盆花出售；因茶花四季常青，冬季开花的特性，也可以在城市、企业园林绿化方面得到广泛的应用；还可以将茶花作为切花材料，制作成插花、花束、花瓶和花篮等上等礼仪花卉产品销售，其市场潜力很大。

金华山茶花的栽培有一千多年历史，隋唐时金华的茶花就已进入宫廷和百姓庭院。到了宋代，此地栽培山茶花之风日盛。南宋诗人范成大曾有"门巷欢呼十里寺，腊前风物已知春"的诗句。明李时珍的《本草纲目》、王象晋的《群芳谱》、清代朴静子的《茶花谱》等都对山茶花有详细的记述。到了7世纪时，金华茶花传到日本，18世纪起，茶花多次传往欧美，成为世界名花。"胭脂染就绛裙，琥珀装成赤玉盘。似共东风解相识，一枝先以破春寒。"古时先人就盛赞山茶花的美丽。它株型优美，体态多姿，有直立、开张、丛生、垂枝葡萄形等多种形态。在百花凋零，万物沉寂的寒冬，茶花傲雪怒放。它鲜红的花朵，像一团团火焰，给寒冬大地带来绿色生机，给生命带来无限希望。清代《闲情偶寄》赞说："花之最不耐开，一开辄尽者，桂与玉兰是也；花之最能持久，愈开愈盛者，山茶、石榴是也。然石榴之久，犹不及山茶，山茶戴雪而荣。则是此花也者，具松柏之骨，挟桃李之姿，历春夏秋冬如一日，殆草木而神仙者乎？又况种类极多，由浅红以至深红，无一不备。其浅也，如粉如脂，如美人之腮，如酒客之面；其深也，如朱如火，如猩猩之血，如鹤顶之珠，可谓极浅深浓淡之致，而无一毫遗憾者矣。得此花一二本，可抵群花数十本。"明代邓直《茶花百韵》称赞山茶花有十绝：一是艳而不妖；二是寿经三四百年，尚如新植；三是枝干高耸十六米，大可合抱；四是肤纹苍润，黑茗古云气樽孽；五是枝条黝纠，状如鹿尾龙形；六是蟠根兽攫轮困离奇可凭而几，可籍而枕；七是丰叶森沉如幄，森沉卷茂；八是性耐霜雪，四季常青；九是次第开放，历二三月；十是水养瓶中，十余日颜色不变。故称山茶为"十德花"。茶花在金华又被称"勇敢之花"，象征着勇敢、正派和善于斗争。1979 年，邓小平访问美国，美国总统卡特在白宫举行欢迎宴会，用1500 枝红、粉、白三色茶花装饰中心宴席。有记者问卡特为什么要用山茶花，他回答，因为山茶花是产于中国的古老而又美丽的花卉，它代表着人类的真挚情感，因而成为主人对客人表示美好敬意的象征。

历代文人墨客留下许多有关山茶花的名句、佳话和趣事。唐代诗人张籍爱山茶花成痴，不惜以最心爱之物换取一株山茶花，史称"花痴"；宋代文豪苏东坡吟咏："山茶相对阿谁栽？细雨无人我独来。说似与君君不见，烂红如火雪中开。"陆游诗云："东园三日雨兼风，桃李飘零扫地空。惟有山茶偏耐久，绿丛又放数枝红。"赞美了山茶花顶霜傲雪的风骨；明代著名道士张三丰栽植在太清宫前的一株白茶花，被蒲松龄在《聊斋志异》中描绘成"茶仙"；金华是茶花的故乡，明代李东阳《山茶花》诗云："古来花事推南滇，曼陀罗树尤奇妍。拔地孤根耸十丈，威仪特整东风前。玛瑙攒成亿万朵，宝花烂漫烘晴天。"颂扬了茶花的高大挺拔，富有顽强生命力的气势。明代张新《咏山茶》赞美说："曾将倾国比名花，别有轻红晕脸霞。自是太真多异色，品题兼得重山茶。"目前，全国共发现人工栽培的百年以上古茶花 595 株，21 世纪初，金华市婺城区竹马乡下张家村建成占地 500 亩的国际山茶物种园，收集了 17 组、202 个物种、1000 多个品种。金华山茶物种园，是目前国内唯一的一个综合性山茶物种园。据资料查证，国外还没有类似的专类园，这个可以大做文章。

我们再看下孝顺镇——孝顺文化。这里插一个问题，请学员们一起思考，村落文化应该如何落脚或如何发现抓手。本人举下面这个例子，也想说明乡镇文化与村落文化关系的重要性。

经过我们的文化提炼，自 2006 年开始，金华金东区孝顺镇突出以"孝顺"为中心的文化总主题。在塘南、后周、申村、石塔头等村相继推出"孝顺榜""婆媳档案""村民荣辱录"等举措后，镇党委政府因势利导，他们又随即实施了我们设计的"二十四孝"公园，举办当代二十四孝故事征集，开展孝文化研究，进而开通了"孝顺之声"广播和"孝顺视频新闻"，广泛宣传。这一系列活动经中央电视台、中华网、新浪网、东方早报、金华日报、金华晚报等多家媒体报道后，在社会上引起强烈反响，受到一致的好评。

他们当时要做这个乡镇的主题文化，曾经写过一副对联，上联：孝心孝行孝天下；下联：顺风顺水顺潮流，横批：孝着顺利。现在，它们就贴在孝顺镇政府门口。孝心孝行孝天下，孝道行走天下，前面这一句是要为当代所用，是我们的行为准则。而顺风顺水顺潮流，这是因为假若前面的那一句做得到，后面那一句的内容就顺理成章地成为善行导致的结果，它们构成了简单的因果关系。这两句写出来很简单，但其实是我们通过比较多的调查和查阅了很多的文字资料锤炼出来的，也即我们前述的"熔古铸今"的过程。这个淬炼的过程，关键是分析其出发点，思考好传统和现代的关系，揣摩好传统文化和它的社会效应的关系，提炼好文化建设和经济建设的关系，处理好社会效益和经济效益的关系。所以当我们最后终于提出"孝心孝行孝天下，顺风顺水顺潮流"这两句话的时候，镇里的党委书记说"眼一亮"，他们立刻制作了这副巨幅对联挂出来。这是载自金华日报 2009

年的报道："孝心孝行孝天下，顺风顺水顺潮流（横批：孝者顺也）。"近段时间，金华金东区孝顺镇政府大门口写着的一副巨型对联受到老百姓热捧。村民们说，"这对子好，把孝顺的镇名写在对子里，既独特又有意义。"（《"新知青"到新农村"画龙点睛"显身手》，载《金华日报》2009 年 3 月 27 日）

下面我要讲的是东阳巍山镇古渊头村。

它曾被央视《远方的家》拍摄报道。通过现场踏勘，我们发现这个村可以做文化抓手的比较多。这个村期望规划成"教育小镇"，在硬件方面已经有了一些举措，甚至有一些项目已经落地了，在这里我们讲一下关于这个村子的设想。

该村最大的特点是其在教育成就这方面积淀比较深厚，截止到 2018 年他们村已经先后出了 25 名博士、200 多位高级工程师、副教授、教授，全村出了 550 多位大学生。当我们仅停留在语言层面时，可能对这些数字较为无感。但当人们走进村，会发现较之上述一系列数据而言，更令人深刻的是那些村落景观、器物设施，给人励学的氛围。我们和巍山镇镇长交流之后，共同总结出 3 个关键：梳理历史文脉——铺设文化场景——讲好教育故事。而之所以要将这个村落打造成教育小镇，是因为它在物质形态上具备一定的景观意象，比如村落周边有"三脉"：第一脉——龙脉。这个龙脉指代自然山体，该村的入口处有很大的古樟树，旁边有一座斜跨过去的山，山的背头中考古工作者发现了上溯到新石器时代的遗址和一些其他文化层的古代瓦片。所以，我们将这个山称为龙脉。第二脉——水脉。前面的山只是这个村落整个的朝向和基本走向，那这个水脉的特点，是它这一汪清水进到村落以后，家家穿行而过，有点像水乡的感觉，但是又不太一样。如果把它做好，我觉得绝不会输给现在那些比较"网红"的村落。这个村落里有几户人家，互相由石板相连，而石板上面放着漂亮的小品，下面就有很清澈的水流过，水道半遮半掩形似近水的堤岸，一半水隐在里面，一半露在外面。水流缓慢而静谧，如此穿村而过的自然水流，甚至人们蹲下即可触摸水面。第三脉——文脉。说到这个文脉，村内的文化遗迹原本是很多的，但在之前特殊历史时期中被破坏得比较严重。其村庄里面有很多体型比较大的碑刻。我们考察的时候发现很多石碑躺在地上，这个村庄在旧时代曾经有过书院。我们说，有过书院的村落都是很了不起的村落，无论这个书院多么简陋，设施是否完整。这就是说，这个村落其实一贯以"崇学"作为其文化定位，甚至这个书院吸引了邻县的学子来求学。这足以说明，这个村落走出这么多人才并不偶然，是"渊源有自来"。

将龙脉、水脉、文脉这三条脉进行梳理，清楚以后这个村的文化框架、文化格局和文化定位就基本上自然而然地显露出来了。然后我们再铺设文化场景，在这个村落中如何抓住关键节点来布景，我们说布景要和梳理的物相结合和点化，因为历史的真相通常是被遮蔽的，我们做的工作是把它拓印、锤炼、淘洗出来。把遮蔽的挖掘出来，而且给它一个定位，这个定位我觉得不一定要拔得很高，但是要给它相对完整，并且符合它自身特征的新物态，而且新的设计又应该有一定的修饰。让我们将话题重回到这个村，当我们有了这些定位之后再"铺设场景"，我们希望很多的设计节点能够移步换景般地让游客感受到这个文化气息随处皆在的村落，也就是每一个具体的节点景观都要构成某个画面，甚至应该包含我们的文化主题。

在具体设计中，我们又将村落切分成若干个文化单元，每个单元力图阐述出不同的文化气质，它们合拢之后又能够表达最主要的那个设计主题。如果说文化场景是单色的，还是我们可以直观的，或者说还只是一种客观的物质存在，那么，更关键的就是它的氛围是怎样的，或者说它的内涵是什么，也就是我们在这个村落中的设计作答——讲好教育故事。所以当时我给这个村做了好多文化点，规划好了具体节点如何用教育叙事，既要讲好教育的历史问题，也要讲好教育的现实问题。而且，我们在这个村里还设置了科学探秘节点。这是因为我们要讲好教育故事，就不能总是用那些书法什么的传统素材，而要有一定的现代感。我们说，一个古老的教育场景怎么样被赋予现代含义，比如旧时代的教育场景、私塾。表演者们穿戴好服饰给老师叩首，那除了这个以外，我们尚有其他具有现代感的教育场景，如安排益智类寻宝游戏等。目的也就是在贯彻和理解当时教育内涵的背景下，我们来设置现代活动和带有的现代意味。有时候，甚至可以安排具有动漫效果的动画场景的那一类项目，因为教育小镇不是简单的教育基地的概念，它本身还是要有益智性、探索性，要有让游客连续探索文化和开展学习的自主性动力。

而且我们必须要明确一点，这是具体市场选择某个产业，它必须是一个比较全的产业链，它本身不可以是碎片化的，它要尽量地适用于所有年龄的人群。所以我们围绕客源市场人群，安排老少皆宜的板块。既要传扬教育的精神，又要将其建设为课堂之外的教育拓展基地，同时还是益智探究的锤炼之地。

现在我们一直在探讨很多村落的建设，如果说历史文化村落也出现了千村一面的问题，也就是按照某个模式打造我们的历史文化村落，我们如何做才能避免这种不正确？这是个问题了。那么，怎么来点化一些场景？势必要有新的创意，要有新的思考。否则历史文化村落的制作，甚至是其参观过程都成为标配。无外乎就是祠堂、戏台、老宅子这些。我们去过的所有的村落都是这样，这就是危机啊！

突破历史文化村落所谓的保护和利用框架，寻找突破，设计师都希望寻找到改变的切口。我们当然必须要尊重村落及村落本身的历史，这里面关键是要找到古今的结合点。但我也不建议设计师拓展得太远，完全把其本源替代掉，那么其原有的味道就失去了。

在具体哪一个"点"上做延展，让它完成一个华丽的蜕变，是设计师要去思考和斟酌的。比如古渊头村，讲好教育故事比较难，任何一个好的、有特点的历史文化村落一定有故事。关键是如何讲好这个故事。一方面可以接着它的历史讲，另一方面可以自己编排讲。"接着讲"固然很重要，很多历史传承如果由设计师自己讲，用自己的方式重新开讲，这就需要安排好"落脚点"。注意故事本身跟教育有关的，现代的，古代的，荣光的，启人思维的，符合教育理念的，拓展我们教育规律的，老少皆宜的，能够有明确定位的，从产业角度来讲这些是能够有明确受众群体的一类故事。避免和拒绝低俗故事。

下面是常山柚都石城的案例，我帮他们编了一本小册子，这个小册子就给他们定位叫柚都石城，大家可以看一下我们是怎么做的。

浙江常山以盛产"胡柚"与"石"闻名于世，因此将常山称誉为"柚都石城"。但浙江并非只是常山具备这两种特产与景观，其简单连接和随意组合，其中有着深刻的内在联系与丰富的文化内涵。其意义可分为三个层面：

第一，景观层面，常山的"柚"与"石"的历史都极为悠久，一是有着上百年历史的胡柚祖宗树，二是有4.6亿年前奥陶纪的地质岩层，树与石，千百年来，相生相伴，共存共荣，构成了独特的自然景观。无论是柚，还是石，它们的传延，都是自然选择的结果。常山胡柚源于常山，三衢翡翠石林亦是常山所特有，独步于华东。柚是天地氤氲的春风雨露所凝结，石是自然造化的鬼斧神工所锤炼。佳果奇石，相映成辉。

第二，经济层面，"柚"与"石"都具有突出的商业价值品质。胡柚含有多种有益物质，有16种氨基酸和大量维生素 C、B 等微量元素，可以清凉祛火、镇咳化痰、降低血糖、润喉醒酒、养颜益寿。石有青石、花石、砚瓦石、石灰石，可谓多种石型层出不穷。当地石工艺美不胜收，品种多样，用途广泛。将常山命名为"柚之都"和"石之城"，显示出常山在"柚"与"石"的商业开发方面规模宏大，已形成当地新的经济增长点。

第三，文化层面，这里又讲到文化提炼，将文化提炼提高到一个高度，前面不是讲"柚都石城"吗？柚与石在天地间磨砺锤炼、与风雨抗争的历史就是常山发展的历史，柚与石作为常山历史岁月中的"长者"，正是这个浙西城市砥砺拓进的"参与者"与"见证人"。它们在无声无息之间印证着常山人的精神品格，柚的耐瘠与抗寒，石的坚韧与朴实，正是常山的文化象征与精神代言。

这样，所有的点最终都落在了实处。柚与石的品格和精神得以落地，也就是我们提炼出来的常山的精神品格。这个相当于从具象化到抽象化、从现象到本质、从外在到内、从具体的物质到文化生成的过程。当然，这是提炼方案的过程，提供给大家进一步思考。

总的来说，我们将常山命名为"柚都石城"，一方面旨在展示常山在胡柚种植与石料开采方面的悠久历史、巨大规模与广泛影响；另一方面凸现出朝向未来的深邃眼光，突出了展现城市特色与品牌、经济与文化比翼齐飞的战略性发展思维。"柚都石城"是一个品牌的论证，我们把它的逻辑讲清楚，并提高到一定高度，有清晰的定位，那么这些表述在各个场合可以向市民宣讲，可以深入人心，让大家意识到常山胡柚是他们共同的名字，常山石是他们坚韧的象征，进而常山的人们有了文化共同体。

三、村落文化建设的基本路径

村落文化建设的基本路径，主要是"四举措与五推进"的工作方法。

（一）四举措

1. 高扬主题
围绕主题开展系列活动。

我们村落文化建设里面，首先需要凝炼主题，然后高扬主题。所以这个主题，在很多场合或村委会的文件里面要经常提。村干部也要主动宣讲，形成习惯。

2. 夯实平台
村落文化要形成规模，需要加强各类基础文化设施建设。

文化主题不能仅侧重于亮化，亦需将它落到各类设计实践上，不但要落实到精神层面，也要把它落实到制度层面。要找到各类文化平台，物质方面比如包括文化大礼堂的建设、文化设施的配套、文化活动的组织等都在这里面不断地得到强化。我们说要夯实平台，要寻找到文化展示的平台，包括文化上墙。

文化上墙的意思，好比大家都在食堂吃饭。我们看到墙上贴了很多文字资料，包括建筑的外立面、墙面，尽可能用一些很警醒的对联，尽量让这些句子能够让人回味，有它的内涵和导向。这能够对人们起到潜移默化的教育作用。

3. 激活载体
孝顺镇复活了农历二月二春雷节、孝顺迎花灯、让河街迎花树、上叶村赛龙舟、楼下殿斗牛、孝顺城隍庙会、低田故事会等民俗活动，这些活动都成为文化载体。当然，不一定每个村落都有这些活动。设计者应该考虑如何穿插和强化这些民俗活动，我们任何文化设计和规划一定要和这个村镇的文化建设结合起来。设计师要给出方案，同时给出指导性意见。

4. 细化内涵

进行一村一品，细化传统文化内涵。随着新一代村民的文化程度的提高，其本身对文化的认识会慢慢地改变，现在的很多村民基本上都有村觉文化，一代代地更新。因为对于很多村民来说，墙摸摸是平的，看看是花花的，但是它没有实质性意义，所以墙绘需要进行完整的文化转化。

（二）五推进

我们说，很多村落的建设并不依托自主或者说自觉，也就是说它需要外部特定的环境，所以我认为我们在推进设计工作的同时也要考虑到村落的实际情况。所以我们也讲，仰望星空之时，也要脚踏实地。

1. 以主题文化引领发展方向

如金东区孝顺镇以"孝顺"文化为主题，加强新农村建设，构建和谐社会。

2. 以文化规划深化整治内涵

文化上墙与"五化"（硬化、净化、亮化、绿化、美化），以文化为心，"五化"为形。

3. 以主题提炼凝聚村落人心

实施一村一品，比如孝顺镇的下范村的忧乐文化、车客村的清廉文化、余宅村的富民文化、夏宅村的和善文化、后店和叶家的名人文化、马腰孔和孔宅的孔子文化、溪边金的宗祠文化等。

4. 以设施建设推进文化交流

加强和提升农村文化设施的建设，推进农村社区的文化交流与发展水平。

近年来，浙江村落从总体来说都是发展得比较好的。从我们的角度来讲，如何引领地方找好发力的方向，是政府及全民的责任。说到这个问题，本人又有很多感慨，这就是说，设计师的设计视角和老百姓的视角是不同的。比如"我们应该修旧如旧，古村落应该保持村落的原貌，保留泥地、夯土墙。老百姓的反馈却是，我们好不容易等来整治规划，至少要给我们水泥地踩啊！结果是你们不但不铺水泥，却造出这种卵石路，打赤脚硌得慌还不方便。"这一类在认知层面的反差，我们设计者务必需要特别注意。设计者是站在"都市汇流乡村"的文化层面，但面对的却是乡村这个文化层面。我们经历过从乡村到都市再从都市到乡村的心理回环，而对于普通的村民来讲，他并非有这样的心理经历，所以他们认为整治回老泥地的行为并无必要，在其认知范围内村前村外所有的路都应该铺成水泥地。客观地讲，村民其实并没有错。设计师站在文化精英的立场来看问题可能是有问题的，设计如果不能兼顾村民的现实需要，换言之就是"以文化精英的伪乡村立场"。

我们清晰地认识到该进程中具体落脚点，一方面我们不要很兴奋地、一厢情愿地认为自己是为老百姓谋福利，另一方面当我们想要帮助古村落乡土回归时不要想当然地应用我们认为的乡土。所谓我们认为的乡土，是那些我们观念中的城镇化的要求。这两方面其实就是有冲突，当我们把城镇和乡土这两种生活方式同时并置时，我们其实又取笑了乡土本来有的生活状态。设计师预设了城镇化的状态，但它事实上还没有城镇化，所以它处于进退失据的状态。这里面彼此交错和冲突，正是我们要反思的，如果你不真正来理解我们当下的农村生活方式和他们的思想观念，我们的设计将无所依归。

5. 以表里兼顾打造村镇形象

对内发展经济、文化，增强硬实力与软实力，对外加强宣传，准确定位发展目标，提升形象。这一点不再赘述。

四、村落文化设计文案举隅

（一）寺平古村

金华市婺城区汤溪镇寺平村始建于640多年前的明朝初期，当时建民居厅堂共有24座，历经风雨侵蚀和战乱，大部分建筑至今仍较为完整。其中戴氏宗祠"百顺堂"始建于明代，清道光九年修复，建筑面积近800m^2。堂内有戏台一座，可供千余人观看演出，该堂高大宏伟，结构独特，是古村的文化活动中心。

寺平古建筑含蕴着深厚的文化内涵。早在建村之初，寺平古村的祖先即以"七星伴月"的地形图景来规划自己的家园，希能达到"天人合一"的理想境界，这一精神追求在古村子孙中代代相传，绵延不绝。古村另一重要特点是：只要有院子的住宅，进出的大门绝不与楼房大门正对，似乎在讲究一种迂回的生活艺术，含蓄表达一种美好生活的文化理想。

当时古婺村落已有兰溪诸葛八卦村、武义俞源星象村等，我们特别考虑如何推出新意，文化主题的提炼如下：

主题口号：

1.拜月七星，庄问艺砖雕堂；

2.神游星月坊，心印砖雕堂；

3.青壁砖雕千秋堂，七星伴月万古光；

4.青砖雕彩，星月流辉。

其他文化口号：

1.砖雕千年堂，星月一水间；

2.七星伴月，九狮吼天；

3.九狮砖雕映苍天，星月神话落人间；

4.青壁砖雕印苍天，星月神话在人间；

5.寺平古祠堂，砖雕千年房；

6.神凝砖雕阁，心游星月边；

7.星伴月千秋不变，砖镂雕万古流传。

关于七星伴月：

寺平古村以"七星伴月"为核心理念来规划全村建筑。这与一个古老的神话传说有关。相传牛郎与织女在七夕鹊桥相会，织女为了表达对牛郎的忠贞之爱，决定以银河中的北斗七星舀明月为誓，表达自己心如明月一般皎洁无暇，但是由于受到王母的破坏和惊扰，牛郎未能捏住斗柄，致使盛着明月的北斗陨落人间，这就有了寺平古村中的"七星伴月"。

这个所谓的"七星伴月"族谱里有记载：似七星伴月而建。大概有这样模糊的表述，但到底什么是"七星"什么是"伴月"族谱里面没有说明，所以我们以此为依据繁衍这样的故事和传说，我们希望做夜景的时候把这个七星做出来，更需要把这个故事落实对应，好比一个谎话要用另一个谎话来圆。

寺平的先辈们依据七星的方位，分别建造了七座宏伟的殿堂，其中"其顺堂"对应"北斗七星"的"天枢星"，代表着力量；"立本堂"对应"天璇星"，代表着智慧；"崇德堂"对应"天机星"，代表着勇气;"五间花轩"对应"天权星",代表着爱情;"崇厚堂"对应"玉衡星",代表着幸福;"敦睦堂"对应"闿阳星",代表着远离灾祸;"百顺堂"对应着"摇光星",代表着重生后的圆满。再进一步就是仪式化具象化,就把这样一个故事谱系化,在一个就是落地。我觉得这个还是蛮有意思的案例分享给大家,这个村落最核心的点当时是这样来的,也不是说凭空而起的,而是有所依据,但是怎么来做这个文章需要一步步来推演,再来完善这样一个系统。这是关于寺平古村的创意故事。

这七座楼堂的建造上应星宿,下合地势,内含意蕴,神奇地环绕成北斗七星的图案,中间所围绕的正是皎洁的明月——一汪弯弯的月湖,从而构成了寺平古村最为奇妙的自然人文景观。对此,有诗为证:青壁砖雕印苍天,星月神话在人间。

(二)武义瓦窑头村

定位:竹水窑风。

地域文化特色:

1. 古窑文化(百年瓦窑故地,千秋生民聚落);

2. 竹文化(窑山远尘迹,竹水近人家);

3. 建筑文化(夯土作墙,风情别样;祭神为祀,中西同光);

4. 山水文化(十里天外清泉,百年玄冥神山)。

(三)婺城区鸽坞塔村

旅游与文化主题词:百年山水聚落,五彩民族风情。

少数民族文化:

百年聚落山水留余庆,五彩风情民族结同心;

牡丹富贵花开鸽坞塔,鸾凤吉祥瑞满民族村;

五色衣习俗:

黑、白、红、蓝、黄,同源五色;

畲、壮、苗、布、水,与汉一家。

祖图:

九曲回环,图说畲乡千年壮阔;一脉承继,文述族裔百代风流。

由于时间的关系,下面进入提问环节,谢谢大家!

美第奇家族与托斯卡纳

Maria Concetta Zoppi（刘益良现场翻译）

主讲人： Maria Concetta Zoppi，佛罗伦萨大学建筑学院景观系终身教授、博导，浙江师范大学特聘国家高端外国专家。

同声翻译： 刘益良

我在意大利从事乡村建设、研究和教学工作，意大利的一些历史村落和中国古村落的历史过程似乎是一致的。目前我们工作的核心主要在保护方面。另外，和中国村落比较相似的是，第二次世界大战以后，也即 20 世纪 50 年代，意大利的工业开始飞速地发展，乡村也逐渐出现了退化的问题。尤其是，和我们前面长时间考察中看到的一样，意大利的许多古老村落，明显地出现了我前些天在中国看到的那种空心村现象，许多年轻人都去大城市中找工作和生活，他们及他们的后代也永久地驻留在城市中，不再回到乡村，甚至即便他们暂时回来了，也不再适应乡村的生活，不再满意乡村的基础设施服务，最终仍旧会回到城市。当这种现象普遍化之后，整个村落的经济就开始衰退了。后来是因为城市无法提供更多的岗位，同时也伴随着葡萄酒产业和橄榄油产业的发展，又促使一部分人重回乡村发展，逐渐将城市现代化带回到乡村。现在，这些古老的村庄居住方式成为一种意大利新的时尚，一方面这是由于技术的进步，比如说网络使得那些远距离工作方式得以实现，另一方面是大量的基础设施建设，使得人们的居住舒适性并不输于城市。大量的物质建设使得在这些古老村落中居住，成为一种新的时尚。

一、托斯卡纳大区景观以及托斯卡纳老村落的整体印象

这一部分将分成四个小节介绍，首先介绍托斯卡纳大区景观以及托斯卡纳的古老村落的整体印象；其次讲一下相关的村落保护政策，包括法律法规的制定，以及一些保护这些历史村落规划方面的制定过程；再次讲述对托斯卡纳景观的整体认知和相关研究；最后简述托斯卡纳大区景观以及历史村落整体的结构。

托斯卡纳的面积大致只有中国浙江省行政辖区范围的 1/4。虽然它并不算大，但它拥有七处世界级文化遗产，比如佛罗伦萨的历史中心，最新申请成功的是美第奇家族的别墅。这些世界文化遗产分布在托斯卡纳大区，它们是构成托斯卡纳大区景观的十分重要的组成元素。

在锡耶纳的南部、蒙托里觉妮和圣吉米亚诺，大家不难发现，这些历史村落的外围都有围墙。是的，这是意大利历史村落的重要特征。再有，其重要的元素是钟楼、教堂等建筑（图 1-20）。

图 1-20　意大利锡耶纳的钟楼和教堂建筑

　　虽然这些托斯卡纳乡村坐落在平原或丘陵等不同的地貌上，但建筑元素是相似的。这些意大利乡村的自然景观元素是河流，它们大多坐落在阿诺河旁边，该河流还经过佛罗伦萨和比萨城。

　　关于托斯卡纳景观的记录最早出现于文艺复兴时期，大概 15 世纪的时候，很多画家在他们的画作中使用托斯卡纳特色的景观作为其画作的背景。这种风潮在 19 世纪的画作中又有过一个高潮，比如将阿诺河作为画作的背景。佛罗伦萨曾被低矮丘陵包围，在这些丘陵上遍布着花园别墅。这些花园别墅遗存成为现在非常重要的景观，就像绿色大地上点缀的宝石。它们有一些从文艺复兴时期就开始建设，后来一直到 19 世纪才建设完成。这些花园和周边的景观，形成了非常紧密的联系。当然这些花园别墅不仅分布在佛罗伦萨周边，而且遍布于整个托斯卡纳大区。图 1-21 是阿尔恰谷地的一个花园。此花园别墅始建于 20 世纪初，它的主人是个美国人，她与意大利人结婚了，其花园别墅的设计师是一个英国人，其特点是雕塑艺术。

图 1-21　耶汝莱丘陵上的一个花园别墅

　　20 世纪初和第一次世界大战之后的一段时间，有许多美国人和英国人来意大利定居，这是因为他们喜欢意大利式的古典美。花园别墅的建设虽然是相对独立的，但建筑本身和周边景观有一定联系，比如在盘山而上的道路两旁栽种了许多意大利柏（图 1-22），由此形成了现在托斯卡纳大区的一个特点。因为传统的托斯卡纳景观中的这种意大利柏并不配置在道路两旁，而仅在比较重要的场所中栽种，或者是作为界线以区分两个不同的产权，再或者种植在比较重要的建筑旁边，比如在教堂旁边。即便这个教堂以后被作为其他的用途，但只要有意大利柏树，也暗示了这个建筑曾经的重要性。所以这一类种植模式，继而伴随时间的推移产生了新的问题。柏树在刚种下的时候，图景效果还是比较漂亮的，但时间长久之后它们会长得很大，其枝繁叶茂的结果是产生了比较压抑的感觉。

如果很多株种植在一处，它们会形成像墙一样的实体，与周边景观可能就会比较不协调了。我提到这个话题的目的，是想说明任何景观都是有时间属性的，我们任何的动作都可能和历史村落有着密切的联系，因为时间就是这样，那些曾经被居住过的民居，原住民的生活和活动会沉滞在这些历史的村落中，他们的日常工作也沉滞在这些土地上，成为景观的一部分。尽管有时他们人可能不在了，但景观却可以一直延续下去。

图 1-22　道旁的意大利柏

就像我们刚刚提到的那样，这些历史村落的外围一般都有围墙。这是因为在 15 世纪之前的时期中，托斯卡纳其实是由无数个小的国家构成的，他们之间时常会发生战争，相互间有一系列很难说得清楚的领土问题。所以村落边界的明确界定就显得很重要。除此之外，在托斯卡纳还分布着一些修道院、教堂，以及许多农业景观，比如说葡萄园和橄榄园。现如今，这些葡萄酒也成为托斯卡纳的重要农业经济支柱。这是比较大型的葡萄酒庄园，这种大型的农庄代表了一种农业生产模式——生产和旅游相结合的农业旅游模式，成为托斯卡纳景观的重要组成元素。

近些年我们还引进了一些新的作物，比如向日葵，它得到欧盟在政策方面的支持，有比较多的农业补贴。现在许多年轻人都回到农村从事农业这一古老的职业，目的是享受这种与自然更密切接触的生活方式。随即新的作物被引入到了托斯卡纳大区，比如薰衣草，它们被用来生产香料。一些曾经被中断的旧作物也被重新种植了，比如德国鸢尾，它用来作为某种化妆品的原材料。顺带的其整个生产过程，使得托斯卡纳整个景观变得更加丰富了。

对于历史村落的保护，应该放大范围，也就是说如果不能保护它周边景观的这种"面"，而只是单纯地保护历史村落的"点"，那么保护就不可能成功。

二、意大利村落保护的法律和法规结构

在意大利，景观保护法则体系分成两部分内容：法律体系和规划体系。法律体系部分包括意大

利自己制定的相关法律规定和欧盟制定的相关法律规定，在执行过程中后者的比重更大且更为重要。规划体系包括较上层的大区级规划和逐层的细化，它们均具备法律效力。

　　法律不仅仅保护大区内的自然景观，也保护历史村落，因为前面本人已经提到了如果只保护历史村落而不保护它周边的景观，那么这种保护其实是没有意义的。景观也是一项作为人类共同的遗产来进行保护的，这就像英文单词一样，它是从上一代传到下一代的重要的遗产，是连续而传续的。景观是使得人类的生活品质提升的一个重要的元素。其中一些特别重要的历史遗存，意大利会用国际法律规章来保护，比如 TESCO，这是一种国际标准，这个标准在 2000 年时候形成，我们应用它来保护特定地区的环境、农业和文化。

　　从意大利国家的层面，对景观的保护也有相关的法规条文，从大及小包括国家、大区、省和地方政府三个层级。意大利和中国不同的是意大利秉持资本主义制度。所以私有经济比重比较大，土地所有者对土地有绝对的处置权。所以在相关保护方面对私人经济的控制其实也就显得比较重要。整个意大利相关景观的保护法规，又都是在意大利宪法之下。于是宪法也被作为保护意大利整个公共遗产层面的通则。

　　意大利最早的景观保护法于 1939 年正式颁布，它不但保护景观，同时也保护文化遗产，比如说历史建筑和构筑物等。制定法律由大区政府执行，主要通过划定相应的控制红线或相关的控制界限来实现保护。再由大区保护层面制定具备法律效力的景观土地规划，然后由政府层面制定控制性规划确定具体指标。1942 年又正式颁布了控制性规划的相关法律，它不但在规划层面去控制城区的土地，同时也包括乡村的土地。相关的土地虽然权属于私人，但公民也必须遵守国家已制定的规章制度，否则也可能会面临经济处罚并且强制拆除违建的建筑及构筑物，并强制恢复原貌，同时还需要支付拆除费用。意大利也是在保护实践中不断推行相关法律法规的制定工作，比如宪法在 1948 年增加了保护景观和文化遗产的条款。

　　接着，1985 年意大利政府又颁布并实施了另一项法规《自然景观强制保护范围》，它规定了河流、海岸、山地和森林边界外 150 米的范围，强制作为保护控制范围。当然，具体项目的自然遗产保护，必须由大区再去制定一个细化的景观保护规划。2000 年颁布并实行了《欧洲景观宣言》。在此基础上，2004 年意大利也跟着颁布并实行了相关的文化遗产以及景观保护的法律。《欧洲景观宣言》重新定义了景观概念，它认为所有的人类相关居住的场所都可以作为景观来加以提升并给予保护。所有的土地都有变得更加美丽的权利，其景观可以变得更好，因为所有的居民都有权利享受更好的环境和更好的生活。

　　景观的概念其实由许多不同的学科概念所构成。比如气候、美学、地理、水力学、植物学以及动物学、设计、建筑等。

　　而国家执行保护政策的方式，是通过划定保护性的界限来实现的，在这些保护性界限中，政府或被委托的机构会制定保护目录和相关土地使用的详细条文。所以说这些区域，一般会先有相关的图纸，把相关区域明确地划定出来之后，然后在图纸后附上相关法律条文。被保护对象的尺度并不重要，一些体型比较小的文物或是尺度比较大的景观，都可能作为被保护的对象。

　　保护规划一旦公布，在法定时间期限中便具备法律效应。1939 年意大利政府曾颁布了最早一批需要保护对象的列表。主要保护非常优美的自然景观，包括一些比较独特的地理地貌特征。同时也保护历史文物、雕塑、书籍、花园别墅等其他的艺术文化遗产。在这个过程中一些比较重要的城镇，也由于它独特的美学价值或传统价值被保护了，这当然也包括一些古老的村落，成为被保护的对象。

　　意大利自然景色非常优美的区域，作为自然画卷，也可以成为被保护的对象。这些自然风景，大致是受到了 18 世纪到 19 世纪浪漫主义思潮的影响，每到气候合适的季节，全世界的风景画家和摄影师会到这里来进行艺术创作。刚刚这一张幻灯片就是意大利的科莫湖（图 1-23），它即是作为自然景观图卷来进行保护的自然景观。同时这里还保护了其传统的劳动生产方式，比如说当地制盐业的生产。

图 1-23　意大利科莫湖

现今的意大利法律，使得我们能够全面地去保护并提升这些景观，包括城市农业景观，以及一些面临退化的景观，它们都会被作为改造提升保护的对象。

我们作为景观设计师有义务去提升整个人类的生活环境。在景观的保护及规划设计中，我们也面临两个问题，其一是景观本身总是在不断地变化，它会随着时间的推移而变化；另一个是景观总有其复杂性。这是《欧洲景观公约》对景观的变化性的描述，在景观的变化中，一方面是自然因素造成的变化，同时也包括人为因素造成的变化，景观在保护的同时，也控制着这些变化使它向着更多元、更优美的方向发展。这张幻灯片是讲关于葡萄酒生产时的一个景观上的变化，葡萄的种植是沿着一个坡度角的方向，安排它们的种植面，非常壮观（图 1-24）。现在是采用机械化生产的状态，机械化后这些葡萄树就可以种在坡度比较陡的区域，之前这些是无法依靠人力来完成的，但这也造成了一些地质上稳定与否的问题。随着现在旅游业以及农业旅游项目的发展，一些葡萄园会作为那些旅游农庄周边的花园。但也有一些区域还保存着传统种植景观的模式，比如通过挡土墙的模式把坡度比较高土地片区分层，进行更好的利用。近年来景观的这些转变，并不仅仅如同之前我们看到的葡萄庄园的那种变化，而是会变得更优美。

图 1-24　葡萄酒种植园

但我们也注意到一些现象，比如某些大型景观的质量正在向着负面的方向发展。大致是因为保护的对象过多，这导致很多产业难以扎根，而基础农业产生的利润太少，这就导致很多保护反而因为缺乏资金而难以实施了。以后应该怎么办，我们也正在研究，目前尚无定论。

三、国家保护权力的执行情况

接下来让我谈一下意大利国家保护权力的执行情况，正如我在前面已经叙述的那样，保护是通过划定保护性的界限来确定的，然后在这些保护性界限中会编有被保护事物的目录，以及相关详细且具体的保护条文。所以说这个线性的区域，它一般都会先有相应的图纸，把相关的区域划定出来，形成法律文件。我们在前面已经说过，其被保护的对象，它的尺度并不重要，很细小的文物甚至是很大的景观物，都可以作为保护对象。

在这张图片中（图1-25），这些很多小型的村落构成了马塞利亚的大型集镇，其亦设有城墙防护。从这张幻灯片我们可以看到（图1-26），这个建筑是围墙中的一个古代哨站，现今它成了一处观光塔，这些古老的村落已经被作为高端酒店、民宿来使用了。有些民宿还开辟了意大利美食厨艺学习的项目，集品尝、制作和交流等内容，非常吸引人。

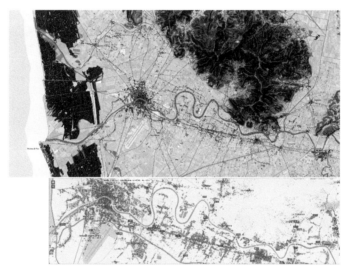

图 1-25　很多小型的村落构成了马塞利亚的大型集镇

图 1-26　建筑围墙中的一个古代哨站

　　我们现在通过托斯卡纳大区的整体规划图纸（图1-27），几乎能够把整个托斯卡纳大区的整体涵盖出来了。其图纸把托斯卡纳保护的红线的区域已经都标示出来，左边的那个小的图纸不仅标示出保护区域，也标示出了需要保护的树林森林资源。再有它把整个规划分成不同的保护性单元，结合每个单元自己的特色，制定出各自的保护策略和方式。

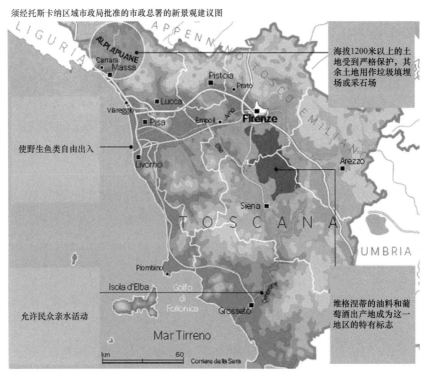

图1-27　托斯卡纳大区的整体规划图纸

　　现在我们接着讲述托斯卡纳景观保护面临的一些严重问题，比如重工业发展以及城市新建建筑问题，以及规划层面要解决工业污染的问题。在规划层面去解决海岸、河流的污染问题。

图1-28　Montopoli小镇位置

我们之前观看了一些大区一级的规划，现在我们将视角缩小一些，观察一下地方政府级别的景观规划。这个案例位于 Montopoli 小镇，在阿诺河谷地，人口大概有 1.1 万人，面积有 30 多平方公里，小镇本身呈现线性形态分布在丘陵上。于是这就产生了比较棘手的问题，也就是其所处位置限制了小镇土地扩展，因为一旦扩建，就会对周边的景观造成一定的影响。这几张幻灯片是小镇景象（图 1-28、图 1-29），小镇中还存有一些旧时的城堡，在此幻灯片中红色的位置即为小镇以往的位置，而现在鼠标指的位置是其 20 世纪初新建的部分，紫色部分是其目前镇区工业区的位置。这是一张对景观变化进行分析的图纸，大概绘制于 2000 年。在对这些历史建筑的保护修复过程中，首先是对它的用途进行一个规定，然后对这个建筑的保护修复的一些方式的界定，并且对其他方面进行描述。再有是对它周边的一些修复，比如说广场。也就是说在规划层面不只是保护了建筑的内部和建筑本身，同时也把建筑周边的环境，比如周边的广场，划到了保护的范围内。

图 1-29　Montopoli 小镇常见建筑样式

地方政府在制定保护规划的时候还会列出具体被保护的事物清单，它是根据当地的历史传统筛选出来的。然后相关工作人员对这些需要保护的建筑、构筑物等进行一一寻访记录，对其中的问题进行透彻的分析再制定具体保护方法和策略。在历史保护区中心，同样会对整个小镇或者是历史村落进行总体颜色的控制。比如这张图片（图 1-30），这些城镇的色彩规划始于 19 世纪，中间有一段时间，这个规划被废止了，在 20 世纪 80 年代后，之前被废止的色彩规划被重新实施。

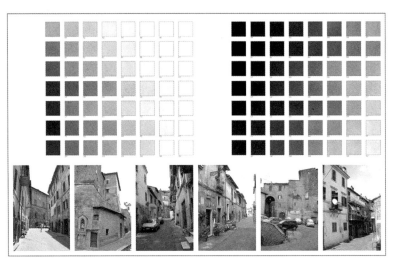

图 1-30　小镇总体颜色的控制

这个建筑的左面，是对建筑外立面色彩控制的色板样品，其右面的是对木质材料和金属材料的控制。在对历史城镇建筑进行精确测绘之后，会根据建筑的历史和一些特别的用途，进行颜色调整。从这张图片我们可以看到，上面是改造修复之前的，下面是改造修复之后的结果。同样地，我们也会对建筑的各个重要的构件进行色彩上的控制。

第一部分的最后一个环节是关于建筑修复方法。以上我们已经看到意大利规划以及法规的情况，以及它是怎样起到作用的。下面这部分我们将了解到规划法规是如何制定出来的。在此我们先讲述一个概念，也就是所谓的感知。此概念是在 2000 年时欧洲宣言之后开始广泛使用的一个行业概念，也就是将某个景观项目，先通过视觉上的模拟分析，得到感观方面的综合分析之后，才进行制作的过程。大致上这种方法的起源更早可以追溯到 18 世纪，这其中甚至可能包括法国的政治体制改革，以及英国工业发展方面的革命成果借鉴。这些对景观的记录，最早都是由风景画家身临其境地写生所促成的，他们有时会通过自己的想象去创作这些画作，这些创造其实是本方法的雏形。到 19 世纪时画家会将人物增加到画作中，如果说这是最早期的效果图也并不为过。从 19 世纪开始，到意大利等其他欧洲国家旅游成为英美民众的一个传统，他们在旅行的过程中会借助摄影设备和绘画记录沿途的美景，这张图片是当时的一个画作（图 1-31），其记录了佛罗伦萨南部某个谷地的环境。这幅画的作者也就是当时的旅行家。外国旅客对这种未知景观的好奇也显得很强烈。以前画面都是静止的，而如今我们已经可以记录动态影像，那些景观中人是可以移动的，借助技术人们可以更好地记录。这种方法，已经被应用在农业区域景观的规划了。

图 1-31　画作

　　这种分析，可能会简化整个景观的结构，它会把一些比较重要的点如实地记录下来，比如说其中的一些小村庄，或教堂这一类比较有价值的历史建筑。当然也包括比较有价值的植物资源，或者是这一类成片的树林，当然也包括这样一些图景效果比较好的观景点，再比如一些像这样视野比较开阔的区段。同样的，我们在意大利对一些古镇的保护性规划也应用了这样分析的方式，记录沿线的景观风貌。同时分析绘制了调查沿线的坡面。通过视线分析，得出不同的视线关系。然后，绘制公路两侧整个视线分析，查看其整体的关系。其实固定点位的视线分析方法，是由凯文·林奇先生最先发明的，但这种移动的视线分析方式，却是借助现代记录方法的进步演化而出的。一般我们会从两个方向去分析，当然这种分析方式也可以用来控制并管理城市的扩展。

　　另外，景观中还有一个非常重要的组成部分，就是人类的活动，因为之前我们提到过景观图像记录中的那些人类活动，当然这其中还包括在景观中生存的那些各种生物体，以及其物理环境所形成的独特面貌。让我们看一下托斯卡纳大区的例子，人类活动可以分为工作、居住和生活三个部分。这个地区的农业生产工作主要是橄榄的生产，以及葡萄酒的生产，传统的粮食种植农业现在只是在一些较小的地块中存在，但因为受到意大利丘陵地貌限制，这些农业生产方式是在较小的单元中进行，整体上是由这些形态不同的，大大小小的，破碎化的橄榄林、果园、葡萄园、菜园所构成的。经过了很长一段时间考察了中国浙江的村落之后，我发现你们的这些土地利用和我们意大利有相似之处。当然，之前确实有许多人从事传统农业，但现在这种人确实是越来越少了。

　　或许可能是因为从业人员的减少，所以现在意大利也开始大量采用机械化生产方式了，于是就产生了新的农业机械景观。这些新农庄和农民的居所构成了托斯卡纳特色景观非常重要的组成元素。

　　图 1-32 是某个农庄的案例。其中最重要的是居住建筑，别墅以及中世纪城堡的墙体，它们是非常重要的景观元素，同时也是当时中世纪时期一些古村落的重要组成要素。这张图片是近距离观赏美第奇家族的别墅（图 1-33），它们的建造始于 1450—1750 年，建设过程长达 300 年。在这一时期战争威胁开始变小了，安定的环境使得人们愿意去建设别墅和花园。佛罗伦萨附近的美第奇家族的城堡别墅，它的花园是非常纯粹的文艺复兴时期的花园。由矮小围墙所围合起来，有三处，最小的是个台地平台，其外面有一大片树林，被用于贵族打猎。意大利风格别墅有比较显性的特点，也即它常有唯一的对称轴，这很容易形成视觉上的焦点，其整个花园在此视觉焦点上扩散开。美第奇家族的别墅的旁边，比较有特色的是当时它有一定的实验性，其主人在那个时期开始种植桑树，用桑养蚕，生产丝织品。

图 1-32　意大利村落墙体是重要的景观元素

图 1-33 意大利村美第奇家族的别墅

再有意大利花园中的元素是那些充满雕塑的水池构筑物。水池的水是经由罗马时期修建的自来水管引入的，来自附近的水源。水池中间有一个大的雕塑。我们看到的这个是巴洛克风格的别墅，其非常著名的原因是其为匹诺曹（《匹诺曹历险记》）的诞生地。关于匹诺曹其实还有一个现代主义的雕塑公园，其始建于 1951 年，许多艺术家的作品都被安置在那个现代的雕塑公园中。

在乡村的环境中，另一个非常重要的聚落景观元素，是宗教类的建筑景观，比如说修道院。一般的修道院，包括一组比较大型的宗教组织生活建筑，也包括可以进行独立生产的中心。修道院内的那些神父、教众信徒会在平时进行祈祷和生产，比如他们在鱼塘里养鱼售卖，以换取金钱维持修道院的日常用度，闲暇之余他们也会进行一些教会研究和创作。每个修道院人员，都会有自己的房间，房间外还会有小型的花园。

意大利的古村落中间常会有一个城堡，当然还会有其他较为重要的组成元素，也就是在这些古老的村落中常会有一个小型的广场。这些古村落与外部环境的关系十分密切，其中都会有在视觉上占优势地位的建筑，而其他建筑会将其围合起来建造并延伸，这就组成了较为稳定的三角形形态。这张图片是高迪东纳镇（图 1-34），其城墙的历史极其久远，因为其最初的发端大致在爱克鲁斯人时期。这个城市最近几年发展得比较好，源于某个美国作家出版了小说《托斯卡纳艳阳下》，而后又被拍成了电影。很多富裕的人以在此拥有房产而荣，所以那里现在也成为许多意大利富人的度假胜地。当然，这其实对这些古镇的保护相当有利。这个小镇非常重要的特点，是它没有任何一段沥青铺设的道路，而均用白色的本地石板铺装，同时这些石板被处理得非常好，不会产生灰尘。

图 1-34 意大利高迪东纳镇

这张图片中的塔均用来居住（图1-35），这是圣吉米亚诺的照片。我们看到广场中间有一个水井，为当地的居民提供饮用水。在中世纪时期，如果遇到战争，战时镇民是需要保证镇中有比较安全的水源。我们刚刚在那张图片中看到，在圣吉米亚诺的老建筑修复中也用了新的当代的建筑设计元素，同时在其老城墙上放置了一些当代的雕塑作品。把这些当代的雕塑作品、艺术品引入到这些老的城镇中，使得城镇地发展有了比较好的连续性，古今相互驳接。

图1-35　圣吉米亚诺

最后我要谈谈古老的城镇中的节日活动，以及一些非物质的文化遗产。这些节日有不同种类，包括宗教类以及历史类，再有一些是关于市民生活的，也有一些是关于当地特色产品生产的，另外还有一些狂欢节类型的。在托斯卡纳各个地区都有自己特色的狂欢节。还有一些古老运动的节日，比如骑士即将上战场的表演，以及和敌人搏斗的场景。这一张是城市中心的广场上表演谢也娜赛马节的场景，赛马节一年有两次，第1次在7月2日左右，第2次是在8月15日左右。从这个图片中看到上面那个广场面积非常大，这项运动举行的时候当地的居民都会来看，也包括世界各地的游客。在比赛之前常会有特色表演，赛马是没有规则的，选手之间互相殴打也可以，这些其实都成为城市景观，它们共同构成了我们需要认真保护并对待的事物。

四、对托斯卡纳的认知以及研究

我个人认为，如今历史文化、遗迹保护或者古村落保护这个事业，单个行业的视角是太狭隘了，如果要做好一个项目，需要很多行业相互合作才能比较好地完成。

从公元9世纪到15世纪时期。构成这些村庄的主要材料，一般是石材或者是砖等坚固的材料，这些村庄聚落外都会设置城墙进行保护。因为在中世纪时期，城邦之间经常发生战争，安全问题是比较大且比较重要的问题。另一个比较重要的特点是，无论是古老的村落还是旧时代的建筑，它们从建成的那一天开始直到现在，均有人实际居住使用，一直未中断。大家可以想象一下，中世纪托斯卡纳大区域的场景，在地势相对高的地方会有城堡，以及一些古老的村落，他们通过这种地形和城墙来保护自己（图1-36）。这些城市或村镇，每个都像一个大型的城堡，都由围墙围合。而现今，城市这种形式使得城墙的意义早已不复存在了，现在是一个如此开阔和开放的时代。严密的围墙，比如比萨就是较为典型的例子。刚刚那个幻灯片是在罗马附近的村庄，它的老区部分因为有了围墙的限制，土地稀缺的结果导致建筑不得不非常紧密地排列，这就导致建筑有了向空中发展的需求。

图 1-36　围墙

　　这是另一个古镇的案例，它叫 Montagnana，其现在的古城墙保留得非常完好，它把古镇整个儿围合起来。围墙外面是一圈高地，这极强地增加了城市的防御性，和中国的很多古代城市是相似的。为了让大家更直观地了解，在托斯卡纳地区存在有多少个这种防御性质的人类聚落点，可以通过这张图来知晓，所有的红点都是中世纪的城堡或一些防御性的塔（图1-37）。这是比萨附近的一个小型村落的地图，大家可以看出，这些带城墙聚落的密度是比较大的。在当时等级比较高或者位置比较重要的古道的周边会有一些较为重要的城镇分布，比如说这张图上就显示出这种情况，把这条名叫 Francigena 的古道画出来后，其古道是从伦敦一直连通到罗马，其主要的城市就由这条道路串联，比如说佛罗伦萨、鲁卡、比萨这些城市中。在这些有城墙的城市，比较特别的案例是鲁卡，它的城墙建立于文艺复兴时期。我们之前已经看过鲁卡的内部情况，像其他的一些宗教团体，他们的修道院也由用城墙保护起来。城墙围合后的城市，居住建筑需要和道路争抢土地，这就导致其内部的街道一般都比较狭窄，其中心广场也狭窄窘迫。

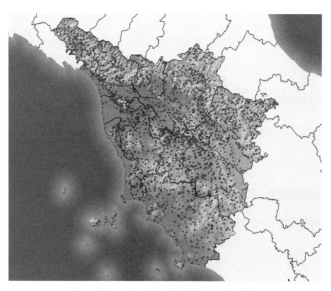

图 1-37　带城墙村落的分布的情况

中世纪的城市组织，稍大一些的城市其中心都会是一个广场或多个广场，一些政府的行政机构分布在其周围，当然一些宗教团体的主要建筑也会在广场附近分布。它和以前的样子，没有任何的变化。

我们现在看到的这个小城镇，它非常有特色，其城镇中心有一个比较大的温泉池，小镇建立之初它就被建造了，直到现在它仍旧保持着原貌。这个镇的建筑主要分成两类，一类是由手工业者居住的建筑，另一类是当地贵族所居住的建筑。后者居住的建筑一般来说相对高大挺拔，是一种塔形的建筑，多坐落于城镇内部。而前者相对简陋，而且它们的位置多分布于城镇的外部。贵族建筑的墙体一般都比较厚，中间采用木结构，其外部会有一些阳台。这些阳台多是用木制作的悬臂结构，一方面阳台扩大了建筑的使用面积，另一方面满足了贵族向外眺望的需求。手工业者所居住的房子一般是两层，首层常作为工作场所，第二层被用来居住。这些手工业者居住的房子常常一个连着一个，形成一条街道。按照某种相对固定模块化形式，不断地沿着街道或沿着建筑基地生长延伸，呈现出现在的这种城市结构和层次肌理（图1-38）。

图 1-38　肌城市肌理

我们可以从佛罗伦萨，锡耶纳的城市中看到这样一种城市的机理。房子扩建呈现模块化扩建的方式，一种是沿着一个与街道垂直的方向不断的增加；另外一种是同时在沿着街道方向可能增加更多建筑。从这些模块化的建设方式就可以把这些建筑进行分类。然后对这些建筑类型进行研究，这是在很多建筑类书籍中已经介绍过的研究成果，对它们的生成过程进行研究，其实对这些历史城区的保护起到了非常大的作用。

五、农民居住的房子

农民居住的房子也有着十分重要的意义。其分布极其广泛，能够反映出18世纪时期农业的生产模式。18世纪到20世纪初的这段时间中，托斯卡纳地区的土地的经营管理模式主要是"分拆工作制"模式，也就是地主提供给农民房屋和土地等生产资料，农民会把土地上产出的一半交给地主。当然这一时期城堡还存在着，现在这些街道也变得更加安全了，更多的土地也被开垦利用起来，一些分离状态的民居建筑也被建设利用，整个托斯卡纳地区的景象较之我们现今看到的托斯卡纳的景象越来越接近了。在1735年的时候，此地开始了重要的农业和农村的改革，他们也给托斯卡纳的发展带来了很大的经济推动作用。

"分拆工作制"开始在托斯卡纳的土地上实行，那些地主们事实上可以获得更大的丰收，不但可以获得农民的一半的农业产品，而且农民可以拥有较之前更大的房子，这极大地改善了他们的生活水平，这个时期儿童的出生率也增加了，最重要的是他们可以比较自由地支配他们自己生产的产品。这一时期虽然说托斯卡纳地区的农民生活依旧很辛苦，但已经远离了贫穷和饥饿。一般情况下这些农民的房子都可以比较大，可以供几代人同时居住。这种制度极大地推动了农业生产力的发展，使得每一寸土地都得到了充分的利用，因为生产得越多，农民获得的农业产品也越多。这个时期现代医学也逐渐开始发展，一些早先比较致命的疾病，也得到了很好的控制。比如痢疾从这个时期开始就得到了极大的遏制。农作改革这项工程，不但开始在托斯卡纳地区全区推行，而且也被传播至包括沿海地区和托斯卡纳中部的地区。这个时期也形成了新的旅游契机，托斯卡纳地区的那种含氟的温泉，对身体有很好的治疗的效果，引来了大量的游人。此时一些新兴的城市也因为温泉而修造，比如说 Montcatini 镇，它就是因为这些温泉而发展起来的新城。这一时期同时对我们现在这些景观保护和遗产保护的人也是比较重要的，因为在这个时间段，整个土地都逐渐开始进行严格的测绘，这为我们提供了很多珍贵的历史资料。这些测绘均做得比较精细，于是产生了非常多的细节，使得我们可以了解到 19 世纪初托斯卡纳的景象。我们可以通过这些测绘了解到当时土地所属权，以及当时的土地上的农作物等信息，当时建造这些城市的目的和当时税收的情况。现在这些重要的文献已经成为非常重要的历史、文化、经济学、历史学遗产。很多已经被摘录出版，当然它们也促成并出版了很多相关的研究性著作。在一些相关图纸的研究中，甚至看到详细描绘的农民所居住建筑的平面图，以及他们在建筑旁边所种植的植物种类，甚至他们当时一些其他的相关的民俗的一些详细描述，使得我能够更深入地进行历史建筑的保护工作。比如 1870 年前后出版的这些书籍（图 1-39），其中这一本是由工程师以及建筑师 Morozzi 所创作的，他在这本书中记录了非公有制农民居住的建筑，他不但书写了相关的说明而且记录了建筑类型的图集。同时他还在这本书中提到农民的建筑应该根据它周边的环境不同而去进行设计，然后同时也要根据它生产的不同的作物来设计，如果生产葡萄就用生产葡萄的类型。然后这些建筑应该对于所耕作土地，使得其更好地控制它周边的土地。甚至他在书中好心建议居住建筑的墙应该足够厚实，这样可以更好地隔离外界的温度；同时，房间应该足够大、足够明亮，以便使得其所养殖的那些牲畜足够健康；牲畜的棚需要与人居建筑相分离，以保证人的健康等这样的细节。这本书还对建筑外面的楼梯，以及如何抵御寒冷的北风等具体的事务进行了精确的说明。

图 1-39　1870 年前后意大利出版的这些书籍，Morozzi 创作的著作为左一

当这个家族成员更多的时候，之前建筑中作为牲畜养殖的地方，就可能作为新的房间来使用，这些农民建筑的类型会根据具体所处的环境，来变化出不同的类型。其中包括我们的这些研究，也是把这些不同的类型在图纸上标注出来。这些建筑的基本类型会根据具体的使用情况及具体农民的需求进行一些小的变化。

这是一个非常典型的农民民居建筑的情况，能够容纳一个家庭在这里生活，有比较明确的主体建筑，周边会有菜园，其产出的东西不会受到"分拆工作制"的影响，也就是说他不会把这部分的农业产出分给地主。

这一时期的建筑主要修建于利奥波多时期，也就是帕斯托斯卡纳大公时期，它作为较为独特的建筑类型，现在这些遗存在这些地区就变得比较的珍贵，大家都希望拥有这种建筑。当时在托斯卡纳地区的人群层级情况是金字塔的结构，其最上层是拥有花园别墅的领主，随之是地区的统治者，再下面是各个大型的农庄主，而最下面是我们刚提到的从事农业生产的各个家庭单元模式。这张图即本人刚提到的那个层级系统关系，之所以提及这个金字塔关系，是因为在建筑分布形态上，也符合这个金字塔形关系，比如从这张平面图上得知，最中间的这个地区是某领主的花园别墅，边缘是较大型的农场，最外圈的是农民的房子。另一个特点，是这些农民的房子，它们的土地都处于各自较为可视的范围内。因为这样，就可以更好地对其进行控制。这些农民的房子，它们构成了托斯卡纳地区的网络状态，形成了一种具备秩序性的景观。

接下来我们会看到一个案例，一个位于比萨省区域内的小镇，目前它也有一些和中国同样的问题，这就是当地的年轻一代的居民不断地离开这个小镇，去外面大城市中工作。这个区域中小镇农民的房子和我们之前看到的是不同的，刚才我们看到的都是独立的家庭，农民的独立建筑。然而在这一区域，它是两三个家庭的建筑，组合成了一个小组。也就是说这个小镇，是自发形成了一种新的经济模式。也就是所谓的节日节庆的经济模式，每年在这个小镇中会进行一系列节日活动，比如某一节日是美食节，这时候街道上会布满鲜花，饭店会推出各自特色的披萨，还有他们用食物做成的花车。我们前几年对这个小镇进行过一系列关于建筑类型的研究，研究建筑类型的外观和内在精神，通过一些表格、测绘，进一步地，我们也深入研究这些建筑是怎么结合在一起的，寻找它们形成这种状态的根源，以及形成这样城市空间的原因。

我们搜集到了关于这个历史城镇保护性规划相关的图纸，之后我们今天还需要面对这一系列问题。这大概是因为，我们在研究之前其实已经隐约地知道，这些问题是由于大环境的经济变化，以及农村经济发展变化所造成的，之前用于生产居住的房子由于经济体系的改变，现在变成了通常作为度假而暂时居住的第二个房子——第二居所。甚至，如果在座的各位有兴趣去购买托斯卡纳地区的房产也非常容易，在网上就可以买得到。这些房子中比较有价值的，最珍贵的就是沿着阿诺河谷地的那些农民的民居。可以作为度假用的别墅，它们一般都带泳池，并且修建有漂亮的花园。虽然开发工作广泛地进行了，但对这些老房子的修复，仍然在政府以及国家的层面进行了严格的控制，尤其是对建筑外立面材料的使用。所以说，这些修复并没有造成任何负面的影响。现在这些房子已经不是单纯为了农民居住了，它已经变成了被用来度假用的别墅或者作为农业旅游项目的民宿。

这种别墅多是在之前农家民居的基础上改造而来，所以其实有无数种的外貌类型。因为有一段时间对房地产这方面的需求突然变得非常大，我们有时候刚刚在某张图纸上看到农庄和建筑之间的某种联系，或是它们在土地使用以及组织上的某种联系。但很快一些农庄就被改造成了农业旅游的民宿。面对保护，其实我们两个国家的专家学者看来遇到了相似的问题。

村落设计中的一个重点是自然元素，另外一个元素是人。自然元素就是我们反复提到的地形元素，比如说丘陵和谷地。丘陵是比较显著的一种地形元素，这种地貌占整个托斯卡纳地区总面积的66.5%。托斯卡纳地区和我现在做报告的浙江金华相似，是典型的温带气候类型，这种气候条件得天独厚。同时，托斯卡纳地区也有海风吹过，其盛夏最高温度也很难超过30摄氏度。即便最严酷的寒冬其温度也不会低于零下10摄氏度。气候如此宜人所以人类的活动在历史上一直影响着托斯卡纳的景观，从早期公元前的埃特鲁斯人的文明，到后来的罗马文明，再到中世纪的文明，最后到达·芬奇、米开朗基罗时期的文艺复兴时期的文明，再到之前我们看到的那个巴洛克花园时期的文明类型，乃至于我们现今的电子文明时代。另一个非常重要的元素是人或者人类的活动，特别是人类在农业生产上的活动，比如我们之前提到过的葡萄酒以及橄榄的生产活动，薰衣草以及德国鸢尾的新种植业，这些非粮食作物的生产活动，另外还有它们的加工等活动均共同影响和塑造了托斯卡纳地区的景观。这些产品也像建筑及景观一样，成为托斯卡纳地区景观及文化的一部分。对农产品的深加工也成为托斯卡纳地区农业经济的一个重要组成部分，使得该地区的景观多少产生了现代况味。

农业产业是国家经济的重要组成部分，当然这其中也包括农业文化旅游以及旅游产品的细化，比如美食品鉴旅游，或该地区的温泉旅游和其他运动旅游。意大利现在也有了如同中国一样的新的宾馆模式——民宿，人们可以通过民宿这种深度的旅游方式，去体验当地的文化。托斯卡纳地区从此焕发出了新的生机，使得所有人均有机会共同分享它的美景，并进一步获得了保护它的资金。

最后，我要在此提到的非常重要的一点，也是我对诸位的寄语，是所有的保护都需要时间。意大利的第一部关于景观保护的法律是在1939年颁布，然后在这之后的时间，这些改进保护的法规与措施，都在不断地进行改进和调整，每个工作人员都做出了相应的贡献。一个事物从不成熟到逐渐成熟，一方面需要大量的时间，另一方面需要大量的工作实践和经济投入。再有，和"空心化"的村落不同，在托斯卡纳这片土地上一直都有人在生活，居民的年龄层次一直处于较为健康的状态，也就是说一直都有人在此居住，所以这种传统才能够得以传承不息。但我们也必须正视这一点，意大利也曾经有过空心化的时间段，所以中国的专家无须气馁。

历史文化村落的视觉形象设计

徐成钢

主讲人：徐成钢，1978 年生，浙江东阳人。主要从事视觉传达设计实践与理论研究。2001 年本科毕业于浙江师范大学美术学院并留校任教，2007 年硕士毕业于中国美术学院。现为设计学系系主任，视觉传达设计专业教师，副教授。中国摄影家协会会员。曾获浙江师范大学第五期教学特聘岗位和浙江师范大学第二届教坛新秀。发表论文多篇，学术紧密联系实践，带领学生多次荣获国内外设计类大奖，密切参与浙江省古村落建设。

就中国文化发展史而言，村落或聚落的视觉形象，比较早的形象提炼是图腾。事实上这个事物从古到今一直存在。当然"图腾"这个词本身并非中国本土的词汇，它最初来自南美洲，其是广泛存在的表示一种权力的图像化语言——符号。

"图腾"（totemic）这个词语从西语翻译而来，而这两个中文文字本身带有标记或者标志的含义。我们的祖先亦有相似的图腾崇拜，事实上很多不同的文明，均有类似的文化行为，而各个文明应用这个图案行为的目的是相似的。于是，图腾是什么就成了首先需要探讨的问题。图腾是原始人氏族群体的文化及权力认同，或者也可以是特定人群保护神的标志和象征。它是人类历史上较早的一种文化现象，也是较早的社会组织标志和象征。比如这个是龙凤呈祥的图案（图 1-40），这个图形如果用我们当下的语言情景，可以是整个中华大地华夏儿女共有的图腾，这几乎是人尽皆知的图案。但是在这个图形发展的较早阶段，据闻一多先生考证，该图里面的龙和凤分别代表不同的原始社会氏族，也即这两个图腾其实首先是分开的。某一个部落认定龙作为自己的图腾，而另外的部落选择了凤，但伴随着图案诠释的逐渐演变，这两种符号不但被合二为一了，而且其意义也发生了变化。今天，我们其实普遍认同这个相对较新的、合二为一的符号。然而，龙或凤单独被拿来做图腾的，在现实生活中依旧存在，比如浙江的畲族村落，还是使用凤凰的图案符号。

图 1-40　龙凤呈祥图案

诸位再来看一下这张图（图1-41），这张图大家应该都不陌生，这是我们这次学习考察的过程中见过的一张民居挂画。上面绘制的是中国百家姓的族徽，也就是每一个姓氏都有它自己的比较早期的图腾形态。当然，中国的姓氏原本不止一百个，《中国姓氏大全》是有文字记载的，这张作品只是选择比较常见的100个，其文字基本上都是周代金文或商代甲骨文。比如说这个熊姓，就是甲骨文。姓氏其实就是氏族图腾，而且这些图形其实都是西周之前业已形成的小型血亲部落或中央王权的附属方国。在秦统一文字之前，甲骨文和金文演变出来大量的姓氏派系。现在中国仍有69万个村落。其内在显然有一种比较强大的凝聚力使然。而这种凝聚力之一或者是依靠"百家姓"或"千家姓"在历史长河过程中不断地分拆、迁移和流布来完成的。所以说，从最简单的角度来看图腾，姓氏就是我们这些各个族姓里面的最基本的、最核心的图腾形态。

图1-41　中国"百家姓"的族徽

改革开放之后，我们开始大力发展经济。当然，现在经济实力强大了，于是我们开始有余力可以谈文化，做文化。是的，图腾符号的象征功能，可以归纳为对内与对外两个方面。对内的功能，是它使得其内部成员享获归属感和认同感。这种方式便于进行内部的管理，也便于促使人们的相互团结。而对外的功能则通过符号来显示聚落群体的独特形象或气质，不但为了便于互相区别，也为了彰显和传递部族的内在精神。不同的聚落群体有着不同的图腾，不同的图腾又有着自己悠久的历史故事。

人类进入工业化时代之后，强大的社会将人们的原来的氏族及亲族关系扯碎了。当下人们已经不太重视聚落群体的图腾价值与意义，这也让人们遗失了那些关于家族图腾的荣誉感和使命感。乡村振兴战略的振兴，是包括产业振兴、人才振兴、文化振兴、生态振兴、组织振兴的全面振兴。在这里要思考，我们作为设计师能为其做些什么，如何做能够为"三农"工作出一把力？

客观地说，我们遇到了非常好的时代与机遇。我们开始考虑坚持一些我们认为重要的东西，如果不是这样我想我们这个团队可能是没有办法发展到今天这样的一个状态。所以我们要结合时代的需求，给村落设计形象，是符合时代需求的，是一种显性的价值观的实现。

本人的讲座主要分为4个部分，首先是村落视觉形象设计的概念，其次是村落视觉形象设计的流程，再次是村落视觉形象设计的原则，最后是村落视觉形象设计的案例，我之所以把"历史文化"这4个字给去掉，是因为我们的课程从头到尾都是讲历史文化的。

我们团队从2008年到现在已经做了近百个项目，但今天只讲述2008年到2010年之间制作的4个案例。这些已经存在的近10年的案例已经经受住了时间的考验。

一、村落视觉形象设计的概念

视觉形象设计在我们视觉传达设计专业里面，有个专业的名词叫作视觉识别设计，两者在意义上相似。企业形象识别系统（Corporate Identity System，CIS）理论的架构下，其包含了 MI（Mind Identity）、BI（Behavior Identity）、VI（Visual Identity）3 个部分。CIS 最早是由美国企业界联合相关公司于 20 世纪 50 年代提出来的标准，于 60—70 年代在世界经济发达国家与地区得到认同后开始迅猛发展，传入中国大致是在 20 世纪 80 年代末，在我的印象中，中国最早应用 CIS 的案例是太阳神集团。从国际视角来看，或者从国内专业的角度来看，基本上一流企业都遵循 CIS 系统来包装运营，也就是说除了正常的生产经营之外，用 CIS 理论来指导自己经营体的企业形象，它们当然会全部委托专业的设计公司来进行。那么，CIS 的核心是将企业文化与经营理念统一进行综合设计，利用企业的整体形象来促进企业产品或服务的销售。

我们在这里做了一个转换，如果将农村看成一个企业，对其进行形象识别设计的工作，也就是将企业换成村落，将村落文化与经营理念统一设计，利用村落的整体形象促进村落产品或服务的销售。经过多年的具体操作，我个人认为这两者的理论可以是相通的，也即我本人在这个团队中存在的价值所在。

CIS 包含的三个部分，MI 是理念识别，BI 是行为识别，VI 是视觉识别。MI 应该是顶层设计，主要内容是提炼村落文化精神和价值观这个顶层设计。BI 是行为识别，可以视作中层设计，主要内容是设定村落组织制度，管理规范行为准则，但这个村落只要有一定的历史文化传承，只要是一直传承下来的村落，大部分是一定会有完整的系统的。而 VI 视觉识别是底层设计。视觉识别是以村落的标志和标准色设计为核心，展开完整的、系统的视觉识别体系，将上述的村落文化行为规范等要素，概念抽象概念转换为具体的视觉符号，塑造出独特的传播形象。

我们说一个国家、一个社团、一个公司、一个组织，它其实都需要有相对核心的标志来承载它所有的气质。当我们提到中国银行，各位就会想起一个中字形铜钱状的符号。再讲到中国工商银行，它的标志是标准粗黑的字体，其图形上有大家都认识的一个"工"字，标识性比较强，人们一般不会因为符号辨析的问题而走错银行。

VI 设计在古村落中的应用，它的基本要素系统为：村落标志，标准色，辅助图形等要素，比如应用系统、办公用品、信封信纸名片、广告宣传、交通工具的外观、服装服饰、景观环境、公共设施陈列展示等。也包括之前黄易峰老师提到的导视系统。

但是现在村落中的导视系统确实较为不足，这是因为很多项目原本并无此需求，项目甲方常并无预期需要这个项目，如此也就没有这方面的预算和支付准备。我们其实做过一套寺平古村的导视系统，因为缺乏后期持续地投入，所以寺平古村现在的导视系统状态仍然混乱。我不知道大家是否发现，我们十年前给他们做过一套相对整体的设计，但是这么多年过去了，因为没有后期的、相对长期地委托我们继续智慧投入，加之他们村又另外再找其他设计师设计了一些作品，这些添加使得风格不甚协调了。后来的这种状况，人们误会是我们追加了这些设计，这反而会给我们带来负面的评价，成了我们设计单位的负担。

二、村落视觉形象设计的流程

这个流程不是仅限于我自己这个专业，本人还要顺带说一下我们整个团队的运作流程。

第 1 步，我们接到一个项目的第 1 步当然是到村落调研。

第 2 步，调研之后我们并不是直接开始设计，而是文化提炼。我们团队有两位文科的大才子，当经过了集体讨论的文化提炼之后。接下来就是我的工作了，我带着团队开始进行视觉形象设计，依据他们之前所提炼出来的文化要点，也依据我前面调研所看到的和所得到的一些切身感受，来设计出村落的一个视觉识别形象，并且进一步将其系统化。

视觉形象设计作为底层设计，它结束之后，后面的工作随即开始展开，它们包括规划、景观园林、公共设施、建筑、雕塑等。我在做的工作不是说我能够去统领后面的工作，而是说在任何具体的这些细节里面只要出现文字、图形与色彩的地方，我仍然全部介入，统一图形、文字、色彩的地方要依据我前面制定的规则。这样做的目的，是保证规划设计的统一性。

接着再一步是跨专业的合作，把前面两点整合起来，能够让团队的能量最大化，也能够让我们做出的成果是一整套作品，也就是说能够从整体性的角度得到成果的最大化。

三、村落视觉形象设计的原则

接下来我要说一下村落视觉形象设计的原则，内容非常少，只有 8 个字："一村一品，量体裁衣。"

"一村一品"指的是每一个村落应该都有它自己独特的自然地貌、景观、建筑、生活方式、习俗，所以我们用品质来概括它的一切，每个村都有它独特的形态。

"量体裁衣"就是要"量"这个"品"，去"裁"它的"衣"。我们所做的就是做适合于具体项目的设计，在这里我想说，设计本来没有绝对的好与绝对的坏，"好"与"坏"都是相对的，视觉设计的好与坏也是相对的，我们所做的量体裁衣就是去做适合村落的事情。

四、村落视觉形象设计的案例

案例环节我会用 4 个案例从 4 个不同的角度，来阐述上述问题。

1. 案例一：寺平古村标志

第一个案例是从聚落建筑来展开的，来说明视觉形象设计的聚落建筑要素。

村落的聚落文化是村落居民经过长期的生产、生活、交流、传承以及吸收外来思想形成的，体现了该村的行为习俗和价值观念，保存下来的聚落古建筑，它应该说是吸收了历史的养分，时刻向人们传递传统信息，展示村落古朴的景观气息。所以我们在分析一个村落景观视觉特征时，要对该村落的聚落建筑进行探究，在视觉形象设计的表达上达成共识，才能得到村民的认可与赞同。比如古村落的标志，我发现现在比较多的古村落的标志，大多是用毛笔勾画了徽派建筑的几个门头，再刷一笔河水，加两个毛笔字。想必大家一定看到过很多这种类型的标志，虽然其符合村落风貌，但在视觉个性方面较为薄弱。我们从网络上可以看到大量的这一类现象，民宿或者修整的新民居建筑整体都做得非常好，但是看到其标志的时候，就会让人感觉平庸或反感。有时候因为缺乏必要的提示，以至于我们可能会在村落中迷失方向。

汤溪镇寺平古村是我们在 2008 年的时候做的项目，它具备经典徽派建筑外貌，这在金华地区其实是比较少见的。徽派建筑的确辐射到了金华地区，但其外貌特征已经有了很大的改变，有些学者将之称为"婺派建筑"风格。

寺平古村也是典型的明清建筑聚落，其村落具有独特的砖雕建筑群体。寺平古村的视觉形象设计是要充分运用古村独特建筑语言和文化符号的，以保证新的视觉形象和古村风格。文化提炼"拜月七星庄，问艺砖雕堂"，这个文案把村落气质整合出来了，现在已经成了这个村落非常重要的导游介绍词。有些同行可能不认同这个，讲我们不应该杜撰，但实际上这是它的真实格局，其村内的祠堂建筑布局和水井在平面图上基本是符合七星天象的，我们发现并将它创造出来，我觉得这个方式本身应该是没有问题的。这个标志视觉形象的核心，其底下的这一部分，也就是寺平古村建筑中门头的形象。徽派建筑的飞檐和山墙是非常有层次的，当图像被确定了以后，这就影响到我们设计的"寺平古村"这 4 个字的形态，也应该严格按照叠檐的形态给予安排。当然我们也尝试按照篆书的形态去重新设计文字形态，为了更加符合原来的形式。这样文案跟标志就形成了比较完美的匹配了。再讲这个标志的色彩，因为它的样子比较纯粹简洁，所以整个标志就定位为单色，其标准色是红色，当然我们在这里设定了几个辅助色，在不同的使用环节中，它可以有所变化去适应各种情况。包括此标志在景观环境中的应用，比如室内或公共设施上，基本上都有匹配的配色。在这个色彩体系。辅助图形设计跟纯粹的 VI，和那些商业公司里做的又不一样，纯粹的商业辅助图形基本上只做一个。但在我们的项目中，为了配合乡村景观，我们的辅助图形是比较多的，当然不管多到怎么样的数量，这些辅助图形都各有来源，是根据村落中有形的图案产生的，或是在建筑语言中提取出来的。村里有什么我们就提取什么，并非无中生有。当然，要选取我们觉得比较美观的那些事物，比如像这些符号，其实是改造过的，就是把这些普通的实物拿来做成了这样的形态，有提取，也有改造（图 1-42、图 1-43）。然后给予利用，而绝不是从网络上抄来的。

图 1-42　寺平村标志

图 1-43　寺平村标志的符号的来源，真实的形象

　　我相信大家能从这个寺平古村标志中得到古朴与厚重的感觉。我们设计的色彩的来源，是我第一次去寺平古村的时候，发现他们挂了很多自己制作的那种传统老式的红灯笼。那些原本很沉重色彩的建筑，经过这些喜庆轻盈的红灯笼装饰，一下子就打破了那种沉重感，让人们倍感轻松。我知道很多人并不喜欢红灯笼，会讲原本村落里面并没有红灯笼。但是，我觉得这种事物并不是什么坏东西。在这种黑或白，尤其是下过雨之后，在那么沉重的调子里，这样一个的红色其实是很醒目而且欢快的。所以我们的文案也表达出这样反差效果，比如画面里面都是黑白的一个状态，如果有色彩的话，树是绿色，砖雕有砖雕的颜色，画面就没有那么纯粹。

　　2. 案例二：寺平古村橱窗

　　第二个案例，是我们刚刚提到过的寺平古村村口处的那一排橱窗，那些橱窗是我们设计的但也不是我们设计的，这句话看起来自相矛盾。这是因为我们只是进行了方案设计，尚未进入具体的施工图纸阶段，他们甲方看到方案，觉得可行，在这种情况下就觉得可以省下后面的费用，于是就委托广告公司根据我们的方案图纸，由广告公司的施工单位估摸着尺寸，按照他们自己的想法施工了。整个过程甚至没有咨询过我们，也没有征求过我们的同意。我们是在一次例行的设计回访时，进村之后才突然发现了它们。正因为它们未经过施工图设计，结果现在才过了几年，那些橱窗差不多报废了，这就造成了资金的浪费。这就是我刚才说那东西既是我们设计的，又不是我们设计的缘故。当然这其实也涉及知识产权的问题，从这件事情之后，我们现在做设计基本上特别重视专利的申请工作。在此我也特别提醒一下大家，如果一些服务型产品真的是自己原创的，我觉得还是需要申请国家外观专利的申报。事实上我们这么多年的设计产品被别人抄袭现象并不鲜见，只是我们自己没有太多的精力去维权。但这从一个侧面也能够证明我们设计的设施还是深得大家的喜欢，所以才会被仿照。

　　我们在第二个案例中试图说明一个问题，即传统民俗要素的提炼。传统民俗、民间风俗是指某个地区或村落中由广大民众创造、认同、享用和传承的大众生活文化或取向。民俗形象设计在景观营造上的应用，能够使景观更富有亲切力和凝聚力，它的营造需要融入到乡村景观建设中，进而融入村民心里。

　　提炼的过程是将它们从原来固定的框架中提取出来，以视觉传达的方式呈现在景观元素中，这里既然提到这一点，那么我们就在这里加一个案例——汤溪镇鸽坞塔村。这个村落是金华地区唯一的畲族村，体量很小。在开场的时候我曾经提过，我国数量繁多的村落，是迁移与繁衍过程的结果。在历史的发展过程中远距离迁徙现象也并不鲜见，这种畲族村落就是明证，类似的畲族村落还多分布在浙江丽水地区。经过了漫长时间的演化，实际上该村的民众已经被明显地汉化了，也就是说其建筑风貌其实和普通汉族建筑是相似的，日常习惯可能也并无特异。他们大致只是保留了一些比较有差异化的节日风俗，抑或只是因为配合旅游他们才主动恢复这些异质性。事实上从景观方面客观地说已经很少有少数民族的特征了，但在设计中客观地需要我们去打造并突出这些异质性，也即畲族的文化特征，并作为抓手或突破口进行深入挖掘。

鸽坞塔村的文化提炼是"百年山水聚落，五彩民族风情"，我们来看一下这张图（图1-44），跟前面寺平村的风格就大不一样了。这个畲族村的图腾在其族谱中是有明确的记录的，但可能是因为族长的好恶，在历史中发生了很多次变化，但图案元素是神鸟、鸡、牡丹，于是我们将这些图形从族谱中选择出来。这个图片是他们原汁原味的较为成熟的老旧木刻作品，我们也将其提取出来，但作为标识，我们需要将其简化，以便可以大量地进行复制。否则比较烦琐精致的图样就不太能够被比较简单和广泛地应用。我们为了设计可以在较大数据库中得到充分的取舍，特意建立了畲族村的设计图库，这个神鸟就是在这个图库中经过反复地讨论，由集体决定而提取出来的，当然色彩经过了我们的重新赋予，其原来的图形是单色的，是雕刻在柱子上的一个牛腿小木作。"鸽坞塔"这三个字，出于整体的设计考虑，选用的字体是毛体，这是经过我们用数百个字库逐一配对选择，反复比较并经过讨论，我们认为毛泽东同志的毛体最适合这个标志，于是决定使用的。

标志形态

设计说明

鸽坞塔标志设计中的凤凰造型来源于畲族的族徽"神鸟戏牡丹"。
凤凰身上的五彩色来源于畲族服装的主要用色，
凸显畲族的民族特色并寓意当代畲族生活的多姿多彩。
标志中的"鸽坞塔"三字采用毛主席的手写字体，
庄重而不失活力，
并寓意政府部门对少数民族的关心与爱护。

图1-44 鸽坞塔村标志设计

那么，这个标志的标准色彩来源，是村民那些具有民族特色的服饰，这个是非常清晰而明确的，其以黑色为主的，主要的色彩构成是黑、红、黄、绿、蓝，将这五色运用到鸽坞塔整体视觉设计中为了凸显他们浓厚的民族风情。这个当然不是拿来主义，而是我们经过了比较大量的绘制工作和讨论才决定。大家看一下这个是个"畲"字，为了让它和标志更加契合，我们先用镜像的方式上下镜像，然后旋转1°，大家看一下没有经过处理和经过处理的对比，足以证明，直接堆叠的显然逊色于经过设计处理的。

再有，取一个小的一个图形，通过一个四方连续的方式，不断地让它繁衍生长，最后得到这样的一个形态（图1-45）。当然，如果我不讲在座的诸位甚至可能看不出这里面是有个畲字呢。设计所传达的信息，与他们原有的那种文化形态和文化底蕴应该是匹配的。在设计这些事物的过程中，我浸淫其中也乐在其中，我觉得在这个过程中能够把它原有的事物加以再创作，是个非常有趣的事情。

辅助图形　　　　　　　　　**设计说明**

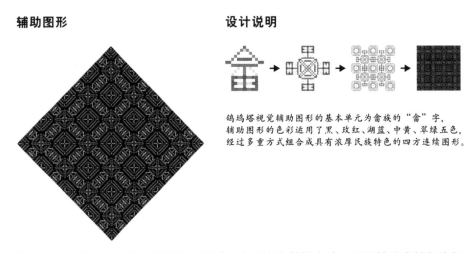

鸽坞塔视觉辅助图形的基本单元为畲族的"畲"字，
辅助图形的色彩运用了黑、玫红、湖蓝、中黄、翠绿五色，
经过多重方式组合成具有浓厚民族特色的四方连续图形。

图 1-45　取一个小的一个图形，通过一个四方连续的方式，不断地让它繁衍生长

这是我们给这个村落设计的一种宣传旗样式（图 1-46），他们原本将一些广告用这一类吊旗来宣传，我们对这种形式进行了优化，并且赋予它更好的形态。我认为使用单色的形式是为了强调一种氛围，也就是用不同颜色进行穿插，强调出其少数民族的风貌。我们因此提出来的这样的文案，我觉得这个设计基本上已经能够呈现出来了。当然在建筑形态上，我本人觉得还不够，因为这种样式跟畲族并没有特别大的关系。

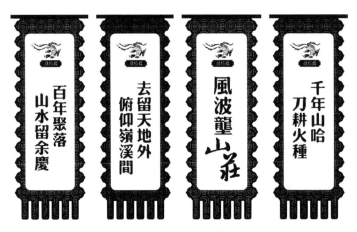

图 1-46　宣传旗

特别多说几句，我们的设计文本均经过仔细的思考，在文本中，在何处安放标志、标志放多大、字体的字号是多少、使用什么颜色，包括这个排版、使用的纹样，甚至包括文字的间距等，这些细节都由我来控制和调整，然后由团队全体成员进行讨论定夺。

我们后来还给他们做了休闲园，其正、背两面分别面临民居和村广场，这个广场是村民平时的聚集和活动场所。这其中的石刻是米芾的书法字体，这是其地面的铺装，正因为我们给这个村设计了这样一个配色系统，且因为这些色彩还是比较多的，于是要求施工单位找这些色彩的石材就比较有难度，但我们尽量努力要求施工方做得更好，这是施工完成后的效果（图 1-47），基本上已达到了我们的要求。也正因为我们的努力，所以现在的政府部门希望我们不但设计项目，施工也希望由我们来做，这导致我们更辛苦了。开个玩笑说，我们现在都有强迫症了，一方面是我们见不得偷工减料、敷衍了事。这就是说我们的"一流"的设计，不能被二流的施工变得糟糕了。所以很多施工单位，也很害怕跟我们合作，如果我们发现他们偷工减料或者做得不如意，我们就一定会让他们改

回。所以截止到目前，我们也慢慢地培养出了愿意和我们长期合作的施工方。

图 1-47　鸽坞塔村休闲园

3. 案例三：金华市金东区的孝顺镇

第三个案例讲述视觉形象的生活要素，特定的自然环境形成了符合具体地区人们的生活习惯和生活方式，这种生活方式在某种意义上是由特有的生活场所决定的和产生的，这种特有的场所景观与人们的日常内容密切相关，所以如果能够将其原有的生活场景融入设计形象中，就会触发当地村民的共鸣，这一点我们要说的案例，是金华市金东区的孝顺镇。

孝顺镇是浙江省级文明镇，他们在视觉生态建设中，有"孝顺"这样的主题，因为它们的名称本身就是"孝顺"嘛。在一系列的环境建设营造中体现"孝"文化，"孝行天下孝天下，顺风顺水顺潮流"的文化特征。这个文案的主题是葛永海教授做的，前两天他也专门讲过这个案例吧。在我们制作的所有项目中，我觉得这是最棒的一个，当地所有的老百姓非常认同，这促使我们的各项工作推行起来都特别顺畅。

只有"孝"才能"顺"。这个标志（图 1-48）看来仍旧跟不上葛博的意境。这个"孝"字也是按照篆书的这样的一个写法。10 年前我们还面临比较大的技术性问题，那就是很多立体的形态在那个时代比较难以实现。现在，激光雕刻的技术方式可以轻松地处理并且在质地较为坚硬的表面上实现，但 10 年前雕刻机还未出现，这让我们非常受限，只能通过逐层雕刻，然后粘贴的笨办法。

图 1-48　孝顺镇标识

在实施中出现了两种情况，我们先是制定了项目的标准色——棕色，因为棕色让人感觉厚重、沉稳，而且比较中性，能够较好地配合"孝顺"这两个字。当然还增加了一些辅助色，在实际的使用过程中如果只用一种棕色肯定是行不通的，所以我们设计的辅助色是金色、红色及黄色。与此匹配的除了主要图形纹样之外，还设计有辅助图形，实际上我们给孝顺做了很多种类型的纹样，它有不同的文化，如青年文化、富民文化等，对每一个孝顺镇下辖的不同村落的视觉应用都有对应的纹样，诸位现在可以看到 11 条，但实际上当我们把它拆出来之后，会发现它们的变化是很多的。孝顺这个案例户外广告设施比较多，之所以这样，是因为它是浙江省新农村建设的现场会所在地。大家看这个像卷轴的形态，看起来很简单，但在后面的实施过程中，施工难度太大，由于要增加比较多的成本，它们的轴头被拿掉了，但是整个轴卷还是在我们的努力下做了出来，几十米长的东西做出来放在那里，这个气场和气质的呈现，还是不错的（图 1-49）。我们甚至开玩笑，我们做这个装置的时候。用了卷轴这个方案，然后接下来奥运会，张艺谋导演在里面也用了一个卷轴的形态，我说幸亏我们的卷轴早一点问世，否则难免会被人家说是我们抄袭了大导演的作品。当然，在这里我们还用了一些夔龙的图形。这个户外广告放在镇政府门口，但是我现场的照片没有放在这里，真正门口是有高度大约 1.5 米绿化的。这个户外广告几十米长，放在那里是比较有气势，同时又没有和环境违和。

图 1-49　孝顺镇街头长卷设计实施后的实景照片

诸位再看一下这个框，这个框里面这个形态其实就是孝字的头（图 1-50）。我们做的东西里面可以有古意。好，我现在把孝顺的"孝"字字头拎出来，用这个元素做成一个边框。再有这些花瓣，我们当然不会到网络上去下载直接拿来用。所有的项目，我们都是具体问题具体分析，量身设计。还有这个新农村现场会孝顺文化的系列图片展。再有这些新老二十四孝插图的再创作。

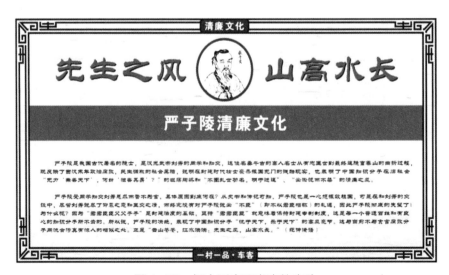

图 1-50　框中形态即孝字的字头

我们请了自己学校美术学院综合绘画专业的老师，请他们专门来创作，也就是将旧的《二十四
孝》重新创作，"新二十四孝"根据当下的故事来创作。这个作品后来首先被制作成了册子，然
后又被制作成了一批展板，将其相对固定性地展览了（图1-51）。这是村民广场那个展览现场
（图1-52），架子也是我们重新设计的，我们发现所有的村民都很喜欢。因为以前那些文化的事物如
果没有具体物化，将其显现出来，大家其实都不知道，数百年时间中本地出过什么名人他们其实并
不知晓，但是当我们把它们物化，这些文化的东西被物化之后，大家都能够感觉到、感知到，并且
能在那里展览，这种自豪感与认同感的效果就出来了。孝顺政府经常将它们拉到其他地区去展览，
因为当时制作的时候比较赶时间，所以这些展架并非永久性的，时间长了就要维护，我们后来还给
他们接连制作了三四次。

图 1-51　新二十孝创作及展板样式

图 1-52　展板样式及展板现场照片

4. 案例四：金华市婺城区的竹马乡下张家村

在"三农"建设中，产业是比较重要的一个元素，所以某个目标村落需要具备可开发的价值、
可推广的价值或者可利用的价值。这也意味着，产业要素也就是我们设计理念中很重要的一个，

现代乡村出现了很多手工业和种类繁多的特色产业，并逐渐发展成为当地的经济来源和支柱产业，所以我们乡村景观视觉形象设计应该向支柱产业方向倾斜。

这个标志是金华市婺城区的竹马乡的（图1-53），竹马乡是茶花之乡，是中国茶花的一个发源地。在这个标志图案中，花是茶花，同时茶花也是金华的市花，金华茶花最好的地方首推竹马乡。所以，竹马乡的形象设计肯定必然处处围绕茶花来做文章。我们在环境建设中体现支柱产业的视觉特征，顺便提一下，金华农办在金华创办了三大节，一个是金华的茶花节，一个是金华的桂花节，一个是金华的油菜花节，这三大节全部是我们团队帮助开创以及运作起来的。也就是葛永海同志前面提到的，设计不可避免地涉及比较大的文化行为。这个是茶花节的文案，"山茶绝品在竹马，花坞独步下张家"，下张家是个地名村名。就像施老师讲过的，其实我们每一个方案，每一个项目都用了很大的力气去做，这个标志的方案从一开始就用了很多精力。我们的习惯，是前期出方案一般都是出10个甚至十几个。我印象中方案阶段设计最多的可能是金华山，金华山旅游景区形象设计仅方案阶段就制作了上百个。茶花的形态就是这个样子，而这个形态的要求，是大家一眼看上去就知道是茶花，而不是其他植物的花。同时，图案本身看上去必须令人感觉舒服。其标准色定为红、黄、黑，辅助图形是茶花的花头。其实在金华很多产品都使用了茶花花头的图案，比如这个品牌的办公用品。在可行的情况下，我希望能够使用张力比较强的形式，来进行标志设计。那么，茶花怎么能够凸显出来？原来甲方使用的标志，他们觉得力度不够。按照他们的话说，是不像一个标志。当我们这个设计出来之后，他们才觉得它像一个比较正规的设计了。这是我们设计的入口牌标志（图1-53），这个图案的形态适中。展示这张图片是希望大家看到这里面的亮点，这个辅助图形，我们做了一个茶花的花头，把它整合进去了，这个是从茶花的花瓣图像中提取出来的。还有这个在原设计里面，其实它是金属制作的，但后来在实际制作过程中，相关的领导出于预算的限制将其改成木质的，所以大家可以看到它实施后在色彩方面，整体的对比就被削弱了，计划中的这种形态对比更强。

图1-53　竹马乡标志

这是我们设计的文案宣传广告牌（图1-54），广告牌的形态需要符合其所处位置的环境特征，以此作为设计出发点，于是这些广告牌的形象，有些像古代衙门里面的那些"肃静""回避"牌。这个广告牌的尺寸比较大，由于缺少参照物，所以从照片中较难看出，其顶上的花瓣并非模具压出来的，而是用榔头一点点地敲出来的，这是因为实现设计需要尺度比较大的模具，而制作模具的价格已经远超过了使用笨方法的造价，就是我们最终的方案中呈现出的那些线条、面板也全部是敲出来的，但恰恰也就是这一块，这个构件能够呈现出这块牌子最大的亮点。竹马乡下张家村的村民包括其领导层，大家都认为这个装饰有意思，而且大家觉得这就是茶花的形态。

图 1-54 竹马乡文案宣传广告牌以及它们被实施的实景照片

在这个设计项目中我们还强调了一个绿色的字（图 1-55），其实我们原来那个色彩体系中并没有这个，但是下张家村领导说，"红"已经这么多了，"绿"的也要跟上来。经过我们团队研判后，决定尊重他们的要求。要知道红和绿这一类高强度对比色，不太容易做得协调，当然红绿配也确实增加了色彩的热烈程度。关键是如何将它们协调，我们就在两者的面积上做文章，最后达到了令人满意的状态。

图 1-55 竹马乡视觉设计中的红色元素和绿色元素的协调，以及实景照片

再有，这是非常有意思的广场铺地，我们先设定好一个图形，最后施工时再一点一点用小碎石都给他拼出来，这张照片是这个广场验收时的样子（图 1-56）。以上就是我们所有的内容和图片，讲述的内容就到这里了，谢谢大家！

图 1-56 以茶花元素作为铺装的广场验收照片（当时下大雨）

历史文化村落古建保护利用方法与路径

陈 易

主讲人：陈易，同济大学教授，博士，博士生导师，国家一级注册建筑师，高级建筑室内设计师。曾赴加拿大不列颠哥伦比亚大学、法国凡尔赛建筑学院、意大利罗马大学访问研修，20余年间考察了欧洲和北美诸国的建筑与室内外环境。长期从事建筑设计及其理论、室内设计及其理论方面的教学、科研和实践工作，参加了一系列国内外学术会议，在教学、科研、设计创作等方面积累了丰富的经验。目前主要从事的研究领域为：生态建筑、室内外环境设计。上海建筑学会理事，上海建筑学会室内外环境设计专业委员会副主任。景德镇陶瓷学院客座教授，加拿大城市生态设计研究院成员，启东市建筑经济高级顾问。

一、古代建筑技术缘由

首先，从三个角度来理解古代建筑：一是了解古人需求；二是文化作用，即文化如何产生，又是如何演变，如何将基本需求转化为文化需求；三是设身处地地思考方法。中国的地图上有一条400毫米等降雨线，这条雨线东南的部分，包括关中、中原、岭南、江南地区都是以农耕为主的区域；而其西北地区，包括内蒙古、青海、西藏、新疆等均为游牧为主地区。同时，长城的走向与这条线基本吻合。由于大部分民众是农业人口，于是在此基础上我们有着相对独特的思维方式、生存习惯和行为。比如中国人对于四季农时和时间概念比较重视；再有是对土地、水利、灌溉都有比较深入的认识。那么，这些独特的生存技能经过一代代的传承就形成了我们的文化。中国文化一贯强调天时、地利、人和，实际上我们在分析村落如何形成的过程中，总会体会到它们的任何一个建设行为可能都包括着天时、地利和人和元素。

南方的开发得益于历史上的两次人口南迁，北方人口转移至南方，加速了南方的发展。当时的人们没有手机、电话、无线电等这些现代化定位设施，甚至可能没有指南针。那么，他们是怎样在这种情况下来选择安居立业的住址，就特别值得探寻和研究了。南方地形与北方本来存在着比较大的差异，同时南方丘陵、水系更强调微地形影响，北方的那种正南北兴建方式可能并不适用。于是南宋之后建造理念继续发展了，原有八个方向又再各等分为三份，变成了24个细分的方向。建筑选址的时候不但是只要方向好就可以，而且还要根据地形地貌来决定。如此一来建筑选址的权重也就从方向方位慢慢演化为地形地貌了。以农业思维来看这个问题，也就是假如某地的土壤厚肥，植被丰富，土地就适合农业生产，所以是可以被称为"有生气"。比如浙江江山的大陈村，该村坐落在它们村落主山的坡地上，水流方向与道路方向基本吻合。这个村被重新规划后，新村部分目前建立在中间的田地上，从古代的人居理念方面来看，其实就显得不那么贴合。一方面是设计者对于田地的珍贵性认识不足，另外一方面在景观方面也较为欠妥。比如，现在它的主要道路笔直地从中间穿村而过，这是因为现在的住居主要考虑到机动车的行车方便，而且也更讲究简单直接，依靠放样工具的帮助，可以修造比较直的道路，方便机动车快速且笔直地穿行，但对古人来说，从山口进入之后需经过弯弯曲曲的道路才能到达村庄，这也是出于村落的安全的需要，同时这种道路可能更适应山路，克服了纵向开挖带来的经济负担。而且这样的长度，刚好是"一站"，需要半天的时间，之后又弯弯曲曲到另一个山口又是"一站"，也是半天，这样的安排实际上会形成比较强的时间观念。发展现代新农村，我们比较少地传承了原来古人的思维。

古人对环境的理解或许是完整和统一的。而建筑中的人，对于村落来说，除了受到物理环境影响之外，还受到宗法制度等文化因素的影响。中国从西周开始形成了宗法制，这一制度影响村落形成大宗派、小宗派等一系列模式。比如我们在诸葛村、新叶村都可以看到这种情况，这种社会关系也反映在村落的空间关系上，在村落公共空间的组织上也呈现出支脉状的形式，这就是文化的力量。其实，中国人认为的好看或难看，本有着自己的标准，与西方存在差异。西方的住宅大多将房子摆在庭院中间，外围一圈可能是花园，而中国，则是有时候将建筑当作一部分围墙，或者围墙砌在外围，而房子贴合围墙较近，中间的部分则是院子。所以中国人的审美基因中天然带有等级、主次、内外、轴线等关系，大到北京故宫紫禁城，小到民居院落都有中轴线，但反观现在似乎就比较不强调中轴线这个概念了。农业社会人对于美的观念大致会建立在当时社会生产力发展水平的基础之上，因此则导致旧时代的传统社会与现代社会存在着许多不同，传统社会依靠人力和畜力；现代社会依靠电力、燃油等这一类动力，对力的操纵差异使得旧时代的传统社会物料珍贵，人工相对廉价，而现代社会却相反，因此在铺地上传统社会以小料为主，现代社会则是讲求大料，越大越好。社会生产力水平不同也导致审美不同，因此在铺地上很难修复成原来的样子。我们现在于古村落维修中，即便是有意识地用传统材料来保持原有风貌，但在实际操作过程中却常无法做到。审美与工艺水平在很大程度上是相互吻合的，工艺差别导致制作形式上也出现了差别。如若不能从观念上反观传统村落，就很难理解古人当时的和我们现在的技术方法的差异。

二、宁波村落古建筑通式

第二部分传统村落的核心——古建筑。当下，业界主要存在着两种类型的保护策略，一种是类似于紫禁城、古寺庙大殿这一类高质量单层古建筑，除历史性以外，其本身具备独特性与稀缺性，因此我们无须考虑其实用性，只要尽可能延长其寿命。而对于村落而言，则是另外一种保护形式，它们有些仍处于使用中，也就是说仍有民众生活在建筑中。对这一类建筑应该关注其风貌，延续其生活环境风貌，而不是只关注于某一套住宅，但这也并不是说单个建筑就不重要了，这是一个相互权衡的问题。影响建筑风貌的主要原因有地形因素、经济因素、地域文化因素和时代因素。

我们平时的要求是"直观读图"，也就是让基层管理部门、一般设计人员、房屋所有者和施工人员能够直观读图，清楚地知道这个房子原来应该是什么样子。同时我也建议我们在建筑风貌保护时化整为零，控制建筑风貌从细节做起。落实到宁波的风貌保护，我们一般是从地形来确定地貌，然后确定院落，之后再辨认具体属于建筑的哪一部分，这一部分又是哪一组件，由哪几个构件组成，最后分到构件上。通过这么分类，以同类的组件或构件作为基础，将群体建筑结构逐层解构，进行古建筑修复工作。

宁波村落的古建老宅以合院为主，其中三合院、四合院较为典型，成为基本单元。大型院落在三合院、四合院的基础上纵向或横向，以平面增加单元的形式，使得整体建筑以数个单元铺摊的形式以扩大规模，大规模建筑群组多集中于土地条件较为开阔优渥的地区，多以平原、滨海、沿海店铺为主。当山地地形局促，或者等级较低的民居也有单幢无合院的情况。将单体建筑解构为不可以再拆分的部位，正屋分为屋面、檐下、室内和墙、地面。通过以上的解构，了解建筑各部位，并做一个相应的比较。屋脊，宁波地区的屋脊多为砖脊，同时这也成为地方特色，两端吻部通常以砖构件收头，也有撞至山墙收头。象山等滨海区域，屋脊两端通常起翘较高，可见以蛎灰堆塑的吻，形态多为卷草纹，另外可以在象山、宁海等地区见到三段式屋脊，均与台州温州地区近似。山区则采用屋脊的屋面，这种常见于等级较低的建筑，数量总体较少。等级最高的是"花脊"，通常用于等级较高的民居、祠堂或门房。平原区古建筑多见一层作为檐廊，而二层后退一跨柱网的情况。奉化、宁海一带山区多见二层退半跨柱网，或不退半跨柱网而以牛腿外出围墙的做法。一二层均设外廊的，二层外廊有与檐柱平齐和挑出檐柱两种情况。

牛腿的样式一为鸡腿牛腿及其变体，这是宁波地区最为常见，也是较具特色的一种牛腿样式；牛腿样式二则多为斜撑牛腿，这种形象变化较多，其中余姚部分牛腿形式与绍兴地区相似，象山部分牛腿形式与台州地区相近；牛腿样式三为梁头伸出作为牛腿，或其受力与梁头直接相关。梁架，梁架中等级高的一般单独或组合采用月梁、拱梁，次为直梁和简单的圆作。部分高等级古建筑其木作工艺更加考究，其建筑会在廊部设轩棚。

关于廊地面，宁波地区的廊内地面以石板为主，平原、山区、滨海均有。山区大量地面是三合土。近代建筑明间及前廊常见水泥地面，通常在水泥面上刻花或作分隔。

窗下墙，最常见的窗下墙是石板夹墙。木板墙面使用率也较高，简单的木板墙面山区采用较多，下设木地栿或石地栿。窗下为砖系墙面时，其建筑等级较高，一般见于平原城镇。龙骨砖抹灰墙面多作为厢房、附房的窗下墙，也有见于正屋。近代建筑部分窗下墙采用水泥刻花，时代特征明显。

明间，宁波地区多数单层民居建筑室内通高，次间设置吊顶。正屋为两层的建筑，部分明间不通高，一般此类建筑等级较前类低。象山地区明间室内一般纵向前后两跨柱网不通高，前跨为二层走道，后跨设神龛，也有仅在后跨设神龛，其余通高的情况。

正屋外墙，山墙大致有三种：一是直接收于屋面以下的硬山山墙；二是屏风墙（正花墙、风火墙），最常见于山区，滨海地区相对较少；三是观音兜，近代建筑常采用近似观音兜的山墙形态，但构造方式不同于传统，一般采用砖抹灰压顶。厢房外墙，厢房外墙与正房外墙的区别在于，有一面朝外。山墙材质，滨海地区有毛石、碎砖，毛石是贯穿要素；山区是毛石加夯土的形式，毛石加青砖等；平原地区则是加工石材，三者精细程度不同，选材不同，经济程度不同。地理因素可能是一种结果，但是深层次还是受到经济因素的影响。

室外地面，院落地面平原区多采用石板铺地，山区和滨海多采用卵石和弹石铺地。滨海和山区的富裕人家地面也有采用石板铺装，一般说明建筑等级较高。

门屋样式，门屋等级的高低往往反映了整组建筑的等级。宁波地区门屋有三间、单间、单披以及与主体建筑结合的形式，通常三间门屋等级高于单间门屋，独立门屋等级高于与建筑本体结合的门屋。平原城镇设有门屋的建筑群中，门头通常位于二道门或次要入口处，山区和滨海则多见直接使用门头而不设门屋的情况。门屋八字墙，门屋常在外侧做八字墙，一般下部为石作，中为墙体，上部为瓦作。墙面面层有清水砖细，蛎灰堆塑（刻），混水抹灰，其中清水砖细档次最高，大量采用蛎灰刻花，堆塑（刻）的墙面多数见于滨海区，以象山县最为常见。

门头，门头材质有砖细、灰塑，其中清水砖细档次较高。大量采用蛎灰刻花，堆塑（刻）的门头多见于滨海区，以蛎灰刻字，堆塑的门头在象山县比例较高，象山门头的形式略异于宁波其他区域。

三、村落古建筑保护与利用的策略

接着，谈谈村落古建筑的保护与利用的策略。刚才我们已经了解了宁波地区村落古建筑的情况，但客观地说，一个区域内的建筑风貌并非单一的，而是多元的，有等级差别，或者有材料的差别。当我们面临修缮具体个体的时候，依据"同时代原则，同类、就近原则"原则。

具体说，村落古建筑的保护与利用的策略，在本建筑可找到的依据，不需要到其他地方找；如果在本建筑找不到，则需要在本院落寻找；假如在本院落找不到，就在本村找；倘若在本村找不到，就到临近村找；进而假设在临近村找不到就到同风貌地区找。

进而，涉及村落古建筑应该以保护为主，还是以利用为主的问题。这就需要我们深入探讨目标古民居建筑的价值。一般我们会根据它们现在的存在状态，以及周边环境的情况，建立了一个四级分类体系：Ⅰ类，院落格局较完整，建筑保存较好，建筑工艺比较考究的具有一定历史文化背景，反映典型地方特色的院落和建筑；Ⅱ类，院落格局较完整，但建筑破损较严重，文化价值一般的院落建筑；Ⅲ类，原有建筑较为简易，或现状院落中大部分房屋为新式建筑；Ⅳ类，建筑基本已经倒塌，但格局、肌理铺装基本完善的宅地。价值越高，改造利用强度越低。

那对于四类建筑的利用措施分别是：Ⅰ类院落以现状保护为主，允许可逆性的设施改良，改造后外观上须保持原状；Ⅱ类院落以风貌保护为主，允许适度改建和设施改良，改造后外观上须保持传统风格；Ⅲ、Ⅳ类院落以更新为主，要求新建筑与传统风貌相协调。那么，将来进入一个村子之后，我们觉得对于一些功能和业态方面，设计师要考虑到其功能延续性，或者思考到原有的内部功能。比如说，将原来的祠堂增设一些现代的功能，或者对其进行现代化内部改造等这一类，相对来说改造力度最小，也就是说把一些房子改为现代化应用功能，比如办公、社区服务、公共服务这一类，可以被叫作"弱态改造"，这是因为其房间、空间基本上保持着原本的样子。但是如果牵扯一些商业领域，一定是具有一定强度的改造。那么这些强度改造一定要把握度，对于原有建筑，有没有比较大的损伤，特别是餐厅、酒吧，尤其是涉及水和火的一些问题。

古建筑的改造利用，包括功能平面调整、设备设施更新以及建筑构造更新。功能平面调整对于一类建筑来说，公共空间布局上允许进行改造，我们遇到这种项目，常常对后院进行改造；二类建筑可以在前院做一些弱改造，比如对后院的墙体进行改造；三类建筑允许改造风貌，一方面允许风貌协调的外围按照整体风格进行变动，比如说把走廊包进建筑，或者有一些构造做成透明的样式，再或者做一些可逆的变化。比如我们在慈城做过一个酒店，因为其室内并无供暖或供热系统，所以为了顾客的舒适性，就需要对其走廊进行密封，在柱与柱之间我们设计了大玻璃隔断，这个建筑属于允许可逆改造的典型。原来住户的那种居住格局和厨房的这种风格一方面并不美观，另一方面也不流畅科学。虽然我们的改造也按照原有肌理和风格来进行，但在人的行动流线路径方面也进行了改造和安排。比如说天井布局，实际上到了晚清后，中国建筑本身由于受到木质结构的限制，室内空间始终不够宽大，但因为早先的建筑需要适应现代商业用途，所以不得不对其进行改造。其实早在民国时期，这种改造就已经比较多了。比如将整个天井上加玻璃盖。我们现在的改造有时候也这样，在不破坏建筑结构的情况下，增加现代化建筑构件，这并不对原件构成破坏，且为可逆的形式。我们现在常常使用的是轻钢玻璃，钢架体系也可以被做得纤细隐蔽，加载于旧建筑空间显得更加协调。

还有一种做"加法"的方法，比如我们做过的一个拥有三块天井的院子（图1-57），业主希望我们将建筑整体改造成住宅，或者是做成办公场所，但是我们发现业主希望的改造要求，反而会使得使用者不方便如厕。像这样有四个开间，我们在这里边缘楼梯间的位置，这个相对较为边角的空间，增加了一个厨房间和卫生间。这样的改造从方便性来说，是较为合理了。我们一方面保证了中间这个空间与其他空间的联系性是完整的，而且如果把这些新的空间加到建筑中去，这就较为符合现代人的居住观念了，而且这种改造也没有改变原建筑奇数明间的这些建筑规律，同时也未违背旧建筑的建筑格局。

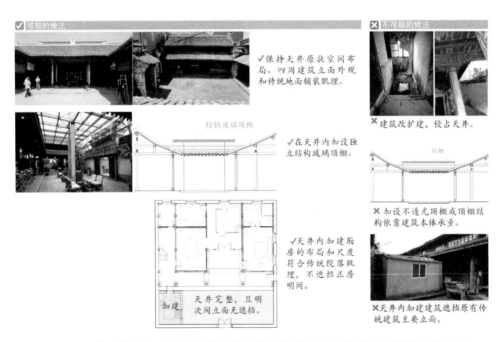

图1-57　在院落内相对次要、隐蔽的区域或院落外合适区域加建配套辅助用房

这是我们最近做的一个项目（图1-58），位置在西湖周边，具体位置是杭州西博会工业馆旁边的办公场所。它原本是"毓秀庵"，现在被改为工业馆了。它的功能被定位为办公场所之后，其格局就需要进行相应的调整。它有一个较为现实的困难，是它的后半部分被后来搭建的砖混结构破坏了，而被破坏的原因是屋主希望将其做成卫生间和设备房。在设计的过程中我们必须面临不得已的选择，也就是将设备机房放在前面还是放在后面的问题，或是将设备机房放在内部还是放在外部的问题。我期望设备机房相对独立或者能够单独成体系，但从外观上来看又不能有太大的改变，以免破坏了原有建筑的外貌特征。这是我们改造之后的样子，我们将人们的行动流线重新做了规划和变更，这样事实上机房就被我们隐藏起来了。当建筑物本身价值不高，且无法通过加建、整合等措施解决相关功能需求时，可将建筑内相对次要、隐蔽的部位通过结构替换的方式改造为卫生间、厨房、监控消控室、储藏间等配套辅助功能。改建不允许改变平面布局、立面形式、主要结构体系。

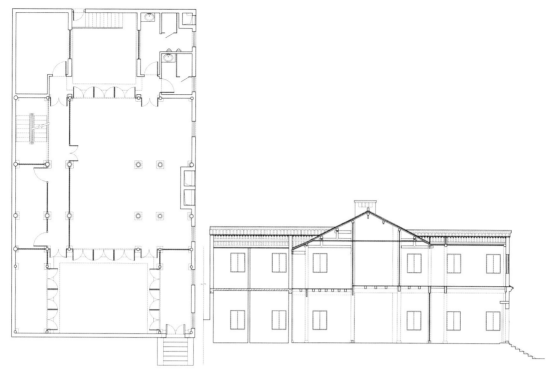

图 1-58　毓秀庵后厢房结构替换（平面图及立面图）

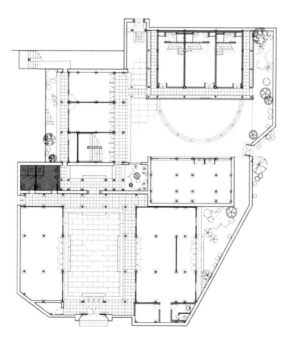

图 1-59　慈城宝善堂庭院内加建卫生间

　　这是慈城的宝善堂（图 1-59），原本在整个大庭院中并未设置厕所，这是因为旧时代的人们一律使用马桶解决"三急"问题。这个建筑现在是四开间的，但是其中一间也被分成了一个祠堂，它们比较重要的位置，已经被功能性空间占据了。由于没有厕所，于是我们在这个项目中将这个问题作为重点和突破口，换言之就是开辟一个空间设置厕所和厨房。但问题随之而来，我们发现这个不大的空间居然还设置了对向的双跑楼梯，这里是楼梯，那里也是楼梯，说实话是真的找不到地方啊。我们对着这个平面图，思考了好几天，终于我们决定在墙角位置安排这个至关重要的功能空间。这里原本是一个露天的走道，由廊直接交接过来，这个位置原来也被作为狭长形的天井，我们就是在这里把这个天井改成了厕所。关于这个厕所，我们在卫生方面也进行了充分的考虑。做完这个设计后，我们得到的经验是这一类改造就是要通过评估找到其最不重要的空间来进行，当建筑物本身价值不高，但却无法通过加建、整合等措施解决新的功能需求或一般性需求，即可将建筑内相对次要、隐蔽的部位通过结构替换的方式来进行改造，比如改造为卫生间、厨房、监控消控室、储藏间等配套辅助功能。改建一般是不改变原建筑的平面布局、立面形式和主要结构体系。但在加建的方法上，可以说就相对自由了，对于周边条件允许的，可将院落内相对次要、隐蔽的区域或院落外合适区域加建配套辅助用房，主要用于解决古建老宅中的厨卫设施，当然加建需要不违反相关建设法律法规，不使其变为违章建设。加建部分也不得对原有建筑造成破坏和安全隐患，当然也不能改变原有建筑、院落的整体风貌。对于局部翻建，如果院落格局基本完整，或其中个别建筑无存、损毁严重，再或者已建造了新式建筑的，复原建筑则可采用钢筋混凝土结构、钢结构等进行改造。要求院落布局和建筑外观保持传统建筑形式，这种做法就是翻建。

以上的那个项目，当我们把场地整理出来之后，加上了柱网结构。也就是说原建筑实际上被分为了两个分区，经过这次翻建之后，我们做到了基本上跟其原本风貌保持一致。在历史街区或者是在古村落里面，假如需要见缝插针地做一些建筑，当然必须做到外貌古旧的状态。但对于建筑无存和严重损毁的情况，只要范围明确，或者布局尚有迹可循，复原建筑当然可以采用钢筋混凝土结构、钢结构等新建的做法，只要保证其院落布局、建筑尺度、外观均保持传统形式即可。

保护旧时代的铺装、墙体、古井等遗迹，或者历史村落，假如甲方要把整个村子做成整体酒店，遇到这一类项目，我们就需要从整体来考虑它出现的新问题，如消防、排水、厕所、交通进出口、行人游线等问题。集中成片的古建老宅，鼓励院落之间的整合利用，在院落之间统筹功能布局，根据各院落、建筑情况综合采用上述工程措施。再有，还需要考虑设备设施的更新。采用两种做法，其一是局部翻建，对于院落格局基本完整，其中个别建筑无存、严重损毁，或已建成新式建筑的，复原建筑可采用钢筋混凝土结构、钢结构等，院落布局、建筑外观要求保持传统形式。其二是整体翻建，对于建筑无存、严重损毁，但范围明确、布局尚有迹可循的院落，复原建筑可采用钢筋混凝土结构、钢结构等，院落布局、建筑尺度、外观要求保持传统形式，保护保存下铺装、墙体、古井等遗迹。

在古建改造过程中，如若增加厨房，那么它与原有建筑之间的分隔墙必须做防火措施。卫生间的新建可采用两种方式，其一是在原有木构件上做钢架结构以此来框定出相应的空间，这能有效地解决排水、通风等问题。现在有比较多的成品卫生间产品，只需在合适的位置增设入口，再将成品卫生间置入其中即可。其二是建筑构造更新要考虑屋面防水构造、屋面保温构造（包括内保温与外保温）、强弱电力系统构造、墙体保温构造、隔声构造（楼板隔声）、地面防潮构造（排水）、门窗保温构造、防火系统构造。设施改造，对古建老宅水电管线、设施的增补、整理，通过构造措施，在不改变主体结构和风貌前提下，增进建筑的防水、保温、预热性能。

四、案例

我再给大家看一个案例，象山县下营村龚家道地（图1-60）。这个村的一个要点是这些传统建筑的门头用了灰塑、彩绘，它们都很有观赏性。我们经过考察和探讨之后，认为这个区域以及其核心区域，比较具有保护意义。比如这张幻灯片里的蓝色框内区域是比较有价值的区块（图1-61），甚至我们发现很多建筑的室内也比较具有价值。由此我们对于这些院落的评定，认为大多数建筑当属二类建筑标准。比如这一个合院建筑，其正堂、厢房可以做一些改造，但不能有比较大的改动，只能进行局部改建。我们计划在天井进行改动，增加卫生间和厨房。经过集体讨论，我们认为应该把厨房放到保护建筑之外，这是因为如果把厨房放在保护建筑内，就可能会发生失火的问题。刚好，它的外面是一大块空地，也就是侧门出去，选取另外的平台做厨房，之所以需要有这样的空间，是因为这套建筑希望重新利用做成民宿。我们基本上把楼梯放在两侧，诸位看这个格局，这里的柱网比较狭窄，这样就能够做到每一个房间的外面都可以作为比较宽敞的公共空间，如此，其格局基本上可以做到很好的隔声和保温效果。另外这几间，它的背后角落位置可以做卫生间，这两间中间的部分利用此明间后半部分做成了一个自由空间。这样，前廊的这个部位基本上还是保留了原状，形成两个轴线。如此，即可保持其原核心区功能未变的状态。

图 1-60　象山县下营村龚家道地现状

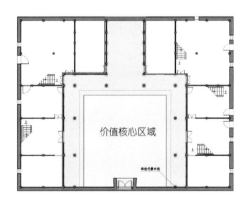

图 1-61　上蓝色框内区域比较具有价值，下本幢建筑在改造建设前的照片三幅

最后，我想说，作为设计师我们还需要积极地思考，古村落中除了保护古建筑，还有需要加以保护的其他事物。实际上，单纯保护一定数量的古建筑，整体村落的风貌反而是很容易被破坏。这个图片是新叶村（图1-62），和诸位现在去看的情况可能有很大的区别了。因为这张图片大概是本人20年前拍的，图中的那个白色砖塔是抟云塔，也就是新叶村所谓的风水塔。诸位可以看到这个村子本身呈现出徽派风貌。也就是说，除了这个村子本身建筑区需要保护之外，它与周边环境的关系也需要被考虑保护。那么，对于除了建筑之外的一些要素，我们大致可以分为物质要素和非物质要素，物质要素又包括选址与格局要素，也即骨架，传统建筑要素和其他要素是血肉，而非物质要素是灵魂。我们当下常见的破坏方式主要有地形格局破坏、生产生活方式改变、尺度和传统空间组合方式改变、材料和工艺改变。如何保护村落的核心要素？答案是从明确村落的价值所在入手。

图1-62　20世纪90年代的新叶村旧貌照片

文化创新的有效路径

方晓风

主讲人： 方晓风，清华大学美术学院副院长、教授、博士生导师，《装饰》杂志主编。1969 年 5 月生于上海，1992 年毕业于清华大学建筑学院，2002 年以《清代北京宫廷宗教建筑研究》获清华大学建筑历史与理论方向博士学位，并入职清华大学美术学院任教至今。2007 年任《装饰》常务副主编，2009 年至今任主编。兼任北京国际设计周组委会办公室副主任，中国期刊协会第五届理事会理事，中国建筑学会环境艺术专业委员会副主任委员，中国工艺美术协会玻璃专业委员会名誉副主任委员，中国标准化协会城市家具分会副会长，筑巢奖组委会主席，中国人居环境设计学年奖主委会副主任委员、组委会秘书长。

方晓风教授以《清代北京宫廷宗教建筑研究》获清华大学建筑学院建筑历史与理论方向的博士学位，形成一套以物见人的设计文化研究方法。其观点集中体现在《写在前面》《建筑风语》《中国园林艺术——历史·技艺·名园赏析》等著作中。

方晓风教授在其主编的《设计研究新范式》《设计研究新范式 2》《设计研究新范式 3》中系统呈现了设计学科新范式倡导下的国内外优秀研究成果，为设计研究者提供了许多可参考的研究视角、方法和路径。

方晓风教授一直关注设计思维的教育与传播，以"超越形式的设计思维"为题受邀在全国多所重要设计院校演讲，夯实了环境设计学科的理论基础。他认为，传统艺术形式是起点，也是终点，创作对象就是审美对象；而对于环境艺术设计，环境关系是起点，形式是终点，但不是全部，环境关系是审美对象。

自 2007 年开始组织全国性的设计教育论坛，专题讨论设计伦理的相关问题。2007 年 9 月在杭州，与浙江工商大学艺术设计学院合作举办了设计伦理论坛，并联合全国设计院校教师代表，共同签名发表了《杭州宣言——至于设计合理反思的倡议》。充分利用《装饰》这一学术平台，多次组织与伦理相关的专题讨论，如老年设计、设计关怀、服务设计、安全性、儿童设计、绿色之辨等。

作为首届北京国际设计三年展的中方策展人之一，多次参与策划大型展览活动。与中央电视台合作，策划完成了大型系列纪录片《为中国而设计——境外设计二十年》第十六集《为中国而设计世博建筑》等；2020 年受央视《百家讲坛》栏目邀请，讲述《消失的宫殿》第二部《万园之园》。

方晓风教授发表论著及论文极多，同时他主持制作了很多大型项目，不可胜数。

一、关于文化的若干细节

如今，人们用得比较多的两个词——"文化"和"创新"，它们几乎成了这个时代的关键词。那么，何为"创新"呢？或者说我们怎么去创新？对于这两个比较基本的词汇，人们普遍有比较多的误区，包括对"文化"本身的理解。现在我们有时候讲"文化自信"，使人感觉文化在各个领域中的地位都很高，做任何事情都要讲文化。但我们也不难从这种现象中发现不足，比如说人们对文化自身理解得不够全面。对"文化"本义的理解，我觉得要分几个层面。《说文解字》对"文化"这两个字分别有以下讲解，拆开来说，即"文"相当于"纹"，是图案的意思；"化"的意思是推而广之。所以"文化"这两个字合在一起，按照《说文解字》的讲法来辨析"文化"这两个字，即将打上"印记"的事物"推而广之"。所以"文化"从这个意义上讲，实际上是软性制度，也即它有制度性和规定性，进而可以理解为一件事情如果没有规定，就不能叫文化。举例，我们人类要吃东西，或者说只要是生物都要吃东西，动物要吃食物才能生存，"吃"本身不是文化。但是"用什么方式吃"食物是文化。中国人用筷子吃，而西方人用刀叉吃，有些地区的人甚至用手抓饭，都是文化。所以文化有分层，有成文制度性的文化，有经典著作流传于世，那些是文化。但也有比较多的文化样式是不成文的，它可以是某种行为习惯。

文化不一定着于文字，文字出现在不应该出现的地方，其结果是非但不会让人们感到敬畏，而且不会让人们从中受教，甚至还会使观者反感。

1. 文化的误解（符号化）

对文化，人们也充满了误解。将文化过于符号化较为典型，很多人认为用符号就是有文化的表现。这个是某单位在某年奥运会时中标的一个项目——火炬设计，粗看并没什么大毛病。大家有兴趣的话可以去关注一下奥运系列的设计，因为它每 4 年一届，不同的主办国对于奥运的系列设计都很重视。这个火炬的设计概念是某国的历史长卷，其样式是将纸卷起来，看起来像一个底细上粗的纸卷。初观感觉很棒，但让我们仔细想一下其中的道理，就感觉如果仅仅烧一卷纸，这个分量明显感觉不足，这是它的物理性质决定的。虽然事实上这个火炬的样式并不难看，但是我说它并不算特别好的设计。

更有意思的是下面这个案例，某电脑公司当时正式推出一款电脑，一种文化符号的电脑。它的宣传语构思得非常好，人们一听也感觉很不错，而且这款电脑在外观方面也给人很有档次的感觉。我相信这款电脑大家都见过吧，直到现在这款电脑还在不断地变化，在配置方面不断提高，但其外形没变。我们说为什么这款电脑的外观能够持续使用如此长的时间？在我们的印象中，很难有某种电子产品有如此长的生命，我个人觉得或许 20 年后这款电脑可能还在卖。这个案例说明其外形一旦经过了市场的考验，留下来了，就不会轻易有太大的变化。大部分笔记本电脑的造型是要更替的，甚至从营销角度来讲它要刻意制造变化，制造淘汰，市场营销学里面有个名词叫"有计划废止"，这是因为它就是要鼓励消费者进行新的消费，但是为什么我们看这款电脑，它的外形轻易不发生变化呢？答案是"向传统致敬"。

该产品设计师在设计这款电脑的时候，一个星期从美国往返两趟日本，单个来回 22 个小时。基本上整个星期都在路上。他说这个电脑灵感的来源，就是下面这张侧立面，是"日本刀"。所以，我们看这款电脑的截面其实就是日本刀的样子。日本刀也可以变成一种文化符号。首先，日本刀给人们的印象，是它本身的高品质，第二是它本身比较值得收藏。所以这个电脑公司的设计师做这款电脑的时候也紧密地围绕笔记本消费者的核心性需求。笔记本电脑追求两个指标："轻"和"薄"，因为这种产品人们需要随身携带。做到轻其实并不难，换塑料材质虽然轻，但为了让塑料壳也保持强度，就做不到薄。这个机器它没换材质，还是保持了金属机身。为了薄，它的设计师在同一块面板上，做出了不同的厚度。后面比较厚，而用户接触的面就比较薄，使得使用者有薄的感觉。当然它实际上并不会特别薄，因为毕竟还要有一定的强度和耐久度，所以它既不轻也不薄。但它的设计师牢牢地抓住了日本刀的品质感，使得这种品质感和电脑的性能之间产生了关联。我们说，制作精良的刀，用"锋利（sharp）"这个词形容它。同样地，电脑的速度也可以用这个词，形容此电脑处理数据速度快，所以这个设计比较成功地建立了这样一种情境式关联，并且这种联系是抽象而非具象的。

通过上述案例，大家可能就能够明白，文化是软性制度这一实质。但我们也说文化又是一个抽象概念，既然是抽象的，那么它又必须要以一个具体的、实质性的形象来显示，否则文化不但无处依存，而且也无法使人感知或认知。文化需要有个载体，这个也就导致人们在思考文化方面形成了思维方面的缺陷，其根结在于我们人类缺乏持续抽象思维的能力。或者说，那些缺少这种训练的人尤其如此。现在还有个说法是所谓的"元素论"，甚至很多老师在指导学生时，大多是先把元素整理或者收集，讲述元素在设计过程中的作用。这如同我们只要一讲到传统设计，就认为应该用传统元素进行设计，这种强行解构的办法我并不认同。事实上，我们首先应该理解的是目标项目的文化精神，虽然它具有抽象性，但这些精神需要转换为若干个价值观的指标。

2. 文化（culture）、文明（civilization）、文艺（art）

"文化""文明""文艺"，中国语言文字博大精深，中文中有很多看起来比较相近的词汇，以上三个词汇中都有"文"字。但是，它们对应的英文单词却有比较大的区别。文化（culture），实际上是和农业有关，可作为培育系统。所以文化更强调的是一种软性制度，它是培育的过程。"文明"（civilization），这个词对应的其实是城镇化的进程，它实际上是市民社会的表现，所以文明跟人工化有关。我们讲文明程度高，实际上是它的人工化程度高。严格地讲，文明有高低，但我们不好说文化有高低。因为一旦这样讲，就容易出现歧义。

"文艺"（art），实际上是跟前面两者完全不相关的词汇。比如说我们经常使用的筷子。简单的筷子在制作方面其实也是五花八门的。现代主义思潮主张"装饰就是罪恶"，要去除所有的装饰。我们说筷子的装饰是否可以去除，如图 1-63 所示，这双筷子看上去很简单，但其实它完全可以制作得更为简单。我将这张图片放大，现在大家会发现这筷子是一侧头方一侧头尖，而且尖头的部分很尖。我们知道这一类筷子的形制并非中国的传统，的确，这是日本的筷子。我们说，简单如筷子这种寻常之物，都是带有文化基因的。倘若从功能上讲，也就是仅从吃饭的角度说，这些不必要的装饰的确可以去掉。也就是说，没有这些装饰，即便是直接拿来的树枝筷子也能用。但从真正使用的角度讲，又不能去掉，因为它跟我们吃饭的场景有关。如果请客人用餐，使用有装饰的筷子就会让客人感觉隆重、得体和被尊重。如果吃日本料理，用日式筷子就很合适，感觉恰如其分。吃中国餐，我们就使用中式筷子，就感觉方便又便捷，这说明了装饰也是有必要的。

我们如果去商场购买筷子等其他货品，在琳琅满目的货架上选择我们自己喜欢的样式，这就表示"我"很喜欢"这种"类型。而这种喜欢的潜意识，是觉得这个筷子能够表达自己理解的生活，或者表达出"我"的一种形象倾向。从某种程度上讲，我们买筷子其实跟买衣服的道理相同。在已不缺乏物质的情况下，人们去购买衣服的主要原因并非它更保暖或更遮体，而是因为这件衣服得体及合适，这是我们内心追求美的一种表述。同理，设计有时候承担了一种很重要的职能，也即我们作为设计师的内心表达，是我们生存价值观的表达。也就是，从筷子这么小的一个载体的设计上，我们也可以发现设计本身是五花八门，丰富多彩的这个事实。

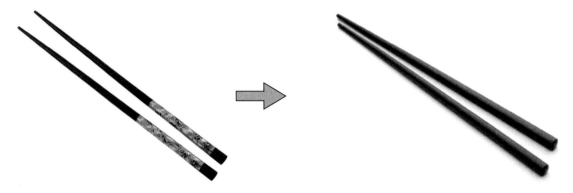

图 1-63　筷子可以更加简单

文化是一套柔性的制度体系，支撑这套系统的是价值观。这也是中西文化的差异。改革开放初期，中国厨师得到法国某机构的邀请，参加国际烹饪比赛，他印象最深的是西方厨师每个人都有专门的工具箱，里面有五花八门的各种工具。但同时西方厨师看中国厨师也很惊讶，因为中国厨师不管切什么，都用同一把菜刀。这个文化差异的要点在于，我们中国人更强调人使用工具的能力，所以我们不太注意改进工具。但西方人不一样，强调工具的功能和目的的适用性和配合性。不同的工具处理不同的情况，即便处理复杂的情况，也可以使用匹配的工具。我们说工具其实也是文化体现，文化背后实际上是有一套价值体系支撑的。

3. 漂亮和美

下面再讲一下这两个词的辨析，它们对做设计的人而言，也非常重要。我们要弄清楚"漂亮"和"美"这两个词是不是一回事。"漂亮"一般都是形式上的，"漂亮"是很直观和口语的一个词。我们常常讲"这个人长得漂亮"或者说"这件事干得漂亮"，前者基本上说明某人的确在外形方面是比较美丽的，后者是说这件事是做的比较顺利同时取得了比较理想的结果。但当我们讲一个人很美的时候，言下之意这个人未必在长相方面是漂亮的。这就是说"漂亮"是相对浅层的，而且更多的是形式层面上的。

而"美"更多的是价值层面上的，它是"生成"的。这个图片是我准备给大家介绍的一个日本的设计，这个设计被我称为"一个漂亮的设计"（图 1-64），也可以称之为"美"。前几年我在《世界建筑》上，曾给它写过一小段评论。我讲"这个设计很有意思"，它是建在一个小教堂边上专门用来举办婚礼的"婚礼塔"或"婚礼堂"，这是西方婚庆建筑特有的一类构筑物。它旁边有一条上山的小路，被做成了螺旋上升的坡道，到了上面之后其坡道旋而又螺旋而下，但这两个坡道既不重复也未交叉，它不像一般的道路，原路上去又原路下来，它是让人不走回头路。它比较巧妙地把结构设计含在这个路径设计中。我们看，它的这个路径之间是用细的钢柱做连接，没有任何其他的结构，也就是说这个设计做得极其干净。从底下往上看，也很有形式感。从设计的技巧上来讲，它近乎一个完美的设计。但也有缺憾，在于这个场合其本身是个精神性的空间，但其精神力量显得相对比较羸弱。但是它这里面也有一点文化含义，也即东方人的选址观，它选择在一个山水景观很好的处所，新人在此举办婚礼，携手这么走一圈，也就跟大自然的山水进行了一次对话，很有东方人的味道。但是，我们仍然认为其在总体上还是显得稍柔弱了一些。

图 1-64　日本广岛县丝带教堂，建筑师中村拓志（Hiroshi Nakamura）设计

　　我们来看另外一个设计，这个建筑的功能是某电子公司的巡回展厅，请了世界顶级的设计师做建筑设计（图 1-65）。其原型是拱门，这个建筑有意思的地方在于，它可以被放在任何一个欧洲的城市中。我们看，把它放在罗马城堡边，或者把它放在欧洲的任何一个教堂边都不违和。大家看，它之所以能够做到如此高的亲和是因为它提取了欧洲建筑最基本的原形——拱和四棱堡，它们组合在一起成为某种范一致性，它和周围的建筑能够较为容易地融合，这是比较高明的设计。而且这个构筑物可以随时拆卸，将它所有的构件拆卸下来，装运到别的地方，可以重新拼搭起来，非常便捷。这张图片是它的设计草图。再有是它的结构做得也非常好，全部采用单元式的设计，从平面看上去有点像毛毛虫。这个建筑落地支撑的部分主要由几个支点完成，所以该展厅撤走之后对原来的场地基本上是没有影响的，并且所有的设备都是藏在构件内，保证了建筑的地上部分结构比较干净。我觉得它最突出的一点，是这根作为空调送风口的圆管，设计师把制冷设备放在下面，需要一条通道送风。这个设计注意到了所有的细节和节点，做得非常完美，包括这张施工的场景图片。人和拱门的关系虽然抽象，但却很接近西方建筑的本质，有醇厚的文化关系底蕴在其中。这是其室内的情况，室内用的是木质装修，让人感觉很温暖。这个建筑在做形象宣传的时候，设计师强调的并不是它的技术和工艺，而展示的仍然是文化方面，强调文化和工业的契合。

　　现在，有很多为了销售手机而做的广告，让我们仔细剖析这些广告的内容。比如它们通常不厌其烦地讲述手机摄像头的像素，使用了何种镜头，述说用了这个手机后拍摄的效果是如何地好。这些广告通常由明星代言，言下之意是手机的使用者用这款手机之后就形似那些明星，或者是"用了这个手机就会像明星一样闪耀"。然而，让我们看某品牌的手机的广告，它不会出现上述的指标，它展示的都是拍摄照片的普通人、用手机做的事情和使用手机所在的处所。它要宣传的核心是假设用了这款品牌的手机，任何人都能拍出精彩的照片出来这个事实，所以该手机宣传的主角不是手机本身，而是它全世界的用户。大家体会一下这两种宣传方式背后的价值观。后者它在做这个产品宣传的时候，更强调的是其产品本身构成了一个平台，在这个平台上大家可以得到的生活的乐趣。当两个产品的广告放在一起对比时，不难发现前者宣讲的是一种"炫耀"，你说它是炫技或者炫物也是可以的，本质是用物烘托出人的不同。

图 1-65　某电子公司的可拆卸展厅在欧洲的巡展照片，设计者 RenzoPiano

所以，有时候我们作为设计师，看到这样的广告作品就会感觉我们的行业还大有市场，因为我们的企业想做形象的时候，实际上是不知道应该怎么做企业或产品形象的，感觉还是很粗糙的做法，也比较像社会仍然处于物质匮乏的阶段，比如依靠砸指标的这种做法。

当我们讲到"漂亮"和"美"这两个词，可以引用中学英语老师教过大家的几句话。"feel are pretty"其中一小部分是漂亮的。"pretty，very few are beautiful"我们就知道"beautiful"是一个大词，是很难得用的，我们很少说人"beautiful"，我们常常说的是"good"或"pretty"；但"beautiful"要给人们更多精神方面的想象空间。并非简单的容貌漂亮，而是综合气质的美丽。

我们再看，这是绘画史上有名的作品，作者是意大利艺术家封塔纳，他在画布上面划了几刀（图 1-66），很多人说"这我也会，划几刀谁不会。"可是我说"你是会，问题是你怎么没第一个去划呢？"这就和哥伦布让鸡蛋立起来的故事相似，哥伦布先生将鸡蛋磕破，就立起来了鸡蛋。人们就很不服气，说"我也行"，但哥伦布说"你行你怎么不第一个磕？"封塔纳这个画作更大的意义，不是在告诉大家"他会划画布"，而是"他第一个这么做"。并且，他划画布背后更重要的原因，是当这个画布被划开之后，突然之间原本二维度的画布发生了变化，三维空间就这么出现了，这个原本"平面的"问题发生了变化。

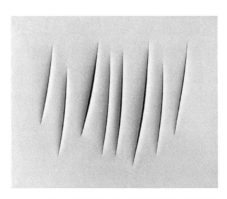

图 1-66　封塔纳用刀划破画布的画作

所以，有时候我们太喜欢过多地讲述技巧，抽象艺术包括这种当代艺术，之所以在中国得不到发展，很大原因就是我们比较喜欢拿技巧来进行价值判断，比较看重技艺，而不是思维。文化走到当代这一步，我们就更加看重思维的力量。

4. 伦理与审美

接下来讲伦理和审美。20世纪五六十年代，英国的大卫·霍克尼在美国摩玛向大众介绍毕加索的作品。大众在很长一段时间都不接受毕加索的作品，主要原因是美国人看不懂。霍克尼先生把这张画和老太太的照片同时展示出来（图1-67），给大众讲解。他说："你们看，其实毕加索的画比照片更真实，这里面有几个要点，一个是这老太太深度近视。但眼镜在拍照时被取下。毕加索对其深度近视的表达比较生动。老太太的嘴唇小且薄，毕加索对她的嘴进行了特征性勾画。包括她的鼻子的形状、轮廓、头发，画面上她的主要特征已经都表现出来了，只是组合方式不是我们常见的那样，他使用了多个视角，而非同一视角的组合方式，好像把一整套视角的图片组合在一起。"经过他的努力，当大众一旦接受了这个逻辑后，人们马上就觉得张画很像很传神。毕加索探索的艺术思路使现代主义转换为立体派，他强调"表达效率"的问题，也即如何更高效地将信息进行表达。大卫·霍克尼通过这个作品也明确地说明了一个问题，即现代艺术的逻辑完全是可以被大众接受的。

图 1-67　毕加索的画作和作品模特照片

绘画发展到今天，主题已经不是怎么画，而在于画什么，这成了中国的艺术家思考的问题。艺术的价值到底在哪里，时间走入当代之后，艺术越来越走向除了审美之外的另外的价值。艺术具备了文献的价值，艺术怎么样记录我们这个时代，艺术怎么样为这个时代去写照。

我觉得比封塔纳划开画布还要厉害的，是杜尚的《小便斗》。杜尚是比较有思想的人，他拿这个作品送展被拒绝，再自己拿回来，这整个事情的过程本身就已经植入到这个作品中了。这个《小便斗》就已经不再是一个普通的小便斗了。类似的，我们知道故宫三大殿的正中间都设有皇座，普通人当然是没有机会真的到那王座上去坐一下，但现在在浙江横店，很多人都要在模拟的王座上，穿着皇帝袍子坐上去拍照片。如果我们认可那个，那我们为什么就不能认可杜尚的这个《小便斗》呢，在逻辑上这两件事其实是一回事。

我们可以看到艺术走到当代，其越来越强调观念和思想性，而不单纯只是讲形式。包括我们看安迪·沃霍尔的波普艺术，他用丝网印来表现这些演艺明星、大众明星。他实际上是找到了一种大众文化的表达方式。但这种表达方式可能有一定的适用性，比如放在现在的乡村建设中可能就不够合适，如果他们都把所谓的艺术家引到乡村去，就以为解决了文化缺失的问题，这种行为本身可能就是不正确的。多数城市艺术家本来跟乡村并没有关系，如果硬性嫁接应该不会产生比较好的结果。其实乡村是民间文化的温床，而这种城市的文化跟民间文化有很多不同之处。我们说文化也是分层的，有阳春白雪，也有下里巴人。但是我们的意思不是说乡村的民间文化是低俗的或者是高档的，我是说城市艺术家们秉持的文化见解可能不适合乡村文化的保护和保持，我们对此要有一个比较清醒的认识。

图 1-68　美国新奥尔良市的意大利小广场

建筑史上比较有名的案例，是美国建筑师麦克·乔尔斯·摩尔做的意大利广场（图 1-68），它位于美国新奥尔良市，面积仅有四五百平方米，是个典型的小型广场。这里同时也是意大利后裔聚居的城市片区，我们要知道意大利裔在美国的社会地位并不是很高。当此广场建成之后，周边的意大利裔美籍居民均比较喜欢这个作品，于是这引发了作者的反思。要知道他在设计之初，其构想并非特意为意大利裔人而为之，这个广场在总体上其实是一个现代主义的作品。换言之，我们从一个侧面感知到现代主义建筑其实是强调国际主义的，它们其实是比较普世的东西。其形式相对干净质朴，但缺乏某种具体的文化表达，所以当这个建筑师在做此项目时，不经意将一些意大利的元素符号使用在其中，这些信息就被意大利裔居民准确地感知了，他们也就自此获得了一处心灵寄托之地。其整个设计很像舞台，但是它比较不一样的地方，是对历史的简单复制，这张图片显示了其檐口的做法，它其实是简化，类似搭积木的做法。另外，是它把材料进行了置换，比如它使用了大量的不锈钢材料，由此带来了整个场景的戏谑效果，进而也就不那么刻板而比较平民化。这张图片是其水池中间岛屿的形象，而这个岛的外观正好是意大利地图的形状。另外还有一个比较容易忽视且有意思的点，我们看这地方有两个吐水的人，据说这张脸是按建筑师的真实面容所做，他将自己放进去。后现代比较有意思的一点就在于它很轻松，不刻板，能够用类似开玩笑的方式来做这些亲民的公共场所，但是这种不刻板又显得和适用于这一类市民广场，它没有必要追求宏大叙事，也不必有那种严肃的说教，它是把这种娱乐性通过直观的手段呈现在场地中。所以受到了当地人的欢迎与赞扬，但是总体上大家还是觉得它很有意思。前面讲述的这些内容，我想实际上是对后面我将要阐述的乡建做一些必要性的铺垫。

5. 乡建的伦理反思

2017 年在川媒，专家们研讨的主要内容围绕着乡建开展。我们现在比较大的问题是城乡二元体制，为了纠正这个问题，现在的政策正在逐步地放宽，逐渐在推行城乡平等，当然在浙江某些地方现在倒过来了，农村户口比城市户口的经济价值更高。但这并不是说浙江农村的问题就解决了。所以我们在讲述乡建的时候，这个背景也请大家明确。有时候不是简单地在农村做点好看的建筑或景观，乡建就解决了。

设计师不能怀有对农村深深的歧视和恶意，不能打发农村就跟打发叫花子一样。所以，伦理问题并不复杂，就是考察设计师是什么态度，再有是通过设计师的行为构建了何种关系，这就是伦理问题的核心。不能把人们不要的东西，或者在城市中等或次品的东西，将农村作为残次品消费的地区。禁止一些设计师将农村看作廉价的并可实验自己作品的场所，甚至很多施工单位也在施工过程中下意识地使用比较廉价的材料。这个问题，是我们今天讲乡建的最核心内容，尤其是我们这个学习班的主题。

历史文化村落保护利用，保护放在前面，保护的前提是要尊重，撇开尊重谈保护就是虚妄，同时也是空中楼阁。严格地讲，即是我们对中国文化的根脉根系的尊重。

乡村不是都市的剩余空间，经济上的困难其实也不代表文化的匮乏，乡村也不应该是廉价物或者光怪陆离物的秀场。

案例：福建龙岩连城，当地有很多廊桥。顺便说一句，后来我去浙江松阳，发现松阳也有很多廊桥，而且与福建的廊桥在做法上也很接近。比如大家看这座廊桥（图1-69），做得非常棒。其本身的体量就比较大，并且这几段很漂亮，选址也非常棒，其跨河两岸大部分是平地，就这个地方有一座小山。之所以说它选址很好，是因为不但在功能上，而且它选在这座小山的对景方面，对着小山建桥，两者的画面感十足，显得非常秀美。

图 1-69　浙江松阳的靠山廊桥

以前乡村里的农民，实际上环境审美的意识是比较强的。再看这里面的屋架也很宽敞。这个地方有一个小的橡，他们以前在这里搁有木板，在夏天的时候可以供人在此午间暂歇，这个做法非常人性化。但这些作品都是无名的人做的，只是模糊地知道他是清末的人。我们现在总是号称设计要"以人为本"，但能够做得到的设计师并不多吧。但我们清晰地知道当时的人对美是有很深刻的认识的，我们看这个桥对着的这块石壁，石壁成为桥体漂亮的背景，这个制作桥的人对传统文化有好得不得了的修养。更厉害的是大家看桥走到尽头，感觉没路了，只有绝壁了，但这个地方有个"一线天"，人们可以从这块体量并不特别大的石壁穿过去，在其中大概走十几米，一转弯豁然开朗，出来就是一片稻田。人们整个走桥的过程，就像是一首诗。这是一个完整的空间叙事，是非常漂亮的且完整的时间流程，浑然天成。我们讲古人做设计的时候，是非常有技巧的，这不光是审美能力的问题，遇到具体的地形情况得非常有技巧才可以，而且这个美还不是单纯的视觉方面的美，而是整个空间时间的动态的流程美。这么好的东西就在我们的乡村里面，不夸张地讲，这个桥甚至可以是世界级的桥，把它放到国际上，放到任何一个国家的古迹里面，都是不逊色的。我们现在很害怕那些只知道挣钱而毫无底线的设计师去乱动这些精彩的作品，而且我们要知道祖国的乡村中原来埋藏着数不尽的宝藏，有很多东西是世界级水平的。包括很多小村子，里面有很多小空间其实都做得非常好。

我今年上半年在嵩阳老城做项目，这个古镇里面留下了一批古庙，关公庙、城隍庙和文庙，都被很好地留下来了，其文庙和城隍庙保留下来比较完整的区域。但当他们宣传部长给我看了这个区域的保护利用规划方案时，我看了之后就很心急了，他们非要在文庙里面做个星巴克业态，即便这个新的业态并不是用老建筑直接改，但这个现代的 LOGO 一旦出现在这个区域中，就会非常不和谐，我就觉得这些领导干部在文化上一点判断力没有。我毫不客气地说，这个老建筑如果现在暂时想不出怎么利用它，哪怕让它空着都没事，不要急功近利为了获得一点儿租金。建筑本身就是一种文化元素，不要去引入个星巴克、麦当劳或肯德基，最后年轻人对地区的印象变成了文庙和星巴克划上等号。我们现在不能只是想着挣点钱，有些钱是不能去碰的。

所以，这样一讲，其实反过来说设计师普遍缺乏的，是对传统文化的敬畏之心。我们看这座桥被保护得还真是不错，但究其原因是这座桥的存在没有对其他任何利益构成冲突，如果哪天某人大笔一挥，说这个片区要开发了，把它变成楼盘，我估计这座桥也不见得能保得住。但是如果人们真正心怀对于文化的敬畏之心，我想这个桥是谁也动不了的。并且咱们看像这种桥本身，它的处境其实是非常危险的，并不乐观。因为对于某些利益方来讲，这几座桥的资源甚至不能算得上构成了旅游资源，而且对于桥感兴趣的人不算多，受众面比较少的结果，是该村落很难仅凭几座桥去开展旅游，所以依靠它去挣游客的钱，实际上可能是挣不到的。无法生发利益是我本人感觉其未来比较危险的根源，而且只要有比它们更快创造利润的事情，它就有可能被替换，被毁掉。但大家想想看，这样的一座桥如果被毁掉的话，那该有多可惜，多痛心啊。况且这桥实际上从保护级别上来讲，还没有被列到国保单位的级别。包括我们到农村去，大量的乡村建筑的保护级别其实并不高，所以这可能是我们国家目前乡村建筑保护方面比较困难的地方，甚至有些地方可以不违法地对其进行破坏，这是我们现在真正要担心的问题。

6. 文化的时间性和地域性

中国的乡村有着不同的际遇，由于我们的历史和西方的不同，面对的问题也和其他国家不同。美国的乡村可以说没有多少历史，自然积淀的文化也不够浑厚，几乎可以说它们没有文化问题，大致只有经济问题。这张图让我们观察一下（图1-70），这是一条类似于分界线的道路，它告诉我们在欧盟成立之后欧洲乡村土地结构的变化，相对照的是这张图，此为欧盟之前的状态，当欧盟成立之后，农业实际上从小农经济变化为大资本或国际化农业资本，也就是之前的那种农村的肌理发生了变化。也就是空间对于文化、制度和经济形态的影响是有直观的呈现的。

图 1-70　由公路恍如分割出两种历史时代

　　再给大家看一个比较有趣的对比，这是俄罗斯航空的航线图（图 1-71），是 1987 年苏联时期的航空路线图。那个时期，机场（空港）超过 3600 个，航路密密麻麻的，2017 年，也就是 30 年以后，只有 300 个机场（空港）被保留下来。原因是市场经济打破了原来的计划经济，有的航线因为客流少，入不敷出于是就被淘汰掉了，大致只保留了那些较为枢纽性的机场，这个对比反过来也昭示出资本力量的特征。

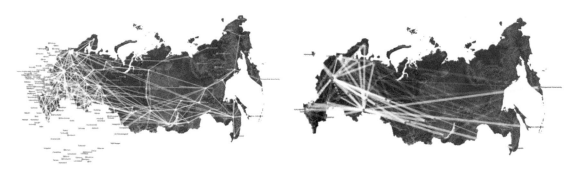

图 1-71　俄罗斯航空的航线图年代对比图

　　贵州特色的村落屯普。其始于明代，是边防军驻扎在那个地方，它由屯田自耕逐渐演化为杂姓村落。也就是需要军农两用，平时如果没有战争时其村民就从事农业生产劳动，需要战斗时他们就转化为士兵。所以其整个村落形态被做成类似于军事要塞的外貌，其实在贵州当地留下了很多类似屯普的村落，成了贵州的很有特色的一种村落类型。我和他们负责旅游的干部座谈，他们希望把很多已经现代化的后建民居，在其表面贴上木皮，在风貌上做成老旧的外观。问我可不可以这样做，我不认同这种做法，因为这种做法不但比较不真实，而且也并不精彩。另外旅游局的相关工作人员说，他们即将在此引进类似于万达那种大型商业综合体模式。大家知道万达模式的核心是万达集团在不同的城市做成万达商城、万达 mall，然后万达集团给它们搭配相对固定的商团，几乎不会变化。因为只有这样做，相对于万达集团而言其管理效率才可以得到最高。也就是说在这个城市中的万达 mall 是这样，在另外的城市万达 mall 只要照着拷贝就好，商业上这是可行的，相对于高效率的城市也没有问题。但对于乡村和乡村旅游，这么会带来什么样的结果呢，很有可能就是失败。后来我到贵州的千户苗寨，千户苗有很壮观漂亮的一个苗寨，但是千户苗寨旅游开发之后，苗寨门口先建了一个大牌坊，从大牌坊进去又建了一条商业街，这商业街上的业态就是那种在全国各地千篇一律的，如敲手鼓、卖麦芽糖、打银器、剥蚌壳珍珠、孔明锁等，这些实际上跟苗寨没有任何关系，并且也无疑是对苗寨自身文化的歪曲。但是这仍旧不算问题，我看到很多年轻人拎着行李箱进去，他们在这个苗寨的民宿过一夜，一到这个商业街之后兴奋得不得了，他们觉得美，也很激动，拿手机出来一刻不停地自拍。年轻人没有了分辨能力，假作真时真亦假。所以，这也就是我国的旅游越搞越肤浅，越来越浅薄的原因所在。

网络上早就有一个问题，"为什么中国的旅游小商品市场已经被义乌占领了？"这个问题其实很值得探讨，你在全国的旅游点买的其实都是那些千篇一律的东西。但旅游本来就是要购物啊！购物本来是人的本性。带一点异地的不一样的物品回去至少能够代表着游子心里装着家人。于是，人们的购买欲望实际上是被损害了，而且这种损害是非常严重的。

我比较早去西班牙旅游的时候，第一站是巴塞罗那。在那里只逛不买，我怕我买的东西多，一路上拎着很重而且麻烦，我心想当快要回国的时候再买也不迟。但是当我们离开巴塞罗那之后，巴塞罗那的那些已经将我打动的纪念品再也买不到了，那些纪念品就巴塞罗那那里有。后来看到我实在是馋啊，同行的老师让了几个给我。然后我到日本，有一次我们坐车在高速公路上到某个景点去，每一个高速公路休息站里卖的东西都不一样，比如那些钥匙链这一类小纪念品，但是如果不果断下手，那么当人们走到下一个休息站，上一个休息站没有购买的东西就不会再有了。正因为这种策略，保证了他们每一个休息点自身的文化形象是比较清晰而明确的。

所以，我国的很多旅游点其实并没有文化。这也是在经营旅游之后，他们大多采用某一种固定模式的原因。比如我们讲的丽江模式，甚至可以说所谓的丽江模式其实跟丽江这个地方都没有关系了，几乎所有的民宿都做一些小资情调，这种千篇一律的东西，游客看了一个是新鲜的，感受好极了。但如果去到下一个点，也是这样，就没有了那种新鲜感了。再到下一个，还是这样，就开始厌恶了。这种做法可能是死路一条，别看他在前几年可能挣到一些钱，但时间长了，无疑是投资灾难，进而造成文化灾难，这个破坏力是非常大的。

中国的乡村建设，既是经济问题，也是文化问题，乡村是中国文化存续的基础。例如，电视台拍摄了很多套广受欢迎的关于饮食的纪录片，考察它们的取景地，多是在乡村或小镇，但是我们必须坦率地讲，饮食文化最发达的地方一定不是在乡村，因为任何事情都不能违反一般经济规律，饮食文化最发达的地方肯定在城市。纪录片之所以不在城市拍，是因为如果那样做就没有了景观异质性，换言之就没人感兴趣了。

社会一般性销售品，比如刚才讲述的那款饮料，其广告中展示的镜头，是流浪汉和总统喝的是一样的，喝完了都哈哈大笑，他们获得了相同的愉悦感，这就形成了一种极强的品牌认同感，同时这款饮料的利润在全世界首屈一指。所以，商业广告的核心是文化。

7. 既往乡村建设的误区：简单化的工业化和城镇化

乡村的理想愿景是基于乡土文化的现代化。我们看既往乡村建设的误区，就是简单化的工业化和城镇化。这是因为我们现在都仍然未能将乡村作为我们的家园来看待。我们总是不自觉地持有简单进化论的思想，将它们作为"落后""穷困""不发达"来看待，认为乡村是必将被淘汰的历史阶段。所以，你看20年以前的我们国家的文件政策，谈的比较多的是城市化指标，这40年事实上是把乡村的人口抽掉了。所以，从某种意义上讲，现在的乡村建设，实际上是城市反哺乡村。但现在最大的问题，是年轻人都不愿意再回到乡村了。

所以如果简单粗暴地进行乡村建设，实际上又是进一步地对乡村价值的否定。在这之前设计师总是以看待落后事物的眼光，以一种待改造待开发的眼光来看待乡村，这是比较大的误区。这好比对待那些待改造的对象，对待它们的态度就像对待班上的学习落后的学生一样，如果老师总是强调要帮扶他，总是在人家心里暗示他"你就是差嘛"。换位思考一下，他就是不能够上进。

严格地讲，从文化的角度讲，我们现在更应该做的是在某种程度上以乡村为师，我们应该先学一学乡村里面所蕴含的建造智慧，尤其是从空间设计领域，乡村里面那些蕴含的设计智慧，这个反而是现在应该要做的事情。所以，乡村的理想愿景绝不是简单的工业化和城镇化。我们讲乡村真正理想的愿景，应该是基于乡土文化的现代化。这个现代化指代的并不是物理条件方面的，仅仅是水电什么基础设施的现代化，而比较重要的应该是一套制度的现代化。如果我们回避这个问题，其后面很多东西也无法深入，包括利益分配机制。这就是说，扶贫的终极目的，乡村建设的核心问题是在变化的时代大潮中，保持、激发乡村文化的生命力，从而促进中国的文化生态可持续发展。

现在丽江的游客量变少了。其中一个原因是丽江的核心景区中真正的丽江人已经很少了，那些原住民的风味荡然无存了。大量外来商户的营商智慧大概比丽江原住民更厉害，所以丽江景区的商户几乎成了外来商户的天下。没有了原住民的旅游地，就没有了那些风味。旅游经济的核心是本土文化，于是因为文化的变化，最终反映到游客的数量方面。也就是，如果换一个角度说，文化又有极其脆弱的一面。所以，对文化的保护有时候是非常难的。也就是设计师的使命和目标应该是保持激发乡村文化的生命力，这是个很值得探讨且复杂的大话题。

我 2017 年 11 月的时候去尼日利亚参加 IFI 的大会，尼日利亚在非洲是个大国。当时正好赶上它的城市举办非洲文化艺术节，于是我们也顺道去参观了这个文化艺术节的内容展。我们看这个就是他们的一些展品，这些染织、壁毯、地毯一类的作品，其设计还是相当不错的。具备比较浓郁的非洲气息，有一些也很现代（图 1-72）。第二个展区是环保展，主题是循环，展品都由廉价的材料制作，布置得也很不错。我们看这个当代非洲的设计，当时我看完之后也有一点儿激动。之前我们总觉得非洲好像很落后，其政治经济比较乱的地方的确相当乱，有些参观点我们这一路上都是提心吊胆的，到处都是军警。酒店像个军事堡垒，酒店门口都是路障，戒备森严很吓人。但是我们看他们的展览，觉得其实他们在很多领域做是真的相当不错。比如这个椅子上的人物，是当地的著名设计师制作的，他已经 90 岁了还在做设计，并没有退休，所以他 IFI 大会最后还给他特别颁发了类似于终身成就奖。所以，我从总体上感觉非洲的艺术和设计做的还是相当不错的，并不是我们以前一贯认为的落后、原始。

图 1-72　尼日利亚 IFI 大会参展的展品照片

后来我们也了解到，这些艺术家、设计师其实都受过很好的教育。他们大多数在欧、美留过学，在海外接受了高等教育之后，回到家乡开展艺术创作。这个就是我要讲述的文化生态的重要内容。也就是说，他这个地方文化的发扬光大，说到底还是要靠他们自己人，这是核心问题。很多事是不可能靠外来的人做得好的，因为外来的人对其客土文化的理解、感情和历史等各方面都达不到应该有的那种深度。所以同样的道理，我国乡村的振兴和发展，其实也离不开本乡本土的人，尤其是青年。靠外力输血式的那种发展，是不可能持续的。因为"可持续"里面很重要的部分，是本土自我更新的能力，这个是重中之重。

现在城乡失衡现象已经成了比较严峻的社会问题。这也是我们这些做乡村建设的劳动者需要看到的关键所在，这是一个很重要的背景。这好比我当时在川美讲罗中立先生的一张作品《父亲》，这张作品在美术界也曾引起很大的反响。其原因不但是这张画的确画的不错，更重要的是这张作品表达的态度。其名就将整个作品的感情基调确定了，我们讲如果这幅作品的名字就叫农民，那它的力量就大大地被削弱了。所以尽管我没有和罗中立先生沟通过这个问题，但明显他的艺术文化意识还是很强的。《父亲》这个名字起得相当好，也相当准确。农村、乡村的文化是我们这个文化的根脉，他把意思其实非常清晰地表达了出来。

严格地讲，我们所有的中国人，都是农民的后代，但是"农民"这个名词的概念在现代化进程中被不断地贬低了，甚至贬低到被歧视的状态，这是个很糟糕的问题。所以我们在这讲座开始的时候就已经反复强调，讲对农村的建设，我们设计师首先一定要心怀尊重，审慎设计，精准投入，不辜负祖国河山。

我们看传统村落，不说别的，那种画面就非常美丽。这种美丽不在外部设计介入的情况下就自然地呈现了。实际上我们并不是说农民就没有审美能力，这个显然是错误的。所以，如果将美作为一种等级化的事物，是比较危险的想法。

二、创新超越表面的形式

下面我想再谈一个话题，也即今天的第二个比较大的话题，前面我们谈了文化，接下来我们谈谈创新。

1. 创新的误区

人们对于创新有很多误区，当前我们国家也提倡人们创新。创新的定义，有的人说"和之前做的不一样"就是创新。但只是不一样，还不能构成创新。创新实际上包含价值判断，也就是说这样新的做法之后，还要有这样做所带来的直接的好处，或者是更优越，更有效率，那才叫创新。

我想强调比较重要的一点，是我们需要透过事物的表面来理解创新，不要单纯地将创新只是理解成一个形式上的不同。我们现在有时候谈创新很容易，但到了具体落实，尤其是在美术、设计等事务就固化成了形式上的翻新这种浅层次的表现。当然，因为我们主要的工作对象就是形式问题，所以往往把创新也就理解为形式问题，或者转化为一个形式问题，这样就很偏颇了。

举几个例子，某国家级大剧院，这个建筑的外观确实是创新了，材料创新，其面板用的是钛金属面板，其大跨度结构、大玻璃幕墙，边上还做了很大的水池，其地下通道的顶棚是这个水池，在技术上确实是很有突破的。但也有评论家说，它其实仍是一座古典建筑，之所以这么说，是因为如果将它的巨大蛋壳形罩子拿掉，里面其实就是三个一条线排过来的联排剧场，中间大两边小呈现"山"字形排列（图1-73）。再有它的轴线，整个意向跟紫禁城的意向符合，其四周一圈水就像护城河，四平八稳。所以从平面的空间结构上来讲，其建筑其实并无创新之处。甚至不客气地说，这个建筑其实很浪费，若将其壳去除，它的三个剧场仍旧成立，壳即成了一种附加物，没有也并无问题。而且从它的剖面来看，由于加了壳，我们来分析一下壳带来了一些什么问题。根据中国传统建筑的政治伦理，它的最高点不能超过人民大会堂。所以其建筑方案是从最高点倒推的。先确定最高点，倒推的结果是最低点的标高为 –30 米，相当于地下十层楼。–30 米仍旧并非关键，因为最低点埋得比较深在工程技术方面问题也不大。最重要的是这条正负 0 线，也就是首层平面是人们日常活动最频繁、最密集、最关键的区域，所以在建筑项目里面，大家看正负 0 线的实际位置在真实地平线的位置是 –5 米到 –6 米的位置上，这就给工程带来了很多困难。所以我们反过来说，它这条通道，做水的原因实际上是由这个条件限制所造成的，它只有两种选择，一种选择先进壳，再往下走 6 米，这种做法使得观众感觉很不好。那么就采用先让人们不知不觉地下去，但在地下通道走这么长的一段，感觉上也不好，于是就设计了这个水池，给这条通道采光，人们经过这条通道里的时候就没有了在地下钻洞的感觉。但是，北京地区在室外做这么大的水池，冬天要结冰啊，水结冰后体积会增大，很有可能会将玻璃涨破，为了避免这个问题，需要在其下面做供热系统，为了节省电能就采用了地源热泵，简单地说是从地下抽取地热。但这里也有微妙的技术问题，一方面为了保证水不能结冰，另一方面又要使得其温度不能太高，因为温度高了水会变为蒸汽，蒸汽升起来很像冒烟，那就更像"水煮蛋"了。但是我们说，设计这种行为用一句我们常讲的俗话说，是："没有困难，我们创造困难也要上。"我们回过头来再看这个剖面，如果不做这个壳的话，大家看标高是不是就可以抬到地面上了？所有的那些问题不就迎面而解了？而且其外立面也可以很容易和周围的建筑保持一致性了。但是有了这个大壳之后，大家看还因此形成了巨大的室内空间，这个空间需要在冬天供暖，在夏天供冷，实际上这也造成了很大的能源消耗。

图 1-73　大剧院的剖面图

如果大家去过这个剧场观看节目，就会有感受，也就是其前后排的高度差是充裕的，但座位的前后排距却很小。人们一坐下，膝盖就牢牢地顶住前面一排的椅背，长时间采用这种坐姿观赏节目，就显得很不舒适。而且如果中间座位的人起身上厕所，经过其他座位的观众，相互错身的间距太小。这些不便对于这个等级的剧场而言，其实都是比较不能容忍的问题。关键还有一点，我们这些设计师还不得不关心造价的问题，这个我就不再展开细说了。

这个建筑实际上严格并客观地讲，并非优秀的设计。但是现在人们到北京去，尤其是在旭日或夕阳的时候，在它边上拍一张照，照片仍然还是很好看的。但我认为这是另外的问题，所以我说我们判断设计的好坏，有时候不是简单地看它的照片效果。我们再看，这是大剧院的前厅，这个是同一个建筑师做的戴高乐机场候机厅的前厅。我们看，这两个建筑用的是同一种形式的语言，这种空间如果用作候机厅是合适的，但用作剧院的前厅其实是不合适的。中国从总体上来说，我们缺乏剧院的传统，大多数人其实几乎没有到剧院看戏的习惯。所以很多人不太明白剧院的前厅比较重要的功能是什么。欧洲众多剧院的前厅是比较重要的社交空间，演职员与观众在此进行交流，是重要的交往空间。但是我们看这个巨大尺度的空间，平时看不到人，因为这个尺度太大了，没有人愿意站在这个尺度下与别人交流。人天然地惧怕超级尺度，因为这种空间强烈地给人压迫感，使之清晰地感知自己的渺小，这个空间让人们无法停留。

我们再来看一个设计，这是一个和上面案例比较相似的项目，这个是某地方的演艺中心，和上面的项目很像，也是包含了三个剧场的剧院。但我们看这个项目的设计思路和前面那个完全不一样。我们能够感受到建筑师的设计思考，他思考如何提升场地的利用率，这个建筑是尽可能地把用地进行收缩，在其地面上设计师还留了很多构筑物。这个场地原来的用地情况是当地比较有名的夜市场。所以建筑师拿到这个任务之后，他的想法是该剧院建完了之后，最好这些小吃摊仍旧存在，也就是他要让场地文脉进行有机的延续。我们看，从设计观点和出发点上来讲，这个设计就显得和前面那个不一样了。

再有，这也涉及创新。我们今天做一个剧场跟古代建一个剧场的区别，是今天的剧场如何超越古代的剧场。所以其设计师也对古代的剧场的特点进行了分析，他认为古代的剧场的特点是黑盒子（black box）。黑盒子的意思是指剧场空间跟城市之间其实不交流，剧场里发生的事，城市不知道，城市也不关心剧场里发生的事。而传统的剧场的缺陷是效率很低，对土地资源呈现比较浪费的状态。之所以这样说，是因为剧场往往占据城市比较好的地块，但是它总是只能够服务于一小部分的人。所以我们看这个案例的设计师下面做了些什么（图 1-74）。红色的这个部分，是他在剧场内部设计了一条公共的流线。是一种不需要买票就能够看演出的通道，也可以在剧场里走一圈。这条通道实际上是条参观流线，但是它又不像一般的参观流线，走一圈就结束了。这条流线非常有趣，它穿过办公区、后台、剧场、观众厅，穿过剧场的所有类型的功能空间，所以人们在这个流线上走一圈，对剧场里发生的各类事情基本上都能够有比较深入的了解。建筑师通过这个方式，极强地增加了剧场和城市之间的互动。

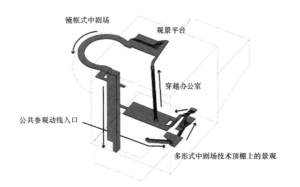

图 1-74　剧场的步行系统和剧场模型

再有，整体剧场分为三个演厅，那么让我们考察一下这三个剧场是如何做到更有效率的。这个建筑将所有的演出后台都集中于一处，我们看大方块处，随后三个观众厅，在大方块的三个面插进去，正对的两个面插入两个剧场，侧面再插入一个观众厅，插进去来组织空间。我们看，这种穿插导致它的结构发生了变化了。其空间结构就跟我们传统的剧场，拉开了差距，有了很大的不同。在剧场的屋顶上，设计师还做了一个观景平台，这个就跟前面我们讲述的那条公共流线融合在一起了，人们可以在这里观看这个城市的夜景。也就是那些没有买票看戏的市民也和这个建筑发生了深刻的关系。这个是他施工图细化之后的观光平台的情况，这是机械部分，这是一个后台。这两个后台之间是有隔断的，但是隔断也可以打开。只要打开就可以形成"supersit"，也就是两个观众厅共同看一场比较大的演出。大家再注意一下这个设计，这个就是公共流线和地面上公共交通的接驳，同时衔接还包括地下停车场，这个就是面对面两个剧场，同时看一场大演出 supersit 的形态。

我们比较一下前面讲述的两个剧院的设计，大家就能够判断出哪个更创新了。那么，我们再回到之前的问题，何谓创新。所以说，创新绝不是形式上玩一点不一样，它实际上是要对创新生成的结构和关系意识的肯定和再确认，并且实际上更重要的是最核心问题的突破，创新是对项目最核心的议题做出回应。

　　然后，大家看这个是这两个项目画的表现图，我们看设计师希望反映的场所精神气质（图1-75）。后面这个设计师想反映的并不是"我是演艺中心，是剧场，是高雅的艺术场所，来这里的人牛得不得了"；相反，后一个项目的设计师希望反映出一些市井的烟火气，从效果图我们可以看出来，建筑师希望建完了这个建筑之后，跟周边的商业空间是融合在一起的。所以，这也反映了设计师的价值观。设计其实就是要解决现实的问题的，如何定位这个空间，反映到设计师秉持的价值观。

图 1-75　两个剧场的表现图对比

　　然后，我们再来看一个方案吧，这是个该地区本土设计师的方案，这个是比较不理想的那种。有时候我会说，设计师行业不能骗人。因为设计师内心的想法全都能够表现在他的设计方案中，甚至也包括了他的价值观和他对社会问题的看法，其实都能够比较直白地显现在他的方案中。任何一个设计师在能够解读设计的人面前，他几乎是透明的，一点点小心思都藏不住。

　　我们讲，建筑师的小心思，一方面是从造型上来看，另一方面是从他对空间、对场所的定位来洞悉。这个方案的荒谬之处，好比说我们看前面两个方案，知道前面两个方案都讨论了如何跟城市衔接和融合，我们再看这个方案的设计师在讨论什么呢？他讨论的问题是如何将剧院从城市中隔离出去。他把剧院完全处理成一个孤岛，这个是典型的孤芳自赏（图1-76）。所以，他把所有的力气都花在做造型上，做的好像是一个未来实验室。我们看这个建筑，它的形式其实跟剧院的功能没有关系，只是纯粹的形式，是为了形式而硬去形式，这就是形式主义。然后，更恶劣的请大家看，剧院外面设计师还要做草坪，草坪的实质实际就是对人进行驱逐，因为这种空间本来不欢迎人们进入。他的这个目的就是要把建筑的形象做得更干净一点。所以，我们看这种设计就不能叫作创新。即便有些人认为其外形方面有新的地方，有时候，我们姑且认为"怪"就是新，但这种所谓的新实际上毫无价值或并无意义，因为它不解决任何问题，甚至还增加了问题。

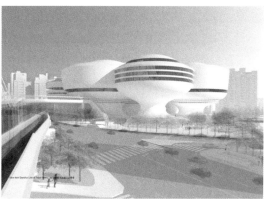

图 1-76　这个剧场的比较不理想的竞标方案表现图

当然我们相信，即便是这样的比较差的设计，设计师实际上也花了很大的力气，但设计师的出发点就很糟糕，这就是再怎么努力也是错的，而且越是努力还错得越厉害。

通过上述的几个例子，也提醒了我们对创新要进行判断的这个事实。进而，我们需要知道，创新的实质实际上是和价值判断联系在一起的。进而，我们说价值判断本身也就是一个评估体系。我们既要考察其功能方面实现的程度，也要考察其公共性实现的程度，也就是对于公共性建设项目，它到底能否对得起其公共性属性。在上述的案例中，也就是它能否跟城市衔接，而且这种衔接的程度如何。事实证明，就是能够出现这样出色的设计嘛，那个方案让任何一个评委都眼前一亮，它不仅是在形式上进行了衔接，而且呈现出较为完整的系统方面的衔接。

我再讲一个跟工艺美术有关系的案例。前面我们也讲过，在乡村建设中，公益的介入是很重要的手段，尤其我们说中国农村这种中国式小农经济的特点，使得公益介入这种半工半耕成为可能，同时也有其必要性。但是我们目前的工艺美术产业，在我们国家的发展也有一些误区，值得大家关注。工艺美术早先的概念相当于今天讲的设计，也即工艺美术是实用美术，它原本遍布于我们生活的各个层面和各个角落。但曾经的一段时间，其概念被无意间狭窄化了，这个过程是因为中华人民共和国成立初期国民经济主要依赖工艺美术制品出口换汇，所以大致只有那些能够换汇的几样东西成了工艺美术品，而其他的品种被人为地排除掉了。原本的那些如同万花筒一样丰富的工艺美术品就逐渐地脱离了大众的视野，以至于我们现在很多城市的工艺美术商店，几乎全是那几种产品。比如说青瓷，那是非常古雅的单色瓷。前几年我到龙泉调研，这是个在浙江丽水市下面的县级市，看他们的青瓷，薄胎厚釉，像玉石一样，美得让人想掉眼泪的感觉。我自己感觉到，现在这个历史时期，可以说是龙泉青瓷历史上最好的时期，一点都不需要谦虚。现在很多器皿做得是很好的，是不输给古人的。青瓷的本质是抽象，是以色托形，是如玉的纯洁。脱离了本质，就是画蛇添足。古人当然早就发现可以那么做，古人也不是那么笨。古人之所以没这么做，是因为他们早就洞穿了青瓷艺术的本质，画蛇添足不是创新。创新首先是路子对不对，我们看青瓷雕刻的这个路子就是对的（图1-77），这个气场完全和前面的作品不一样。在做雅的层面上，在材料机理的变化方面钻研，这里面的学问是很广阔的。所以，大家看还是回到了我们之前的那个主题，首先还是要有文化底蕴，创新不是乱来。

图1-77　关于青瓷的创造思路正确与否的对比（左）在青瓷上作画（右）在青瓷上雕刻

所以，通过上面的图片的对比，我们就知道两个创新的高下。而且我们的工艺美术还有一个特别不好的倾向——表现题材僵化，这好像工艺只能表现这一类题材，传统题材永远这么持续下去。

2.今天所处的时代

每个时代要做每个时代自己的事情。今天的时代是信息化的时代。我们看这些已经是前两年的作品，这是某歌的无人驾驶的汽车、无人驾驶系统。据说初级的无人驾驶系统已经被装在实车中，在美国有些州无人驾驶的车已经可以上牌。当这个技术真正普及时，大家想一想，还需要方向盘这些东西吗？司机都不再需要了，甚至出租车司机这个行业都没了，变局是我们不可阻挡的。乔布斯先生生前最大的愿望是要做 ITV，ITV 不是电视机，而是家庭智能生活终端，也就是人类生活的信息化、智能化趋势是不可避免的。

图 1-78　沙漏台灯思路设计

所以，我们讲未来的审美和技术的发展是息息相关的，而且技术的进步很有可能带来审美的变化，或者信息会成为审美对象，我们的审美范式可能均要发生变化。这是一个意大利的艺术家设计的，他把图案绘制在旧书里面。而这个更直白一点，这是个阅读台灯，但它没有电线，也不用电池，它利用沙漏往下漏的能量，把 LED 灯泡点亮。它把沙漏结合进来（图 1-78），而沙漏提供了时间信息，沙子漏完了，阅读的时间到了，可以休息一下，这灯就灭了。灭了之后还想看一会儿书，把它倒过来即可继续下一个过程。我们讲，如果时间以这种有趣的方式呈现，是多有意思的事情啊。大家想一想，时间呈现的方式其实还有很多种，如果让我们做个附带时间功能的台灯，应该会有设计师加个电子表进去吧。但因为你看到过前面那个沙漏时间计数的手机，你再看到这一类设计，会不会感觉很没意思。所以大家看，其实这就是我之前讲述的信息呈现的方式，信息本身可以带有一定的美感，当引入了沙漏这个形式之后，它就让信息呈现的方式变得很有诗意了。

我们设计师做设计，要进行创新的时候，就是要动脑筋，当然创新也不是简单地做加法，将某个技术强加上去，有时需要考虑新的技术和我们旧的行为习惯，新、旧认知心理之间的联系。如果设计师越能找到联系，那么这个设计者的力量就越大。

3. 做主动设计、定义需求且离用户最近的人

我们讲，设计师是社会上非常特殊的一个人群。现在，设计师的地位相对来说越来越高了，设计在我们国家也越来越成为一门显学，很重要的原因在于我们是离用户最近的人群。我们说很多企业愿意找设计师，是因为现在大家都想掌握客户心理和用户数据。但是，很多公司即便拥有了比较多的数据，却也不知道应该如何解读这些数据。数据是时代的，我们也还要去学会分析它。

未来的设计更重要的是主动设计，因为以前的设计大多是设计师接受了委托，设计师作为乙方。但是今天的很多设计师没有委托了，设计师自己设定议题，做主动设计，并定义需求，设计师成了艺术家。这个话题放到我们历史文化村落的保护和利用里面就显得更重要。我们在面对村落的保护和利用时，面对乡村建设时，设计师更要主动地去定义需求。比如，政府常常并不是给出一个非常具体的任务书，它一般只能下达比较笼统的目标，就说你们设计师要通过做设计实现村落振兴了。那到底怎么就算振兴了，要做哪些方面的事情，在今天这也就相当于对设计师提出了更高的要求。

以前做设计其实很简单，下发任务书，比如说基础建设，任务是很直观的，桥梁建几座，凉亭

建几座，公共绿地面积多少，任务书中都是明确的，设计师做的设计符合任务即大功告成。现在不同了，政府不会给具体的任务书，设计目标模糊了，是要求设计师反过来去给政府提出设计工作的任务书，然后政府把这个任务书合法合规，最后实施落成，变化成了这样的流程。我们传统的流程，尤其在城市里建设的话，指标都是很明确的，比如做建筑，建筑面积、绿地面积、容积率、建筑高限等是非常死板的。但在乡村里通常不是这样，这就需要我们真正地贴近用户。

下面给大家介绍一个设计作品，法国有这样政府组织的活动，也是对青年设计师的一种奖励活动。由政府组织竞赛，对征集来的作品，特别出众的就由政府出资，使之投入生产。

很多人都知道法国有个叫菲利普·斯塔克的人，就是这个活动早些年的大奖得主。这个作品有意思的地方在于，这是一把能够被快递的椅子，打开包装它的阀门也会随之打开，椅子里面填满了充气膨化材料，接触空气之后迅速膨胀，膨化到一定程度之后随即又硬化，形成了这把椅子（图 1-79）。我们看这个设计多有意思，它的形态也很朴素，但是大家可以想象一下，这把椅子应该不是企业委托他的，因为企业哪知道可以这么做。这把椅子的设计很明显地带有年轻人的特征，因为年轻人会租房子，他们有这样一些实际的需求。有了这样的设计，搬家就变得容易了。即便这把椅子被遗弃，也没关系，因为其价格也不贵。我们说关键是这个设计师找到了这种有趣的材料。所以，未来的设计师不但应该是自主定义需求，而且也要会寻找合适的材料，要懂得一些新技术，关注科技的发展，而且不能墨守成规。

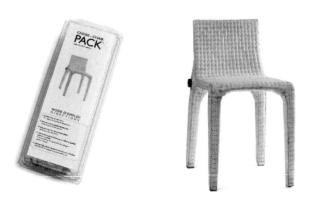

图 1-79 （左）包装未拆开时（右）包装拆开后

我们再看这个设计，他们在美国市场上推出的一个产品，名叫易宝（图 1-80）。现在是快递的社会啊，传统美国家庭都有邮箱，如同我们从电影中获得的经验，小孩子一大早骑自行车挨家挨户扔报纸，直接将报纸扔到人家庭院里面，但现在送快递就不能这么做，报纸不怕摔。快递促使人们产生了新的需求，于是他们就做了易宝盒子，我们看平时这东西固定在墙上是很薄的，体积很小，但其折叠结构一打开，拉开把手，盖子往上翻就上锁了，盒子里的东西不用担心被别人拿走。既简明又有趣的设计。其被设计出来之后，在美国市场很有反响，已经获得了两轮风投。这个作品说明了一个问题，即设计来源于生活中真实的需求，并且我们看，这件事要考虑使用场景，在这方面它也做得比较好，也就是所有的动作单手即可完成，快递员一只手拿着东西，另一只手单手操作完成所有动作，极大地提高了投递员的效率。

图 1-80 易宝

所以我想稍微花点时间再讲一下，实践设计思维的重要性。

我们知道贝聿铭先生做的卢浮宫金字塔项目，当时这个项目是法国请他去做的。当时的法国首相希拉克先生把他请去做这个设计，但等到他做完了，法国的民众看到之后，坚决地给予反对，一时间上下舆论均表示不同意，法国报纸也喧嚣鼓噪，甚至法国的知识分子联名上书表示反对，同时法国建筑师也不同意。贝聿铭先生受到的舆论压力非常大，为此他一直在法国专门待了三个月，这三个月里他跟各路人马见面，说服他们，他的工作室在卢浮宫的那个位置上，实地搭了一个真实大小的架子出来，把金字塔的轮廓全搭出来，用拍照片的方式告诉法国民众，这样做对卢浮宫的影响并不那么大。所以，创新本身造成的最初反向的反响，我想这个矛盾也不会说只有中国存在，全世界都会有，因为创新本来就是打破旧有的思维。但是作为设计师，我们要具备超常的耐心，并且有时候要做比较多的群众沟通工作。

设计师总会有一种傲慢，觉得这个事是"我"这一方面更有经验，"我"是受过专业训练的人，"我"已经想清楚了，"你"怎么总是想不明白。但问题是我们面对的人，的确没有这方面的经验，比如比较具体的空间想象能力。所以，我们要说服他，有时候必须要做很多非设计性工作。就是我们要把可能性比较明确地呈现给他，虽然也不见得百分之百都说得通，但是我相信大多数领导（甲方）还是能够知悉设计师的心意的，因为总的原则也在于他同样是想把事情办好。

好，以上是今天讲座的全部内容，谢谢大家！

传统村落兴衰更替的历史经验与当今产业振兴

王景新

主讲人：王景新，男，汉族，生于 1953 年 4 月，湖北省荆门市沙洋县人。二级教授、研究员，享受国务院特殊津贴专家。讲课时系浙江大学土地与国家发展研究院教授，中国农业经济法研究会副会长，浙江中国乡村社会史研究会副会长；现任发展中国论坛副主席，湖州师范学院"两山"理念研究院常务副院长，中国农业农村法制研究会常务理事，中国名村变迁与农民发展协同创新中心首席专家；曾任浙江师范大学农村研究中心原主任，区域经济学省重点学科负责人，中国（海南）改革发展研究院院长助理、研究部长、学术委员会委员。

一、相关概念界定

一是"古村落"，2012 年之前，我们把传统村落称为"古村落"。古村落是指明清及以前建村，村址至今未有大的变动，保留了较多传统建筑环境、建筑风貌的村。这个定义强调了三个要素；一是明清以前建成，也即在 1911 年辛亥革命之前建村；二是村落直到今天无搬迁；三是村落里仍保留了较多的老建筑物和构筑物。这三个条件齐备则名曰古村落。

二是传统村落。现在我们如果查文献，会发现学界已较少提及"古村落"这个词。2012 年由国家住建部、文化部、文物局、财政部，共同组成了"传统村落保护发展专家委员会"，从 2012 年到 2016 年该委员会分 4 批公布了全国范围内约 4157 个传统村落。将传统村落定义为：1911 年辛亥革命以前建村，保留了较多传统建筑环境、建筑风貌，村落选址未有大的变动，具有独特民俗民风，虽经历久远年代，但至今仍为人们服务的村落。

三是"历史文化名村"，是指保存文物特别丰富，且具有重大历史价值或纪念意义，能较完整地反映一些历史时期传统风貌和地方民族特色的村。是由国家住房和城乡建设部、国家文物局共同组织评选，经过了一定程序，从符合上述古村落概念的村落中评选出来的，给予特别保护的古村落。

四是浙江的历史文化村落。它借用了"古村落"和"历史文化名村"这两个概念，涵盖了浙江省范围内的历史文化名村、中国传统村落和古建筑村落、浙江省域的自然生态村落与民俗风情村落。自然生态村落和民俗风情村落不一定是古村落，虽然它们也很有特色。

五是现当代中国名村。古村落的概念将年代限定在 1911 年辛亥革命以前建成的村落，这样它其实忽略了近代、当代有保护价值的村落，因此这一概念最终被传统村落概念所取代。近现代和当代同样涌现出数量较多的名村，比如说，晚清和民国时期因为乡村建设运动出了名的村落。但是被这个概念划到了传统村落的圈外。很多在近现代经济实力比较出色的村落里，保存有一些民国时期的建筑、人民公社时期的建筑——大礼堂、知青居住建筑等都比较有特色。我认为这些建筑也是这个地区的历史文脉，有一些真的是好建筑，不应该被拆除。比如温州的钱仓村，早先在做规划历史文化村的保护性规划时，曾计划拆除一些公社建筑，再建成明清建筑群，我当时做评审的评委，发现完全没有必要，千万不能这么做。它们的主街两侧全是人民公社时代建造的建筑，有公社时期的医院，公社的供销社、信用社、学校礼堂，这在国内都是少有的公社建筑群，放着这些真家伙不去保护，硬是要拆掉真家伙换一群假古董，是丢了西瓜去捡芝麻。徽派建筑的古村落已经有那么多了，游客很容易审美疲劳，钱仓村公社建筑群如此有特色，都是别人没有的好东西，他们一旦整理出来，建设并且美化起来，这里的游人就会多起来。人一旦多起来，到时候再形成业态就会比较方便。

中国共产党成立至今（2018 年），差不多快 100 年了，在这个历史阶段中，涌现出了很多对中国革命建设和乡村发展产生过重大历史影响的著名村落，我曾经在学术研究中用"中共历史名村"这个概念，这样的村落在中国共产党百年乡村建设各个历史期并不少见。我们曾经做过一个课题，名曰"中共的历史名村系列研究"，比如土地革命时期福建的上杭县才溪乡，江西兴国县长冈乡，它们都是毛泽东同志做调查之后，树立的苏区模范乡。当时这样的模范乡整个苏区共有 5 个乡。在革命斗争年代，它们就比较出名了，我们不能将这个时期的历史村落忽略了。还有河北的饶阳乡五公村，它是抗日根据地时的模范村，当时号称冀中平原的莫斯科、社会主义之花，但可惜到现在几乎被人们遗忘了。再有山西平顺县西沟村，它在 1942 年就闻名遐迩。当时，18 岁的申纪兰女士刚嫁到这个村里，担任合作社的副社长，这个村一直都比较出名，现在发展仍然处于前列。再到农业集体化时代，靠后成名的有河北遵化西铺村、河南刘庄村、江苏华西村等等，这些明星村数量事实上很多，作为研究和设计者我们应该重新认识并重视它们。

六是村域的变迁与发展，村域指行政村的地域空间。传统意义上使用的村落已经不能作为乡村研究的基本单元。我们因此用行政"村域"概念取代自然"村落"。村域变迁是指村域"五要素"（经济、社会、政治、文化和生态）和"三大经济主体"（集体经济、农户经济、新经济体）随时代变迁而发生的变化和转移。村域发展是村域变迁中经济主体壮大，村域经济增长，村域政治、社会和文化进步，生态环境持续向好的转化。反之，则视为受挫或停滞。

如何看待村庄的衰落，这是这堂课特别需要讨论的重点问题，村落兴衰更替是历史规律。没有永不衰败的村落，我们能做的是尽可能延长一些有保护价值的传统村落。

用比较长的时间跨度去看古村落，也即其时间尺度，它们的兴衰更替或许有规律可循。比如温州永嘉县古村落群，它不但体量较大，而且历史悠久。其中一些村曾经出过宰相，而且还出过永嘉学派创始人和代表人物。每一个古村落都有保护价值，可是那些老旧建筑，缺乏现代生活设施，所以不被老百姓喜欢，因为农民的刚需同样也是生产生活现代化。在面对"没有现代化"设施方面，老年人或许感觉无所谓，因为他们从小便没有那些生活设施，但年轻人当然会不满意。政府要保护古旧建筑，而农民的需求是"现代化"。于是就产生了矛盾。农民的处理办法比较简单——推倒重建，但传统村落保护政策不允许他们这样做，于是这就需要设计师们去研究并解决这一类矛盾，成为村庄建设设计师们的课题。

二、传统村落兴衰更替与当今美丽新村的生命力

学者们一直在探究，古村落兴旺的条件和因何而导致衰败。很多古村落兴旺，其原因大致如下：一是名门望族聚居，并且子孙兴旺繁；二是人丁兴旺，又促进了人才辈出。村落兴衰的核心要素是

人,有人便会兴旺。今天村落的衰落,其根本原因是没人——人去了城镇。

古村落的环境一般生态优美、环境隐蔽,除生产生活必需的农田、水体之外,其通常伴有一条交通方便的道路,可能是肩挑驴驮的古道,也可能是便于航运的河流。古道边上的村落一般会比较兴旺,比如说云南的茶马古道。水路交通沿线也会兴旺,比如浙江湖州地区的村落,村落旁边有水网交通。再比如金华,南宋时将金华作为陪都的原因也在于小朝廷的经济命脉依靠金华江通达西南9省,即"八婺通衢"。

村落的衰落,人才流失是结果,而另外的重要原因之一也在于交通方式的改变,低速度低效率的骡马古道、水运交通方式,被现代的高效率的交通方式完全取代了。原本的那些社会交往方式萎缩退化,那些水港集散地与早先的古道枢纽逐渐衰落了。我认为古村落衰败主要因素:村域经济社会环境变化,水运交通网络被公路、铁路、航空立体运输网络所取代,社会交往关系萎缩、退化而沉寂下来。今日传统(古)村落大部分村落衰败了,有的村整体消失了,有的村古民居与新民居杂陈其间,传统建筑日渐消亡。

传统村落保护利用得法可延缓衰败。有两个关键点:一是村庄规划建设要处理好"人—聚落—生产—生活—自然"5者之间的和谐关系。有学者把传统村落看成一个复合生态系统,农村——自然生态系统,农业——经济生产系统,农民——社会生活系统。处理好这些关系,便能够保证子孙繁衍、人丁兴旺和村庄长久维持的基本生存环境。二是处理好传统村落修复保护和利用的关系。不可只强调保护,不考虑发展。但如何既保护,又合理利用是需要慎重研判的问题。换言之,现在人们一说到保护利用,首先想到的便是发展乡村旅游业,但显然,所有的传统村落均发展旅游业是不可能的。宏观来讲,旅游市场容量有限。从微观上看,旅游业业态和项目趋同,亦会降低对游客的吸引力。除了旅游产业以外,我们希望设计师、规划师还能想出别的"招儿"来,既能够达到保护的目的,又能使古村落实现价值。当然这些"招儿"确实不可能轻而易举地被想出来,需要在项目目标村落中反复调查和深入思考。况且即使是发展旅游业态,能够做到和别的村落不一样,也未必不是一种办法。

很多村里面,如果有一些比较有特色的古民居被公布为国家文保单位、省文保单位、市文保单位,站在老百姓的立场,他可能是不愿意的。因为只要挂上这些牌子,在修缮方面他可能是比较被动的,如果不申请而擅自修缮,则其可能会触犯法律。但假如我们换一个思路,也就是相关的民居建筑的主体结构不能动,建筑风格不能改,但是允许内部现代化装修。政府的功能就是要平衡保护和居住舒适性的现代化要求这个矛盾,这虽然可能占用比较大的行政资源,但也无疑是一种精细化管理。

三、历史名村风云变幻与村域可持续发展

1. 晚清至民国的乡村建设运动中的著名村庄无一例外地衰落了

昔日梁漱溟先后在河南、山东开展的乡村建设,现在大多湮灭;晏阳初在河北定县在翟城村的乡村建设尚有一些印记。如翟城村具备北方农民聚居的典型形态,其具备三纵七横的街区式布局,俨然小型集镇。至2012年年末,全村1200户,4730人,划分为7个片区,26个村民小组。本人于2013年元旦时至该村调研,昼间观察村容村貌和农业生产,晚间请农民到驻地座谈。调查发现乡村建设思想仍在传继,村民依旧怀念晏阳初对村域经济社会文化建设所作的历史贡献,笔者聆听并录

制了韩砚科先生（时年 81 岁）演唱的《农夫歌》，韩砚科先生的妈妈参加晏阳初平民教育，学会了《农夫歌》并口传于他。歌词唱道：

　　穿的土布衣，吃的家常饭；

　　腰里掖着旱烟袋儿，头戴草帽圈；

　　手拿农作具，日在田野间；

　　受些劳苦风寒，功德大如天；

　　农事完毕积极纳粮捐；

　　将粮儿缴纳完，自在切得安然；

　　士工商兵轻视咱，轻视咱，没有农夫谁能活天地间。

在河南和其他一些地方，这首歌最末一句变成了"人间百苦都尝遍，都尝遍，没有农夫谁能活天地间"，流传盛广。

2. 中共早期历史名村的两种命运

中央苏区模范村在农村现代化进程中大多落伍了。其中一个重要原因，是红军长征后国民党及其政府残酷清洗、打击、破坏和封锁，当年的模范乡村建设成果被破坏殆尽；另一个原因是偏僻山区特殊地理环境和封闭的区位条件制约，以及支持村域经济社会发展的精英人才较多流失。人才流失分为两个阶段：与革命战争相关联，青壮年及其大量精英分子要么过早牺牲，要么随军队离开本土，虽然他们不乏在后来成长为将军，但村落却流失了村域建设人才；改革开放之后农村劳动力转移进城，繁荣了城镇，萧条了村落。

根据地模范村保持了较长时期的稳定有效发展。抗战根据地基本都是解放战争的根据地，属于老解放区，中国共产党早期乡村建设成果被保留下来，又较其他地区村域更早开始土地改革及互助合作运动，赢得了发展先机；另外，这些地区村域人才不仅流失较少，反而更早地在新中国政治舞台上崭露头角。

3. 农业集体化时代样板村历史贡献影响尚存

农业集体化时代的样板村，许多出自抗日根据地和老解放区（如五公村、西沟村、西铺村、大寨村等）。它们为中国反对侵略、捍卫国家主权、民族独立和解放，做出了重大牺牲和贡献。自 20 世纪40 年代中后期，它们率先探索土地改革、互助合作的集体化道路；它们坚定不移地跟中国共产党走，以改天换地的气概改造生存环境，改变农业生产条件，保证粮食和主要农产品持续稳定增长，并积极向国家缴售商品粮。它们为支援国家工业建设做出了重要贡献。"样板村"确有较浓的"政治痕迹"，但它们无一例外地做出了实绩。之前"样板村"的不实评价，需要当下的我们重新审视和修正。比如：农业学大寨运动并不是有些人头脑发热，大寨经验是经过农业部长（廖鲁言）亲自带队在大寨调查 20 余天，经过认真调查、清查和确认后才在全国推广的。农业学大寨运动在特殊历史时期中由农业生产领域转向了政治领域，增加了不切实际的政治元素，如生产关系上的"穷过渡"，政治生活中的阶级斗争和"斗私、批修"，集体生产管理上的"评政治工分"等；但农业学大寨运动对中国农业发展产生了重大积极影响，为社会主义农村经济发展积累了珍贵经验，许多思想和做法是当今需要弘扬的宝贵财富。以改天换地的气概建设农业基础设施，并不一定破坏人与自然的和谐；相反，学大寨的"样板村"都最早植树造林和治理小流域。"样板村"都较好地处理了国家、集体和个人之间的利益，在为国家做贡献的同时，发展壮大了集体经济，增加了农民收入，提升了农民生活品质。

4. 当今明星村的成就与困难

改革开放以后成名的那些村落，我们一直将他们叫作"明星村"。"明星村"是指村域经济发达、农民生活富裕，而且被大众所熟知的村庄。朱熹集传："明星，启明之星，先日而出者也"。后来，明星一词被用来指代有名的且技巧非常高的表演者。推而广之，人们以"明星"来比喻杰出的或者被大众所熟知的人或事物。若把村集体当年经营收益超过100万元的富裕型村庄都当成经济强村，到2010年，全国有12000个，占当年农经统计汇总村数的2.1%。2007年年底，村域经济产值超过1亿元的村，全国有8000个，其中，产值超过10亿元的村163个；超过100亿元的村12个。当今"明星村"仍旧是经济强村中的佼佼者。"明星村"概念需具备两个要件：经济发达、社会知名度高，即"著名经济强村"。

"明星村"现状：村域经济发展，社区城镇化，集体和农户收入极高，农民生活富庶。"明星村"农民生产、生活方式：基本生活靠土地，社会保障靠集体，发家致富靠自己（农外就业、创业）。"明星村"域经济类型：工业型村域经济占绝大多数，市场型村域经济为数较少，依靠农业经济而发展为著名经济强村的为零。另外，历史名村和当今"明星村"无一例外地把旅游业作为未来发展重要产业。"明星村"目标追求：发展成为"城市化的现代乡村"。

2010年上海城市博览会，它的主题是"城市让生活更美好"，那时候浙江宁波奉化腾头村是来参展的，它的口号是"农村让城市更向往"，高福利几乎是这些"明星村"的一个共同特点。村落集体的收入作为一个村发展的标准，可以维持村民的福利。当然，收入低则福利低；收入高则福利高；没收入，也就没福利。我们曾经测算过，大致一个村集体收入如果低于20万元，在东部地区几乎就是集体贫困村，因为村落基本的运转是需要资金基础的，这好比当家人是需要钱来购买柴米油盐才能维持家庭的运转。我们刚才给大家看了这个数字，也就是村集体月收入超过100万元的村落只占全国村落总数的2.1%~3.7%。我们想想看，全国近60万个村，这个比例无疑还是比较少的。发展壮大村集体经济的任务还是比较重。

集体的贫困，无疑也就意味着农村基本公共服务落后，因为集体的收入都是用于解决村里的基本公共服务的，有钱了他们无疑可以提升地区安全、基础服务，当然也可以做好村落环卫垃圾处理、绿化亮化等比较高级的公共服务。

关注当代中国名村发展应该提到议事日程。一些村庄不仅为支持革命战争做出了重大贡献，而且在新中国的经济建设、基础工业的建成，乃至于新农村建设中成为先驱。但是因种种因素的制约，经济发展仍然还有困难，尤其需要帮助。一些村落从新中国之初成名，伴随着中国革命、早期建设和改革开放建设一路艰难曲折走来，他们始终保持着明星村的地位，比如大寨村、西沟村等，其成功经验也应该被较多关注。

四、名村变迁经验对当今美丽乡村建设启迪

我们观察了数量比较多的村落，尤其是经济比较发达的榜样之后，发现一个村落后来发展的优劣，取决于的因素大致一共有四个。首先，是否有一个集政治头脑和企业头脑于一身的领头精英人物；其次，是否能够带动或培养了与领头人品格一致的创业农民群体，一个村落只有一个人是不行的，他的力量不够而且精力也有限；再次，是否有比较不错的主导和支柱产业，并牢牢地钉在先前的产业基础之上；再是他们能否把生产责任制与农民集体主义精神进行有机的结合。如果某个具体村落上述的四个都具备了，那么这个村的发展，就很有可能是大有可为的。但如果全部都未具备，那么这个村很有可能就是衰退的。这大概就是村落经济规律。

名村变迁经验对当代美丽乡村建设的启迪，我简单说一下。这个可能会对诸位的设计有些许启发。对于资源的利用、保有和拓展，我这里大致有三个策略。

其一，资源的利用、保有、拓展同步谋划，是参与生态化发展的基础条件。西沟村、大寨村、沙石峪村，从1943年前后开始植树造林和小流域治理，把不适合人居的险恶环境改造成了乡村乐园，成了旅游景点。新疆和田地区的和田县、洛浦县和皮山县，在塔克拉玛干沙漠边缘治沙、种植红柳、接种大芸，修复生态，相当于再造了26万亩耕地，实现了"沙退人进、改善农民生计"的目标。云南省保山市腾冲县猴桥镇箐口村，国土面积88平方公里，平均海拔1750米，最高峰2200米。通过村民艰苦的努力，修复乡村的生态，造出山林12.6万亩，森林覆盖率达95.45%，其中名贵树林2170万株。2011年末，箐口村集体收入117.25万元，农民人均6500元。成为"全国绿色小康村"。

第二，聚落布局与自然和社会和谐，是村庄长期存在，宗族子孙繁衍、人丁兴旺的基本生存环境。这是我们在做村庄的规划设计的时候，必须考虑的问题。比如，大多数保存至今的古村落大概都会有七八个古井。在座的学员到诸葛村去观摩的时候，导游跟大家讲过一个故事吧，就是日本侵略者在那里走来走去，始终没有发现这个村落，为什么大家走在公路上就看不见那个村子呢？这是因为诸葛村落将自己隐藏在自然环境中。

第三，把"无农不稳、无工不富、无商不活"的文化变成产业战略，是村域快速持续发展的经济规则。中国古代就明白如何正确处理"农工商"的关系。《货殖列传》记载："周书曰：'农不出则乏其食，工不出则乏其事，商不出则三宝绝，虞不出则财匮少。'……此四者，民所衣食之原也。原大则饶，原小则鲜。上则富国，下则富家。"他还说，"夫用贫求富，农不如工，工不如商，刺绣文不如倚市门"。无农不稳，无工不富，无商不活。

这三个层次是很明确的。农业，商业能不能融合呢，在村落中的答案是肯定的。一定条件下，村域内农工商能够互动、协调发展。江苏昆山泰西村是江南典型的农耕村落，又是民族工业的发祥地之一，村域亦工亦农的历史悠久。2007年，我去该村调研，泰西村域拥有纺织、化工、电子、五金、机械、化纤、染色等中小企业43家，非农业产值占村域总产值的88.7%，全村80%劳动力转移到工业为主的非农产业。泰西村仍保有4638亩（人均1.294亩）耕地，95%的农户承包经营土地，居落景观保留江南村落气息，农耕文明与工商业文明交相辉映。

中国名村变迁及发展的结果有三种：一些村曾经开启了村庄自治和乡村建设先河，盛极一时，但很快归于平静，至今并不富裕；一些村不仅为支持革命战争胜利做出过重大贡献，而且成为探索新中国经济建设尤其是新农村建设的先驱，但终因种种因素制约，村域经济发展困难，有的至今还很贫穷；一些村自中共早期开始，伴随着中国革命和建设的艰难曲折路程一路走来，始终保持"明星村"的地位，战争年代是"模范村"、农业集体化时代是"样板村"、改革开放新时代又跻身于全国"著名经济强村"之列，其突出代表如西沟村、大寨村、华西村、刘庄等。

从名村走过，我们仿佛走进了中国近现代农民发展历史博物馆，仿佛走进了中国共产党领导农民革命和建设的功勋纪念馆；从名村走过，我们仿佛走进了集体经济发展和农村现代化业绩展览馆，仿佛走进了农民精英人物传记馆；从名村走过，我们被深深震撼了，接受了一次灵魂的洗礼，一次艰苦奋斗、立党为公、舍己为民的集体主义思想教育。名村变迁与农民发展研究还处在"初级阶段"，有赖各位帮助指导。

五、产业兴村 谁兴产业

（一）中国乡村产业振兴的两个背景

第一，中国农业产业已经从追求经济价值，进入追求多元综合价值阶段。农业功能演变先后经历了四个阶段。1949—1978 年主要追求经济价值。中国农业一直承载着保障国民"生存水准之上"的粮食、棉花、油料、糖料、蔬菜、水果、肉类、奶类等大宗农产品生产和供给。"发展生产、保障供给"，形象地阐释了新中国前 30 年间的农业主要追求其经济价值。这一阶段用日本祖田修的话说"处于一味重视生产的扩大和发展的'生产的农学'阶段"。1980 年以来，我国大宗农产品稳定增长，供给稳定，可持续农业和提升国民生活品质要求逐渐显现，农业的生态环境价值开始受到人们重视〔叶谦吉《生态农业决策分析》（1981）〕；1984 年国务院 64 号文件提出"积极推广生态农业"，以此为标志，我国农业进入到"为维持和保护人的生命而追求生态环境价值"的"生命和环境的农学"阶段。进入新世纪，蕴涵在农业和农村的生活（包括社会、文化）价值被重新挖掘出来，湖南卫视摄制播放的《变形记》体现农业教育功能；"乡愁"时兴展现生活和社会价值，我国农业进入到祖田修所描述的"生活的农学或社会的农学"阶段。2015 年"中央一号文件"强调，"积极开发农业多种功能，挖掘乡村生态休闲、旅游观光、文化教育价值"；提出"推进农村一二三产业融合发展"。（日本称之为"六次产业"）。这一文件贯彻实施，标志着中国农业产业多元价值的追求，拓展到农村地域空间多种产业融合、追求地域空间综合价值新阶段。用祖田修的概念叫"空间的农学"。

第二，中国乡村振兴及地域空间综合价值追求和结构再造渐入佳境。中国历经社会主义农村建设、社会主义新农村建设。目前，在美丽乡村建设平台上同时植入多重梦想和愿景，推动农村地域空间重构及综合价值追求。中国的乡村振兴，其实从中华人民共和国成立即已经开始了。1955 年毛泽东同志主持中共中央办公厅编辑了《中国农村的社会主义高潮》，1956 年 1 月由人民出版社出版。这部编著是从全国 15077 个合作社中选择了 177 个典型材料，毛主席写出了 104 篇按语，掀起了中国农村的社会主义建设高潮。1956 年开启的社会主义农村建设，是新中国为扭转旧中国遗留农业、农村衰败残局而选择的道路，拉开了农村地域空间再造的序幕。1991 年党的十三届八中全会《决议》提出"建设有中国特色的社会主义新农村"，至 2005 年（十六届五中全会）把社会主义新农村建设上升为重大历史任务，2006 年的"中央一号文件"有两句话："建设社会主义新农村是我国现代化进程中的重大历史任务""……是一项长期而繁重的历史任务"，实际是把新农村建设作为长期战略来考虑。社会主义新农建设是改革开放的中国为扭转"三农"发展相对滞后局面而提出的振兴任务。2012 年（十八大）以来的美丽乡村建设，是逐渐富裕的中国对农村地域空间综合价值追求的高标准规划和建设。2017 年（十九大）提出乡村振兴战略，我认为是系统解决城市"过密"和乡村"过疏"即"城乡融合发展"。

乡村振兴大致必须解决人口分布不均匀的问题，我觉得我们在美丽乡村建设的这个平台上，已经植入了多重梦想和愿景。包括近乎于翻天覆地乡村地域空间结构再造，比如城乡一体化，基本公共服务均等化，"四化"同步推进，"看得见山、望得见水、记得住乡愁"均为美好愿景和奋斗目标。实施上，"美丽乡村建设"平台上同时植入了多重梦想和愿景，由此引发农村地域空间综合价值追求及其结构再造。一是人口、产业及其相对应的村庄、集镇、道路重新规划布局和建设；二是生产空间整备，生活空间改造，生态空间修复拓展以及"三区三线"（城镇、农业、生态空间，生态红线、基本农田、城镇开发边界）空间边界的划定、管控及互动关系重新架构和理顺。

（二）产业兴村——典型村域支柱产业案例

1.全国不同地区的 10 个著名经济强村的产业发展情况

10 个著名经济强村的详细情况，本人文章《当今"明星村"集体经济发展的有效实现形式》，发表在《开放时代》2015 年第 1 期（第 12~16 页）。大家可以去查阅。我这里简单讲述。

10 个样本村分布及代表性（下表）。

村名	隶属关系	区位	村域经济类型
西沟村	山西省平顺县		工业型村域经济
大寨村	山西省昔阳县	华北山区	工业型村域经济
周台子	河北省滦平县		工业型村域经济
刘庄村	河南省新乡县	中南和华东平原	工业型村域经济
西王村	山东省邹平县		工业型村域经济
航民村	浙江省杭州萧山区		工业型村域经济
花园村	浙江省金华东阳市		工业型村域经济
滕头村	浙江省宁波奉化市	江南水乡"城中村"	工业型村域经济
方林村	浙江省台州路桥区		市场型村域经济
九星村	上海市闵行区		市场型村域经济

下表反映 10 个样本村的村域标志、历史变迁和现实发展状况。

村名	领头人	历史称号	成名年代（年）
西沟村	李顺达、申纪兰	劳武结合模范村，中国农业战线的一面旗帜	1942
大寨村	陈永贵、郭凤莲	农业学大寨，中华第一村	1960
周台子	范振喜	全国文明村，河北第一村	2000
刘庄村	史来贺、史世领	中原首富村，史来贺 1959 年全国劳模	1950 年后期
西王村	王勇	中国玉米油城	2000
航民村	朱重庆	小康示范村，印染第一村	1990
花园村	邵钦祥	中国最美乡村，红木家具第一村	1990
滕头村	傅企平	世界十佳和谐乡村，生态第一村	1990
方林村	方中华	汽车市场第一村	1990
九星村	吴恩福	综合市场第一村	2000

10 个样本村域经济状况（2011 年年末，单位：万元）。

续表

村名	支柱产业	村域总收入	集体可支配收入	农民人均纯收入
西沟村	林果、饮料、冶炼	2379	94.00	0.46
大寨村	煤、水泥、制衣	43985	3900.00	1.26
周台子	铁矿、钢构、建材	46000	596.30	1.00
刘庄村	制药、机械、运输	200000	9000.00	2.90
西王村	玉米油、特钢	3074000	997.00	4.00
航民村	纺织、印染、电	900000	16000.00	4.00
花园村	医药化工建材	870000	15000.00	6.80
滕头村	服装、电信	554000	7100.00	3.60
方林村	二手车交易	820000	5120.00	3.00
九星村	综合市场	860000	5400.00	3.60

这 10 个村变迁发展过程中，无一例外地把当今村域支柱产业建立在原有村域产业基础之上。比如西沟村有大面积山林资源，因此该村产业主要围绕林果业产业链开展。大寨村在农业集体化时代主要做农业产业，20 世纪 80 年代郭凤莲女士重新回去当书记时，开始发展乡村工业，同时他们利用虎头山环境、大寨精神等资源发展旅游业，该村又重新红火起来。周台子村的支柱产业主要是钢构、建材、培训和铁矿，源于该村曾被大型国有铁矿企业驻扎。目前该村的新问题是钢铁产能过剩，此村于 2013 年开始产业转型，并生发出培训产业，业绩卓著。周台子村成立的农村合作社虽然属于公司性质，但公司的权属于村集体，也即公司收入是村集体收入，每个村民都可以得到发展红利。

自改革开放以来，"以家庭承包经营为基础、统分结合的双层经营体制，以劳动所得为主和按生产要提结合的分配制度必须毫不动摇地坚持，……现有保持土地承包关系要稳定并长久不变"。党的十八大又把"坚持和完善农村基本经营制度"作为新阶段全面深化改革的重要任务之一。为全面了解"我国农村基本经营制度运行及双层经营体制下的微观经济主体发展状况"，近三年来，浙江师范大学农村研究中心（RCC）课题组在相关项目的支持下，进行了全国范围的跟踪调查：在华北、东北、华东、中南、西南、西北 6 大区的 17 个省（市、区）53 个县（市、区、农场）进行了实地调查，涉及 66 个乡（镇）、106 个行政村；组织大学生分赴我国 20 个省（自治区）的 82 个县 124 个乡镇问卷调查，获取 217 个行政村、679 户的有效问卷；选择中国共产党 90 多年历史的不同阶段产生过重大影响、带有鲜明时代标志的著名村落进行专题调研，已完成 16 个村的调查。调查发现：当前我国农村一些倾向问题，对坚持双层经营体制"长久不变"构成挑战，影响农村基本经营制度稳定运行。

影响我国农村基本经营制度稳定运行的几个倾向性问题，一是舆论越来越注重土地流转和规模经营，农民越来越担心土地承包经营权被剥夺。对党的农村基本政策解读及主导舆论存在一些不确定性：宣讲农村基本经营制度和党在农村的基本政策时强调"坚持双层经营体制长久不变"，谈农业现代化时重点又转向"土地流转"和"规模经营"。这种不一贯的表述为各方面解读中央政策留下了过多的空间：专家论证"家庭承包分散经营方式阻碍了现代农业发展"；舆论呼吁土地流转和规模经营；地方政府则强力推进"土地向规模集中"、培育种田大户和家庭农场等经营主体。这种状况下，农民对土地承包经营权的预期心里没了底，越来越担心土地承包经营权被剥夺，担忧第二轮承包到期后的农村土地政策走向。

二是农村集体经济发展中的两种极端化倾向，正在削弱或动摇"坚持统分结合的双层经营体制长久不变"的信心，当今中国社会思潮中，人们对农村集体经济的误解越来越深。一方面，苏联和东欧解体及大规模私有化影响了社会主义农村集体经济的声誉；另一方面，双层经营体制下的家庭承包经营即农户经济水平普遍提升，而村级集体经济至今仍然普遍贫穷，双层经营主体"一强一弱"的局面，自改革以来一直没有实质性改变。这种状况给西方经济学家否定社会主义农村集体经济以口实，也造成国内许多研究者的认识偏差和实际部门的工作弱化：其一，全面否定农村集体经济。相当多的研究者把集体经济看成马列主义的产物、斯大林的发明创造、人民公社的遗产而加以讨伐；一些政策研究人员也以为集体经济与市场经济天然相悖，不愿意研究、讨论集体经济；相当多的地方领导认为，农村集体经济运行困难，无助于地区 GDP 增长，因此放弃农村集体经济发展。其二，把集体经济当成农业经济的唯一组织形式。一些研究者总认为"家庭承包责任制是临时性制度安排"，是"过渡形态"，现在农村经济发展了，"走农业集体化道路是时候了"。

三是"农村基本经营制度"遭遇"农业现代化"时总是"直不起腰来"。长期以来，学术界对马克思、恩格斯关于"小农经济"的局限性以及其"必然灭亡"的历史命运给予了过多的热情和关注，而对马克思关于在一定的条件下，"小农"将表现出"它的天然的生命力"或"强大的生命力"则研究不够。许多研究者总是批评"家庭承包责任制的局限性"，"小规模分散经营阻碍现代农业发展"，"走到了尽头"。很多地方把打破"小农经济"分散经营格局当成现代农业发展的"必由之路"和"必然选择"，把"土地向规模经营集中"作为主要抓手，"坚持和完善农村基本经营制度"遭遇"农业现代化"时，理不直、气不壮。

四是忽视农民发展、农民贡献和农民诉求，导致乡村治理的信任危机和集体行动无效率，反过来制约农村基本经营制度稳定运行。在"以人为本""科学发展"的执政理念下，重农业、农村，轻农民发展的倾向有所克服，但仍存在一些问题：农民反映，重点关注新农村建设、农田水利设施建设、农业综合生产能力和农村现代化，很少直接关怀农民发展或农民现代化。改革开放 40 多年的高速发展，中华民族复兴初露端倪，我国农村数千万创业农民和农民企业家到底为国民经济发展做了多大贡献，没有人能够说清楚；但是，2.5 亿农民工支撑了"中国制造"，农村留守劳动力支撑了粮食"九连增"却是明明白白的。看不到农民的贡献必定轻视农民的诉求：在一些地方，凡是遭遇违法（或低价）土地征收、强制土地流转、户口转移、住宅拆迁等诸多问题时，农民总是处于权益受损地位，农民的诉求很难得到满足；一些地方的"维稳机制"反而限制了农民诉求的正常表达。与忽视农民诉求相联系，相当多的基层干部对农民问题熟视无睹，在面对土地纠纷、"小产权房"交易、集体"三资"流失、村域污染及环境破坏、留守老弱妇孺无助等棘手问题时不作为，因此"小事拖大、大事拖炸"、干群关系拖垮。

双层经营体制下农村经济微观主体转型发展的基本态势。RCC 相关课题研究的初步结论显示：双层经营体制下，中国农村经济微观主体转型发展呈现出全新格局，实践证明了农村基本经营制度的生命力。"双层经营体制"已经演化为"三足鼎立"之势，新经济体发育成长成为当前我国农民收入和集体经济双增长的重要源泉。

统分结合的双层经营体制经历了创立、巩固和完善等不同发展阶段，已经演化为农户（家庭经营）经济、村组集体经济和新经济体"三足鼎立"之势。新经济体是村域内既不属于农户经济，也不属于村组集体经济的新经济联合体，如农户经济联合体、农民专业合作社、私人企业（不含个体户）、股份制和股份合作制企业等，其中含有"部分劳动者共同所有"成分的新经济体，可视为村域新型集体经济。我们根据农业部农研中心固定观察点数据测算，我国村域分别属于农户经济、集体经济和新经济体所有的生产性固定资产结构，大体上为 42：4。在收入结构上，东中西部差异明显：经济发展水平越低的区域，农户收入比重越高，新经济体收入比重越低；经济越发达的区域，农户收入比重越低、新经济体收入比重越高。这表明，村域经济主体结构变动与区域经济差异紧密关联，村级经济水平是影响区域经济差异的重要因素。调研结果还证明：（1）村域经济发展水平取决于农户经济、村组集体经济和新经济体发育成长及经营方式转型程度。农户越早完成原始积累、采用先进科技和手段，就越早实现土地集约化经营，越早解放劳动力，就越快地促进村域农户创业、精英成长及新经济体发育。农户经济转型和新经济体成长，又是村组集体经济增长的源泉。村组集体经济增强对农户经济及新经济体转型发展具有反作用。在这个关系链中，农户经济是基础，村组集体经济是保障，新经济体发育成长最关键。（2）新经济体的发育成长，是当前我国农户收入和村集体经济双增长的重要源泉。一个普遍现象是：贫困村域只有集体和农户"双层经营"的经济主体，新经济体尚未发育或者成长缓慢；温饱村域或多或少出现了新经济体；富裕村域经济的活力主要源于新经济体快速成长。

土地承包经营制度给农民带来了安定、就业和基本生活保障。家庭承包经营仍然是我国农户经济的基础，是保障农民就业、维持农户基本生活的重要来源，更是农村社会稳定的重要基础。家庭承包经营制度是农民最拥护的制度和政策之一。农民和农村干部都希望"坚持统分结合的双层经营体制长久不变"。还要指出，当前我国农村涌现出越来越多的经济强村，这些村的共同特点就是："基本生活靠土地，社会保障靠集体，发家致富靠自己（农外就业、创业、创新）"。经济强村的发展格局，昭示着我国农村双层经营体制发展的未来方向和广阔前景。

农地规模经营有益于现代农业发展，但并不是现代农业发展的必备条件；农地分散经营条件下，通过农地制度改革和农业社会化服务体系建立，同样可以实现农业现代化。课题组选取黑龙江垦区查哈阳农场（"大农"）和浙江余姚市承包经营户（"小农"）案例，对"粮食产区的农地制度安排与现代农业发展"进行比较研究，测算两地"粮食生产现代化综合指标"实现程度，结果是：黑龙江垦区和浙江余姚市分别达到 0.85 和 0.8，两地粮食生产现代化都达到了较高水平。该项研究证实：（1）若排除级差地租、地方政策差异性的影响，大规模农场经营与小规模家庭经营并没有在单位农地产量和收益上表现出明显差异。另外，由于现代农业机械的多样性和可分性，农地小规模经营并不排斥农业机械化，即农业机械化与家庭承包责任制相容；并且，小规模经营条件下农业机械可以替代农村劳动力，但较少排斥农村劳动力；相反，农地大规模经营条件下，农业机械作业优势明显，但对劳动力有显著的排斥作用。（2）农地充裕的国营农场更加有利于提高粮食生产的机械化程度，并呈现出向数字信息自动化操作方向发展的趋势。但是，农地规模大小并不是现代农业发展的必备条件，家庭承包责任制合约与农地规模化经营并不冲突。在农地面积狭小分散的地区，一方面通过农地流转形成了一批种田大户，提高了机械化作业水平；另一方面通过成立粮食生产专业合作社、农机服务和农资供应专业合作社构建完善的粮食生产及社会化服务体系，极大地提升了小农经营条件下的农业现代化水平。

农地制度产权安排的权利束中，农户对农地经营权、收益权的关注程度要远远高于对农地所有权的关注，坚持和完善农村基本经营制度，只能沿着"赋予农民更加充分而有保障的土地承包经营权"的思路展开。现阶段，由于废止农业税及其附加，农民在"免费租金"合约下，几乎享有农地产权的全部权能。只要"赋予农民更加充分而有保障的土地承包经营权",农村土地集体所有就不会阻碍现代农业的发展,将农村土地私有化、国有化的主张都不可取。

坚持和完善农村基本经营制度的建议。从政策宣传、舆论引导和观念转变上夯实农村基本经营制度运行基础,按照"赋予农民更加充分而有保障的土地承包经营权"的思路和"长久不变"的原则,着手构建长久不变的制度体系。(1)形成规模经营,坚持"构建集约化、专业化、组织化、社会化相结合的新型农业经营体系"不动摇。(2)倡导学术讨论"百花齐放、百家争鸣",但改革的主导舆论必须旗帜鲜明,始终如一地服从和服务于国家基本制度和中共中央关于"坚持统分结合的双层经营体制长久不变"的一贯政策。(3)构建和完善农村基本经营制度的体系。其一,农村土地确权、登记、颁证工作试点过程中,要着手更换农民《土地承包合同》《土地承包经营权证》,逐步确认农民土地承包经营权利"长久不变"的法律地位。其二,尽快修订《土地管理法》《农村土地承包法》《物权法》等与农村土地制度有关的法律法规,同时清理和废止与"长久不变"相抵触的政策,保证党的政策和国家法律法规的一致性。其三,着手调查和研究第二轮土地承包到期后的过渡办法,比如有无必要开展第三轮土地承包?如果需要第三轮土地承包,应采用哪些政策和办法;如果不需要第三轮承包,又采取什么方式过渡。

培育现代农业生产经营主体,一定要"守住底线",针对不同主体采取不同的政策措施。党的十七届三中全会《决定》提出的农业经营方式"两个转变"的历史任务尚未完成。这是我国着手"构建集约化、专业化、组织化、社会化相结合的新型农业经营体系"面临的现实问题。培育现代农业生产经营主体,一定要"守住一条底线",即必须坚持和完善而不是动摇和削弱"统分结合的双层经营体制",应该针对农业生产经营的不同主体,采取不同政策措施;同时,要防止以"培育新型农业经营主体"为借口损害家庭承包经营制度。"家庭经营要向采用先进科技和生产手段的方向转变"。普通承包农户仍然是当前我国农业生产经营主体中的主体,只能在保障农户土地承包经营权的基础上,通过区域化布局、组织化生产、社会化服务等方式,将其培育成现代农业生产经营主体;适度规模经营户,主要在增加优质劳动力、技术、资本等生产要素投入上下功夫;种田大户是我国农村双层经营体制发展一定阶段的必然产物,制度改革既要规范和保障原承包户的"土地承包权"和"土地流转权",又要规范和保障种田大户的"土地经营权"和"土地收益权",着力提高种田大户的集约化水平。"统一经营要向发展农户联合与合作,形成多元化、多层次、多形式经营服务体系的方向转变"。应进一步支持农业专业合作社尤其是生产合作社的发育发展;高度重视农业服务主体的培育,应该把基层政府及农机、农技部门的公共服务、村民自治组织和村集体经济组织的社区服务、专业合作社的内部服务、市场化服务整合成一个整体;加大对国营农场的改革力度,培育一批大规模、高技术的现代化农业经营主体;应该更加明确地限制和杜绝工商企业大面积、长时间租种农户土地。

总结村域集体经济发展的中国经验,重塑集体行动理念。贯彻执行党的十八大关于"坚持和完善农村基本经营制度"的改革重任,是一项十分艰巨的任务。总结村域集体经济发展的中国经验,重塑集体行动理念对于坚持和完善农村基本经营制度具有基础性作用,本课题研究的下列结论对于总结村域集体经济发展的中国经验和重塑集体行动理念非常重要。(1)集体经济是人类历史上最古老的经济组织形式,也是人类社会发展各阶段都离不开的一种经济组织形式。马克思认为,"以群体的力量和集体行动来弥补个体自卫能力的不足",是人类脱离动物状态以后学会的第一个本领,"血缘家族是第一个社会组织形式"。集体经济组织形式,在史前社会中循着"血缘家族公社→母系氏族公社→父系氏族公社→农村公社"的路径自然演进;在成文历史领域里,自上古社会、中世纪至近现代社会从来没有消失过，中国的"井田制"、村社公有、亲族伙有共耕、邻里互助合作经济的沿袭和发展充分证明了这一点。每一个时代，总有个体家庭单个力量"办不了、办不好或者办起来不经济"的事情，有如"资源稀缺性"一样：与适应大自然和满足人类无止境的欲望相比较，个体家庭的力量永远是弱小和不足的。在科学技术高度发达、生产力空前提升的现代社会，"群体力量和集体行动"仍然不可缺少。只有善于合作、善于利用群体力量和有效组织集体行动者，才能最大限度地获得发展的自由。集体经济伴随着史前人类和成文史以来人类社会发展的各个历史阶段一路走来，必将继续伴随人类社会经济发展的未来进程。（2）集体经济长久存在是人类遵循适者生存法则自然选择的结果，而不是人们的行为偏好抑或意识形态的强制。集体经济是生产资料归一部分劳动者共同所有的一种公有制经济。从这个意义上，集体经济与合作经济是类同关系，集体经济的实质是合作经济，合作经济是集体经济的实现形式。但要看到，社会主义集体经济承载了更多的社会职能：一方面，通过合作社实现土地私有制向集体所有制过渡，吸引农民参与社会主义建设，是经典马克思主义和当代中国的马克思主义的共同选择；另一方面，社会主义集体经济承载着成员福利、社会保障及社区基本公共服务职能，是社会主义共同富裕、公平发展的重要体现和重要特色之一。但这并不能成为资本主义否定或攻击社会主义集体经济的借口。资本主义国家的合作经济制度和社会主义国家的集体经济制度，都是人类智慧的结晶，应该兼容并蓄而不应该厚此薄彼。（3）发展集体经济不仅是农民发展生产、摆脱贫困的可靠保障，也是农民表达意志和保护财产及权利的重要基础和共同需要。农民无论发展生产、消除贫困、共同富裕，还是保护产权、表达诉求，都必须发展集体经济。农民共同创造、代际传承、辛勤积累下来的村组集体成员共同所有的资源、资产和资金，凝聚了几代农民的贡献，是农民的共同财富，也是未来农村发展和实现农民共同富裕的重要物质基础，将其国有化、私有化都不公正，只能由集体经济组织管理和经营。"集中力量办大事"是建设中国特色社会主义的宝贵历史经验，一家一户办不了、办不好或者办起来不经济的项目，仍然需要集体统一办理。在国家尚不富裕、公共财政尚不能完全覆盖农村的情况下，农民生产生活和基本公共服务以及村域社区治理和村级组织运转，都特别需要村组集体经济的支撑；恢复和弘扬村社民主、互助合作精神，扶持贫困群体，也需要保持集体经济实力。但是，这并不意味着集体经济就是社会主义农村经济唯一组织形式，农业农村经济组织形式应该，也可以多元化、多样化。（4）必须重新认识和评价集体经济效率。集体经济演变历史告诉我们：那些只能依靠"群体力量"来完成的生产或工程，必须采取"集体行动"；评价集体经济的效率，不能单用投入产出比、或者交易成本与收益比之类的办法。中国四川都江堰、吐鲁番坎儿井、云南哈尼族人开垦的元阳梯田、人民公社时期我国各地兴起的大规模农田水利建设成果，这些劳动成果都是大规模集体行动的成果，无数劳动者为之付出了汗水甚至生命沉淀在这些成果中的巨大劳动积累至今仍在发挥巨大效益。

中国农业生产责任制度"三落四起"的历史充分证明：集体经济对生产责任制度有严重依赖性；集体经济组织一旦形成，必然呼唤建立生产责任制度。只要顺应这一趋势，把集体生产责任制度和个体承包责任制度有机结合起来，就能保证集体经济效率。人民公社时期，划小生产核算单位，实行社队分权、多级分管，以及"四定""三包"到组的评工记分及奖惩制度，在一定程度克服了"一大二公"体制弊端，缓解集体生产中的"搭便车"或"窝工"现象。但是，停留在集体生产责任制度阶段是不够的，必须将集体责任制度延伸到个体责任制度，实行类似于石屋村那样的"五定"（定地段、定作物、定工分、定时间、定规格）到人责任制度，才能保证集体生产的效率。建立集体生产责任制度最彻底的办法就是"大包干"，即今日中国农村行之有效的"以家庭承包经营为主体、统分结合的双层经营体制"。改革开放40多年来中国农村经济发展的巨大成就再次向世人证实：家庭承包经营责任制度是农业生产中最有效的责任制度；家庭承包经营是社会主义农村集体经济的一个经营层次，而不是像某些人所指责的"变相私有化"。集体生产中建立有效的责任制度，既是中国农业集体化时代（三年困难时期除外）主要农产品产量始终保持增长趋势的重要保障，又是当今中国农村经济持续稳定发展的根本。

追踪中国名村集体经济历史变迁过程发现：一些村曾经开启了村庄自治和乡村建设先河，盛极一时，但很快归于平静，至今并不富裕；一些村在中国革命风暴的岁月里，不仅为支持革命战争胜利做出过重大贡献，而且成为探索新中国经济建设尤其是新农村建设的先驱，但终因种种因素制约，村域经济发展困难，有的至今还很贫穷；一些村自中共早期开始，伴随着中国革命和建设的艰难曲折路程一路走来，始终保持"明星村"的地位，战争年代是"模范村"、农业集体化时代是"样板村"、改革开放新时代又跻身于全国"著名经济强村"之列，其中突出的代表如西沟村、大寨村、华西村、刘庄等。村域集体经济兴衰更替的原因，区域经济传统理论不能解释，村域集体经济兴衰的关键是：村域是否有一个集政治家、企业家于一身的领头精英，是否培养了一个与领头人品格一致的创业农民群体；是否一以贯之地坚持集体发展、共同富裕的道路，一以贯之地带领村民艰苦奋斗；是否把村域经济的后来发展牢牢钉在先前发展的基础之上，有效利用先前资源、资金、资产积累，选择既符合时代特点又适合本村实际的主导产业，循序渐进地扩张；是否始终把执行严格的生产责任制度与弘扬农民群体的集体主义精神、奉献精神有机结合，并将其转变为集体经济经营和管理绩效，克服不同实现形式和经营方式的弊端。如果回答是肯定的，村域集体经济必定长期快速发展；如果回答是否定的，村域集体经济必然滞后；如果哪一天具备这些条件，村域集体经济就发展，如果哪一天失去这些条件，村域集体经济就衰退。

加快制度创新和政策调整，促进村级集体经济持续健康发展。发展壮大农村集体经济，必须建立在"坚持统分结合的双层经营体制"基础之上。双层经营体制下，集体耕地资源采用"家庭承包方式"，形成了集体耕地，成员按份共有、公有私营、收益归己（废止农业税后）的格局；集体非耕地和其他资源采用"非家庭承包方式"（招标），公有民营、集体索取剩余，成员共享。这是一套完整的集体经济组织及成员的利益分享机制，农户经济真正成为集体经济的一个层次，一种实现形式，与土地私有化有本质的区别。发展壮大农村集体经济，绝不能以损害家庭承包责任制度为代价。加快制度创新和政策调整，促进村级集体经济发展的主要政策建议如下：（1）加快村集体产权制度改革，完善委托代理制度。通过对集体"三资"进行股份制改造，理顺村级集体经济委托代理关系，化解初始委托人缺位和委托代理成本过高等问题。允许村集体经济组织在保障家庭承包经营权的前提下，依法拓展资源控制权。认真清理"四荒地"、林地、果园、草地、水面等集体资源，提升村级集体经济组织配置和管理资源的能力，增加集体收入。（2）区域工业化和城镇化发展对村级集体经济发展影响重大。要进一步推进工业化发达区域的村级集体经济发展，盘活存量，开发集体可用的资源，引导村集体不动产经营方式升级，规范村集体资本运作，提升资金运营效率。加大支持工业化滞后地区工业化、城镇化发展的力度，为村集体经济转型发展拓展空间。应当允许贫困村集体经济组织，以土地等资源使用权置换方式，在中心城镇和经济开发区异地置业，开发房地产租赁市场，发展村级物业经济。（3）重建基层农经管理队伍，创新"三资"管理制度。建议推广新疆、湖北、山西等地加强农村集体"三资"监督管理的经验，把重建基层农经管理队伍，创新"三资"管理制度提上议事日程。"村财乡管"的体制机制因为剥夺了村民自治权利而受到质疑，需要在实践中进一步完善和创新。（4）鼓励村集体经济组织拓展农业社会化和社区公共服务获取集体收益。村级组织的基层治理职能和社区公共服务职能是县乡（镇）政府职能在农村的延伸，村级组织履行政府延伸职能的报酬理应由公共财政支出。补助收入是政府必须支付给村级组织的劳动或"经营"报酬，因此也是村集体的经营方式之一，政府支付应该制度化、规范化。（5）政府应该加强对干旱地区、沙漠化地区、民族自治区、陆路边境地区贫困村的发展干预。要瞄准对象，公平配置公共财政、帮扶部门及社会扶贫资源；要把干预式发展与挖掘自主式发展的潜能结合起来，"支持那些愿意发展的村庄优先发展"，激发农民参与集体行动的热情，形成村级集体经济发展的竞争局面。

启动农民创业创新计划，加快村域新经济体发展。建议国家启动农民创业、创新计划，将其当作为农村长远发展的重大战略决策。出台农民创业、创新相关支持政策，比如农民创业启动资金的金融支持，农民创业建设用地的土地支持，农民创办企业税收减免的政策支持等相关支持政策。动员高校及相关科研机构为农民创业、创新提供科学技术支持。中国共产党90多年的历史上，先后涌现了一大批对中国革命和建设产生过重大影响、带有鲜明时代标志的模范村、样板村、著名经济强村（"明星村"），这些村落的创业农民或农民劳模，把国家利益、集体利益看得高于一切，带领村民艰苦奋斗，创造了震撼时代的业绩。建议采取适当方式，研究中国名村变迁以及老一辈创业农民带领农民发展壮大集体经济的历史经验，宣传创业农民和农民劳模的伟大贡献，重塑劳动光荣和爱祖国、爱集体、爱劳动人民的风尚。

2. 浙江历史文化村落经济社会状况

浙江历史文化村落数量多。截至2015年年末，经省农办等部门确认入库的历史文化村落共1237个，占全省行政村总数（29849）的4.1%。这些村落历史悠久。我们课题组对其中1158村进行了较全面的统计：唐代及以前始建的村落160个，占13.82%；宋代始建的村落最多，367个，占31.69%；元代始建的村落103个，占8.89%；明代始建的村落297个，占25.65%；清代始建的村落149个，占12.87%；民国及以后始建的村落82个，占7.08%。本人最近的课题调查，是在这一千多个村中，集中调查了59个村，加上之前我们便密切关注的124村，共有183村（59+124）个样本村，研究他们的经济社会活力。调查结论如下：其一，村域基础设施和村容、村貌极大改善，村级组织办公场所、村民综合服务场所、文化活动与体育锻炼场所一应俱全。其二，村级集体经济发展，2014年实地调查59村，村均集体收入43.08万元，其中：超过100万元的16村，占样本村总数的12.9%。无"当年经营收益"的9村，有经营收益、但低于5万元的34村，占27.4%，5万~10万元的13村，占10.5%。其三，农民收入增长、生活质量提升，2014年有效问卷101村，农民人均纯收入超过2万元的15村，占问卷村总数的12.1%。人均纯收入8000~20000元的84村，占67.7%。农民人均纯收入尚未达到8000元的25村，占20.2%，其中，农民纯收入在5000元及以下的6村，占4.8%（另有2村未填写）。

接下来我们看看浙江历史文化村落建筑物产权和产业发展情况。历史文化村落及其古建筑的利用方式，因建筑物性质、产权归属不同而各异。在样本124村统计的3309处古建筑中：产权属于农户所有的2568处，占77.61%；产权属于多人或宗族共有3处，占0.09%；产权属于村组集体所有的738处，占22.30%。一部分历史建筑被国有或民营企业收购。我们发现，历史文化村落里集体所有、农户所有、宗族和多户共有、固有和民营企业所有等所有权主体，大致上创造了有9种利用方式。其一，农户个体与宗族共有的历史建筑等资源利用：（1）居住、生产及仓储用房；（2）"农家乐"基地；（3）祭祀祖先、纪念先贤和其他宗族类活动场所；（4）闲置甚或废弃。其二，村组集体所有的历史建筑等资源利用方式：（5）作为村域经济社会发展的环境与资源，集体经营或租赁给企业和个体户经营管理；（6）村域基本公共服务、村史展示、人物纪念、传统教育和文体活动场所；（7）整村发展为特色旅游产业村。问卷124村中，制定了旅游发展规划的53村，占总数42.74%。

2014 年有旅游收入的 18 村，占制定了旅游规划村的 34%，总收入 2060 万元，村均 114.44 万元。诸葛村旅游收入每十年跃升一个台阶，持续 21 年稳定增长，2015 年，进村旅游 48 万人次、门票收入 1886 万元，全村旅游综合收入 10000 万元。其三，国有民营企业参与历史文化村落保护利用；（8）国有公司投资、政府协调管理、共同保护利用。宁波城投公司投资慈城古县城的保护利用，慈溪市五磊山风景区投资开发有限公司投资鸣鹤古镇保护和利用，是两个成功案例。（9）村集体与民营企业合作保护利用。有些村由集体经济组织出面，统一收购农户所有的民宅、祠堂、纪念堂、宗族大（祖）屋等历史建筑，连同村集体所有的其他经济和历史文化资源，"打捆"成连片、集中的旅游资源，以整体出租或入股的方式，招商或者引进民营企业，共同发展乡村旅游业及其配套服务业。

3. 浙江村域支柱产业发展的两个典型案例

浙江兰溪市诸葛村。该村是诸葛亮后裔全国最大聚居地，在元朝至正四年至十四年（1344—1354 年）建村，历经 670 余年，至今保存完好的明清古建筑 200 多套。1994 年成立"诸葛文物旅游管理处"，村域旅游业起步（门票 3.00 元 / 人），当年进村游 1.4 万人次，门票收入 2.1 万元。到 2015 年，进村游 48 万人次、门票收入 1886 万元、旅游综合收入 1 亿元。中华人民共和国成立以来，该村一直是乡（镇）人民政府驻地。

浙江义乌市何斯路村。2017 年，该村 431 户，1023 人。2008 年，农民人均纯收入只有 4570 元，村集体经济亏损 14.6 万元。换届选举后开始现代农业建设，找到了种植薰衣草，办薰衣草节、黄酒节等旅游项目。2017 年，村集体经营收益 2300 万元，农民人均可支配收入 3.9 万元，本科生到该村创业 70 多人。CCTV4《走遍中国之——何斯路村启示录》于 2015 年 1 月 24 日进行了首播宣传。

（三）人兴产业——精英和产权治理

兴产业，必须重视领头人和创业农民精英群体的力量。产业兴旺与否，取决于领头人的智慧和决断，并依靠创业农民精英群体的影响高效执行和落实领头人的决断。

兴产业，必须重视产业的根植性和成长性。根植性是指产业组织制度、经济行为产于社会关系网络并根植其中。地域特性；知识技术积累；产业组织形式。

兴产业，必须重视产权治理的有效性。产业组织参与各方责、权、利的均衡。

中国乡村振兴应该制定更加具体可行的规划、计划和推进政策。未来可持续发展战略重心应该转向"经略农村""经略山区"。经营农村是谋划策划经营管理农村。新时代的乡村振兴，必须对农村地域空间重构及其综合价值追求做出科学规划和布局。农村地域是一个"向外部开放的、具有自律性、独特的多种产业复合体的经济空间""完全无视经济需求而述说乡愁，……农业和农村是无法存续的""仅仅站在生态学的立场上强调恢复自然的权利，常常会忘却人类的存在"。这几句话源自祖田修《农学原论》。经营农村，必须对农村的地域空间的重构和综合价值的追求做出科学的规划和布局。

村落的公共服务设施创意设计

吴维伟

主讲人：吴维伟（1983—），汉族，湖北天门人，南京林业大学博士研究生毕业，任职于浙江师范大学美术学院工业设计专业。2016 年参加米兰国际家具展卫星展（上海），其作品《LineSeries：SHELF》荣获二等奖，并受邀参加明年 4 月在意大利举办的米兰国际家具展。2016 年于意大利开展为期一年的访学工作。2018 年其设计作品获得红点奖。在 2020 年第二届"龙腾之星"指导学生获得全球绿色设计大赛荣获金奖。

一、村落公共设施现状的梳理

前面我和大家一起走了 23 个村落，大家对村落的公共设施有何种印象呢？是否觉得哪些村落或者哪个村落的设施做得不错，而哪个村落做得不够好，或说我们的评判标准是怎么样的，我其实也想和大家交流一下这方面的问题。

关于公共设施我们大致有一个评判标准，即 4 个方面：功能性、美学性、文化性和整体性。梳理和评价之前我们走过的那些村，大家不约而同地选择了下南山村，大家普遍觉得该村的公共设施做得比较不错，无论是在美学性方面还是在文化性方面。实际上，下南山村采用了一些人们期望表现文化的方法，但他们的这种表达其实并没有格外新鲜之处，因为几乎所有的村都用这种思路方法，也就是 80% 的村使用了同样的方法。至于整体性，下南山村是比较完整的成系列的作品。当提到功能性的时候，这是我们所有的公共设施都必须要考虑的，但其实这方面，在逻辑上却本应该是最不需要额外比较多地去考虑的要素，因为一般只要做，其功能反而是原本性的基本功能，任何一个有用的实用器，设计师是绕不开功能性的，即便我们采用"最不考虑"的态度，其实也会将大量的精力注入其中的，所以它是最不需要考虑的东西，所以真正要关注的其实是美学性、文化性和整体性，真正要落地的是美学性，这其实比文化性和整体性更难，我们真正的切入点是文化，而且通盘都需要着重考虑整体性。在座的诸位老师，你们可以根据这 4 个标准，来评价一下我们看过的每一个村的这些设施。

图 1-81 （左）较早的设计（中）中期设计（右）较新的设计

比如寺平村，大家会发现这个村的设施有三种不同时期的感觉，这是因为至少有三个团队来这里做过设计。顺便说一句，这种情况其实是设计行业中的一种大忌，因为所有的设计不能延续。很多国外的设计事务所，一般只有在设计团队不能让甲方满意时，业主才会考虑更换设计团队，否则都是由某团队从始至终给这个甲方进行设计服务，乃至于会提供终身服务。设计团队中老设计师退休也不会有问题，当然设计费也是终身支付的，后面不断有即时性品牌维护和换代设计。我们国内有一种不尊重设计的风气，认为"设计行为"就是坐在那里拍脑袋就可以出成果的事情，不尊重设计是因为人们普遍仍然不认为设计行为是一种应该被尊重和被重视的劳动。如图 1-81 所示，从时间来看从左到右是每次设计的状态，如此一来则全村的整体性被破坏。但客观地说，如果你单个来看，觉得还比较不错，但是我们把它们放在一起再来看，感觉就完全是不同的，对于对图案比较敏感的人，会恍然觉得自己走在了两个村落。这种现象我们现在并不少见。

前面我们一起走过的那 23 个村落，比较粗地回顾，是在总体上这些村落所有的公共设施，大致呈现出以下三个问题。

问题一：设计普遍缺乏形式性美感，一般某个方案细化之后，形式感最终会被确定下来。有的时候，但对细节的推敲，做的是不是到位就显得比较关键了。设计思考如果不到位，就可能不会突出地方特色，以至于不能给游客留下比较深刻的印象。

问题二：设计普遍缺乏地域文化特色。所有的设施中，设计师在做的时候其实大多不太注重纹案，或者说设计师所认为的纹案并不能反映出具体目标村落的气质，再或者和这个目标村落本身不具备比较紧密的关联性，设计师对其地域性认识不足，或者是设计师虽然提炼出某些要素，但由于缺乏比较广泛性的论证，大致只是设计师自己认为其总结的要素是这个设计目标村落的。这个问题的症结，仍旧还是设计推敲不够细致和深入导致的。

问题三：村落公共设施普遍缺乏系统性，系统性本身也是个很大的问题。我们发现很多村落的设施大多经过了多批次的设计，不管是有意的还是无意的，他们的不同批次之间大多没有考虑承前启后、承上启下的联系。有时候只是因为前面的那一批设施腐坏了，或者项目需要增加某些新的公共设施类型，他们村委会就重新找一个设计队伍来做一个，地方村落大多是纯粹从功能方面来考虑他们的需要，而并不是从系统性和延续性方面来考虑的。

接着，我们就有必要再在前面的基础上，正式地解读一下村落设施，第一个问题：每一个村落它希望呈现出来的是什么？第二个问题：哪些东西可以是项目村落的？第三个问题：哪些是符合该村特色的，依据是什么？

产品没有嘴巴但却会"讲话"，它会告诉我们"我"是谁，"我"有什么作用，"我"代表的是什么。所以让我来解读这些问题的话，前提是如果大家有些符号图案学方面的基础，就会觉得可以从符号的角度来解读。引用符号学教材里面的一句话，是"一切有意义的东西都是符号"。于是问题来了，第一，某些信息，核心是符号传递，第二，只要是符号，它都存在着一定的意义，我们看到的任何事物都是有意义的。这可能跟前面老师讲得不一样，我个人认为所有东西都是符号，而且这些符号显然都会告诉我们某些信息，我们要做的就是解读这些信息。

我们再来看，这些图形的信息，其实存有大量的文化性。我们把这些信息，不论是高层次的文化性还是较低层次的文化性，都转移到这些设施中，最终以一种物化的形态将其呈现。任何设计，都会反映一定的地域特性和村落化，使得他做的东西很有村落的特色。这个区域文化意象大致有三个层次的外显的行为以及内隐的行为，因为我们看到无论什么层次，其实我们看到的最终都是物化的。

包括比方说道教的太极符号，或者说八卦和六十四卦的符号，虽然大多数普通人并不知道这些符号具体指代什么，但任何一个人都不会不承认它包含了一定的信息。太极符号的变化也很多，尽管这些变化可能并不是设计师做的，但无论其如何变化，只要大家一看到这种符号，就知道这是个太极。所以我们更多需要关注外显文化的意向层，然后最终它呈现出来的都是在意向层这个层面了。那些最外在的层面，就是物化的层面，包括造型、色彩、材料、质感和装饰技术等这些要素，相互影响，共同递进。

只不过这些事物，我们从符号的角度解释，就是说它的这些要素都能够传递一定的信息和意义，这些信息就是我们设计师解读、挖掘、讲述和阐释的村落所存在的意义和目的。把它们加在相应的符号上面，我们可以这样解读。所有村落的这样的符号以及它物化的一些这样的或明或暗的表达，都需要一些有慧根的设计师进行解读，比如说廿八都马头墙坡屋顶回纹，它用了两种颜色的金属，然后一种金属加石材，再一种是原色木材，材料就这么几种，符号就在那里，需要用心去思考去感受，设计师细心感受到了，大致也就能够将其提炼出来了。

村落常常运用的符号，我们在考察过数百个村落后，进行了一下总结，一是传统的建筑屋顶的符号，用到的最多的是坡屋顶、马头墙、观音兜、牛腿。二是传统纹案，回纹冰裂窗格纹。三是具备地域性的符号，扇形、影视胶卷、场记板、鱼纹、波浪纹、蚕形纹、宝剑纹、畲族凤鸟。四是按自然环境如山形符号，这个是最少的，因为巧然天成，具备一定的巧合性。所以，我们看一下，这几大类符号可以进一步总结成传统建筑、传统图案、地域符号三类。

我们现在再来看，会发现用得最多的符号，其实不一定是最好的。正是因为它比较多，这也就造成了不大会给人留下深刻的印象。比较容易给人留下深刻印象的，并不是马头墙，而是村落中的坡屋顶的形态。下南山村用的坡屋顶来做设施符号，但其他的15个村都用了，于是大家就觉得到处都觉得似曾相识，觉得很像，而且他们还感觉理所应当这样。至于下南山所选用的符号，那个坡屋顶，好像每个村的建筑都长这个样子。的确，这个图案的认同度高，是因为这个符号特别便于人们记忆，它和中国的"人"字是相同的，即因为有了文字意向，所以便于人们记忆。当然了，如果换了一个样子，那么可能我们就没有那么深刻的印象了。但如果其使用得特别醒目，同时图案意向特别符合村内的真实情况，那么就增益了这种记忆。还有一点，坡屋顶的符号很容易被复制，并不稀罕，也就是说其独特性或特色性不足。

我们知道明式家具很简洁，而清式家具的装饰比较多，常常满屏都是装饰。但清式家具的装饰，其镂空雕刻手法数量并不多。寺平村门头的砖雕，其层次可以有二十几种，明代的砖雕比清式的复杂得多。也就是说，清式家具所用的那些装饰的形式，或者说它的种类，或者它的层次其实只是浅层次的，建筑门头其实都比这些家具复杂。这两个事物看起来并无联系，但就装饰这件事来说，是因为人接触的距离导致对复杂和简单的不同做法。明代的人们认为门头离观赏者远，所以就必须复杂一些，而近距离接触的家具就不需要过于复杂，人们的感觉还是比较容易因为繁杂而厌烦。而清代的家具，因为距离近，如果装饰过于繁杂和多层次，也会让人感觉不舒服。两个时代表面上看不同，其实道理是相似的。所谓简单的、一般性的反而比较经得住时间的检验。而且审美感受也因为物体的体量，而发生视觉感受的差异。在面对大体量的时候，反而需要特别多的细节，这样我们才会觉得它很有细节，大体量的东西做得很精致，我们不会觉得它繁复。如果我们把寺平村这些门头全部拿掉，你们就会觉得民居建筑的门洞太小了，比例会失调。比如哥窑瓷器的冰裂纹，审美标准是"大器细裂，小器大裂"。反之，如果我们把清式家具上所有的装饰给拿掉，其特点是傻大笨粗，失去了细节。这是因为清代家具大量使用相对便宜的木质较为松软的木类，如果不粗壮一点，其受力情况会比较差。明代的家具之所以有那样的结构，是因为木质比较好。清代的时候红木就已经很贵重了，是要按照重量来售卖的，大部分老百姓买不起，于是就只能用傻大笨粗的木材。当然每个人都有追求美的原始动力，这是人的一种本性，所以为了稍微美一些，于是在上面进行适度的雕刻，这种行为就在情理之中了。

再回过来看，会发现那些设施其实做得都不一样，它们的每一个细节特征，均符合某一种典型的符号。如果我们这样做，把前面所有的这些设施中的符号全部盖掉或拿掉，这些设施就"长"得都一样了。好比说垃圾桶几乎全是立方体盒子，唯一不同的，就是这些符号的加持。

再看我们走过的那23个村落，关于其设施的材料情况，使用木材的有15个，使用了金属的有7个，使用了石材的有5个，耐候钢3个，旧船木1个，这些材料中有一些组合，比如同时使用了两种材料。在村落里面我们发现，村落里面用到的最多的材料形式是木材，其次是金属，还有一些地方因为地理条件的限制，使用的是石材。所以，总体而言村落里边使用的大致就是这三种材料，从材料本身而言，品种的确不多。如果要增加地域性的特征，那么常常增加的形式是夯土，这当然可以突出和强调乡村的"乡土"特色。当然木材材料中也包括竹材，但是木材仍是最主要的用材，因为它是所有设计师认为最能体现乡土气息的用料。金属一般有两种质感的呈现，第一种就是涂（镀）漆仿木，第二种就是把它做成棕色或者灰色，或者直接使用金属的金属原色，尤其是不锈钢材料，一般会这样做。再一个就是石材，因为以前的建筑里面有大量的这一类材料，在这一部分材料中也包括青砖和夯土，但是因为造价和后期养护的原因，现在使用的案例其实比较少。但就材料本身而言，我认为石材更容易突出乡土的效果。另外，材料还包括陶瓷、混凝土、玻璃、塑料、PVC，但都比较少，所以在三个大类中我们更倾向于将它们归入石材中。

我们没有看到时下比较新的材料，比如装饰混凝土等比较新的材料，这不失为一种遗憾。

多种材料综合这种情况是我们在某些地方，也许在它的某些局部，或者说在有些村落里面于一部分公共设施的某一部分去应用，一般村落都不会将这种方法运用在整体上。材料互相改变性质的这种做法，其实有很多，比如彩色混凝土就可以这样应用，而且做完之后我们会在它表面进行二次处理，处理成我们想要的效果，比如说让它呈现出来的不是混凝土的感觉，这种做法在景区中常见。

按照我的理解，设计之初也许就应该以很简单很粗暴的方式去理解这些设施，之后设计师应该根据这种比较直觉性的简单粗暴的方式，提出一种思路去做这些设施，然后逐渐做细致。顺便地，请大家思考这个问题：公共设施我们到底要做到什么程度？也就是细化到何种程度，在实际项目中，我本人一直比较希望知道这个问题的确切答案，因为工作其实只要开始做，设计师就不难发现设计是延绵不绝的事情，不断有新的问题出现，而且要不断地解决问题。难道大家没有发现设计是没有尽头的吗，我只会说我去把这个项目做好，但其实它是做不完的。我想我们每一次都会在最后说"把这个产品做到我们觉得合适的程度就好了"。

二、设计程序和思路

根据前面我们对这些设施的分析和思考，当然，这种方式及流程大概我们平时在做项目时就已经这么做了，为了在这里更说明问题，我会把它更加地量化一些，比如说文化的梳理部分，我们葛博会做的；符号的推敲和确定，是我们徐老师来做的；徐老师做好了之后告诉我用一些什么样子的符号，包括村落的标识。然后我会根据这些符号，进一步再去添加其他的符号，进行公共设施的设计。有时候给我的符号太多，我会进行选取，只要一个或两三种就够了。两三种符号，这些符号可以是同一个符号，比方说标识，我有时候会把标识拆解开，或者进行进一步抽象，或者将其具象化，总之有那么两三种就可以了。之后对材料进行选择，我通常会选择两三种主要材料，虽然我们看到的很多公共设施都是由一种材料制作，但是如果要凸显主要的意象的话，当然最好是用两三种材料，这样比较容易形成对比，容易出效果。

假设上游设计师给了我三种符号，到了我这个工序，我是这样来运用的。这几个符号中先选取最主要的符号，或者是最抽象的符号。拿来做最大一个层次的或者说最显著的框架，因为框架性的东西是越抽象越好，因为太具象了就很难再深入。次要符号也很关键，反而可以放在比较凸显的地方，这可以让人们阅读出比较多的内容，使得感觉更有丰富层次。因为这些设施的一些连接构件，就像明式家具的框架中都有些看起来类似于装饰的连接件，是一些比较小的细节性的符号。第三种是底纹符号，拿来作为底纹，比如相关的面板显得太空的话，也可以应用这种底纹到里面，所以说我们把这三个做好了之后，公共设施大致从框架到细节再到它的画面，基本上就齐备了，可以继续深化了。经过上面的过程，我们说我们所理解的文化就基本可以达到文化物化了，我们的设计队伍将我们所理解的文化物质化了。

根据这个思路，接下来我给大家看一下我们的案例。我们工作室做了两个这种案例。

这是我们做的磐安新城的设计（图1-82），从前面的这个文化到标识，到一些小的景点的景观节点，再到最终的设施整个都做了。这是最终做好的标识。磐安新城的这一类公共设施的困难在于，甲方给我们的经费实在太有限了，这不但体现在设计费上，而且也体现在他们自己的建设经费上，这直接导致了能做的项目就那么多。所以我们做设计的时候，就不能对建筑做调整，或者说很多分项由于资金不足，其实根本就不能实现，只能付诸到图纸这一步。要知道我们地方上的设计工作，迭代现象比较严重，这一稿设计不能付诸实施，他们在以后几年还会做下一稿，这样就直接会导致整体不能统一的现象，这对我们团队的口碑和声誉也是有影响的。这样，就导致我们做了比较多的是视觉上的和一些公共设施，然后选择一些节点把这些设施做出来。这些是磐安地区的地域性文化符号的提炼，我们在之后会说到。它的一些特征性的东西，好比这种红色，代表磐安的炼火民俗，玄色代表他们的乌石村，这个青山的形象，是讲磐安被誉为天然氧吧的大盘山，然后我们从这些物质中提炼出 5 种色彩，这 5 种色彩大致生成了一种关系，每两种色彩相对应的是我们提出来的 5 个磐安新城的城市理念。在以上基础上我们又做了三个标识，最终我们用的是这个。因为它是一个新城，作为一个新城，所以做的是一个城市公共服务的概念，用"磐安"的拼音。最后选的第一种，这样的纹样。因为这个纹样我们后期都要用，把这个加进去以后，我们发现图案性就丰富了很多。

标志设计方案一

图 1-82　磐安新城的标志设计

　　我们做的产品，比较具备独特性或说是独立性（图 1-83），刚才的那些设施似乎在城市里面有很多都用到了。这些设计我们在磐安第一次使用，后来这些设计被比较没有底线的施工单位转手转卖，将一些没有实施和部分实施了的设计私自卖给了其他的市政工程设施设计单位，结果我们后来发现很多地方在其他地方被抄袭和应用了。反过头来，很多人却认为是我们在抄袭。这件事给了我们很多教训，我们后来也比较重视外观专利的申报工作。这个图片（图 1-84）是在高速路口往磐安新城方向看，下来之后就可以看到磐安新城的这个比较大的标识了，这个作品已经做好了，整个字母 p 的高度是 9 米，而且在晚上会发光。这些最开始是由我作为主要负责人，但是其实整个过程所有团队成员都参与了讨论，特别是色彩的决定，是徐老师将他的色彩体现出来，我再加入到公共设施中。

图 1-83　磐安新城的公交车站站名牌

　　磐安里面有一个古茶厂，那个古茶厂的建筑，它的立地形态类似于四合院。这就产生了一个概念，我当时就想把这样一种意向拿取，将它提炼出来，这个时候有一个关键点，即此时我做的不是一个建筑，建筑跟我没关系了，我要做的目标是公交车亭，我将前面四合院建筑的概念转化，解构后再重塑为公交车亭。

图 1-84　磐安新城的城区标识

磐安是一个新城，所以我们要做很现代的东西予以配合。设计思路是用一根金属线，每隔一个固定的距离折一下，折出来的这个形，很像小孩子的"一笔画"，上面的这个形就是其屋顶的形态，它也是一根线折成。我们把前面讲过的磐安城市设色的那 5 个色彩，分成 4 个区域，比如说规划的生态区域，我们主打颜色是这种绿色，它的工业区域我们主打黄颜色，这个地方是它的生活居住建筑区域，也就是迎宾大道，我们用的是红色。总之，一个区域用一种颜色。不同的区域，我们就相应地用颜色加以区分。我这次就拿一个线来折过来了，我们这个设计很巧合的是，用这个设计方法折成的字母"p"，一半转过去恰好就成了另一个字母"a"，磐安的"磐"字的汉语拼音 pán，去掉声音标号，里面包括字母"p"和字母"a"。刚开始，我们还没想那么多，就是一路折过来，当照着这个思路做成了，才发现这两个其实是对称的关系，简直就是天意。由此可见，设计是一个不断发现的过程，我在这个时候非常有成就感。我们设计的这种一根线条的折法，后来被应用到磐安新城设计的大部分地方，乃至于个体经营户也依照这个思路做自家的招牌。当然为了设计的系统性，同时也是为了满足其形式感，我们也用了一些石材在这一类设计中。当然为了差异性和个性，也为了在视觉上不至于过于枯燥，我们做了几种模式的指示牌，刚才的图片是其中的一种。磐安有工业区，里面有很多厂，所以我们相应地也设计了很多颜色变化。

接着，在磐安的这个案例中，大家会发现我们其实按照前面述说的设计思路，甚至帮助他们设计了沿街屋顶，为了保证我们设计的系统性、完整性和现代性，他们的很多建筑屋顶的样式我们同样用了折线的方法。继而我们后面尽可能做了所有的设施，都是根据相同的意向，考虑到实际功能的需要，安排了放大或缩小的模数，我们在此用到的语言都是一样的，都是这种折线，尽可能保证了磐安新城城市公共服务设施的系统性。

再举一个例子，金华山景区包含双龙洞、黄大仙等景点，游线起点是金华山山脚下智者寺，最远处至麓湖、鹿田书院和黄大仙祖宫，其中还包括霞客古道、金兰古道等，组成了整体的旅游游线体系。这个项目比较困难的问题，在于它里面包含着儒释道三种不同的事物，将它们全部融在其中，且有机构成为一个整体。金华山黄大仙道教文化在全世界道教中的位置和影响还是比较显赫的，但同时金华山又是婺派文化的起源地，而且智者寺佛教文化也赫赫有名。如果分别对应做三套设施，这当然是没问题的，而且会更简单，但问题是我们怎么样将这三套比较独立的文化，安排成一套设施，又不能太过分地独立，要让它们统一起来，这套设施可以说是我们做得相当纠结的项目，需要融进去的东西比较多。我们很难用一个图形或者一个符号把甲方想要的东西尽数表达出来。我们给它定制的主宣传语是"双龙灵境，大仙福地"。经过了数十轮的讨论和设计，我们最终和市领导以及甲方将其定调为以"道"为主（为首），然后其他的"儒"和"释"都适当地弱一些。也不是不需要，而只是适度地削弱一些，这样就没有那么浓厚的宗教气息了。而且，我们还要求其符号还务必跟金华山山形进行融合。其主要元素是山形＋双龙＋仙境＋云纹＋道教。整个标志我们在前面数稿设计中做了很多，大致 100 来个。请大家看，从这些设计的标志中，我们和甲方经过一轮轮讨论，最后选定了这个（图 1-85）。

图 1-85　（左）金华山标识系统中景区介绍展示牌（右）金华山视觉元素选择

图 1-86　金华山视觉标识系统举例（导视牌举例）

　　选了这个之后，我随后就着手开始制作设施，其整个的配色是需要严格根据前面的设定来做的，当然，在我上阵之前徐老师要做一套色彩体系给我。相应地在我的设施体系里进行应用，我和徐老师在工作方面有一些互相叠合的地方，这种叠合是有必要的，否则他就不可能直接将他的工作交给我。比如我也会做一些纹样，这样从我这个角度来说，也就比较容易承接他的工作。到了我的环节，项目的中心问题是又要体现前面定调的主题和主方向，但又不能在设施形态上有冲突，最终要选择比较能够反映金华山精神的形态和材料。我们认为这些设施因为需要在野外放置，日常维护较少。所以我们尽可能选择较少的材料要素来做，不能这个好就用上，那个好也用上，分不出主次。我们的方案最终做成这个形式，这根线就是从太极符号中提取的，我们将这根线稍微改得直了一些，本来我希望把它做得再简单些，更精粹一些，也就完全地按照黑白来做，中间看起来就像一条直线，后来大家在讨论的时候，同志们都觉得线条太硬了，可能会显得比较呆板。于是我的下一稿就在后面加上了一个角。如果将这个东西正反拆开来看的话，它就成了两块，一块灰色，而另一块白色。这个做完后，大家讨论还是觉得太平板化，于是我又将羊头纹加在其中。但这个羊头一旦加入又感觉太过了，抽象的线条和具象的羊头不太容易协调。最终我们采用的是这样（图 1-86），用暗纹的形式来调和，上面的云、山是暗纹。在别的设施里面我们又反复斟酌，是否可以将另外的符号加进去，只要不会打破整体性，就可以逐渐加入一些别的纹样。至此我们就开始用这个阶段的设计制作表现图，这些图片是金华山项目的指示牌（图1-86）、停车场、橱窗、警示牌、门牌、店招等设计稿，但此时仍旧算是比较"开始的阶段"，后面还有非常多的细化工作，事实上这种调整接连不断地持续了近一年的时间。

设计师大多尽力与自觉地做到，将设计图纸制作得尽量美观好看，但设计作品真的被制作出来再看，却不一定真的好看。这个时候再去调整，恐怕就会造成经济损失。再比如我们的设计已经达到了我们的意图，但是真正制作时施工方可能会迁就厂方工艺方面的困难，而未经我们许可擅自更改我们的设计，比较常见的是擅自更换制作材料，这两种情况都比较常见。

刚才我们曾讲过，用主要符号做一个大致的框架，此框架可以相对来说较为抽象比如我们刚才讲过的例子。当框架做完了之后，接着加入符号作为支撑性细节。比如金华山项目的这种云纹，一方面作为材料支撑结构性的一个细节，虽然在前面没有用，但在这里就应用了，另一方面可以作为构件之间的连接件，起到机械连接作用。然后是考虑具体纹样，作为能够代表金华山文化气质的图案，设计出的三种纹样即呈现出其三种层次。设计程序就是按照上述的这三个步骤，当然这个程序不是说就很好，今天拿出来和大家说，真正的目的是抛砖引玉。整个设计过程其实重在控制，而且这个方法特别考验一个设计师或者一个设计团队的控制力，谁可以控制得更好，那他的设计就可以做得更好。

三、符号的演绎

我们现在做的很多设计，常常受到现代主义影响。但是，我觉得我们的初衷，有时候是希望做出来的作品，反而是那些完全没有符号的，没有装饰性的作品。这种少符号的作品常常比较难以控制，特别能够反映出设计者的功力。我们现在回过头去看，发现那些包豪斯的作品即便到了现在也没有过时，这是为什么呢？我觉得其主要原因，是其中并无符号。我们需要考虑一下这个问题，当时的那些人做的那些设计，要么是他们的设计能力确实比较厉害，对他们而言，美学当然应该不是问题；要么就是他们比较有效地解决了机械化生产的问题，能够将美进行高效的生产。在工业生产已经比较发达的今天，生产这个问题已经不成问题了，以至于我们再做不好反而是不应该的。同时，这也反映出，当时这些前辈才会有"只要功能就好了"的想法，但我们现在不一样，美学是我们最大的问题，生产问题已经退后一步了。而且对于不同的产品，我们大致需要去调整符号的用量，可能最初的那些由我们精挑细选出来的符号，最终我们决定应用在具体作品上之后，产品和符号本身的意义就脱离开去了，此时我们要做的产品符号一旦提炼出来，可能只是变成了很简单的、单性质的文化附着物了。

符号本身有几种层次，纯粹的美化装饰、图案装饰是比较早期的那种工艺美术作品强调的，都有一些传统的纹样或者图案，直接把它附着在一个产品上，可以增加其销量。很多人也用过这种方法，是把图案当成一个纯粹的"好看的东西"，将其贴上去，以至于这个图案和这个事物原本并无关系。比如早先的暖水瓶上丝网印刷的图案，我并不是说那些图案或符号本身有什么不对，而是其意义和这个暖水瓶之间没有任何联系，但在当时这种安排可能并未影响到这种暖水瓶产品的销量，因为在物质比较匮乏的时代，或者在产品初期，大众的欣赏水准比较低的时候，还能接受。但伴随着人们生活水平的逐渐提高，审美水平逐渐提高，其势必伴随历史的发展而逐渐遭到淘汰，同时商业竞争也导致设计师的作用在不断地增加。再比如早期的室内空调机，大多是白色的一个长方体盒子，这两年不但出现了有图案的室内机，而且其外形也不一定是长方体了，甚至材料也可能采用不锈钢的，还有它也不一定是挂在室内一个角落了。这些变化不但国内的厂家在做，国外的厂商也一样，都在逐渐发生变化。再比如说诺基亚当时出了一款手机，号称轻薄系列。其在外壳上网点印刷上很像皮革一样的花纹，当时这让人们感觉耳目一新。如果我们做产品时候，只是将这种加法的思路拿去做冰箱空调，加上那些装饰性的花纹，当然会过时的。我们反过来说句公道话，"过时"有时候也并不是坏事，因为人们的审美水平提高了，这样才要求设计师更需要创造出美好的事物，同时这也是设计师毕生为之奋斗的目标。

有时候我们说，去做一个公共设施，给其表面印点图案比较正常。包括刚才给大家看的那些设施，比如说印刷一些老花窗的冰裂纹，做在这个公共设施里面，有些同志觉得有些图案不好，是因为他觉得这些装饰和这个设施没有关系。但这种手法本身是没问题的，可是这样做，就显得不伦不类，并不能突出设施在这个项目环境中应该有的那种文化气质。那么，我们就需要进行更深层次的思考，挖掘其文化符号更深入一些，制作的层次就需要更高一点。

比如我们将目标项目中相应的比较典型的符号提炼出来，也许是人家既有的图腾图案，也许是一个比较具体的形象，也许是这个村中独有的符号。比如渔村，我们就将鱼提炼出来，将这种贝壳的形象提炼出来，提出来几种比较具象的符号，再进行艺术化提炼，或者进行抽象化，抽象提炼之后，再论证其应用的可能性。用的手法跟前面讲述的相同，当然你还可以在这个基础上将其立体化，这个时候再做出来。我们可能会发现它跟前面的具象形体不一样了。

比如还是前面提过的这15个坡顶，我们只能记住一个，就因为我们的内心世界觉得这个样子的屋顶最美，其他的或者不美或者比较大众化。我在整理照片的时候试图找到前面这些村落屋顶形态的寓意，但我感觉它们其实都一样，但如果图案方面不够理想，运用其他的符号可以吗？也就是说，如果一个符号可以弃置不用而没有影响，那么其实它本身就可能是无用的。对文化符号的提炼，其实非常考验设计师的逻辑能力和总结能力。如果单个人的脑力不足，就要用团队的力量。

符号结构就是把相应的符号，拿过来后并不仅作为图案来用，也就是可以进而将这种符号进行解构，重新构成组合，重新制作，甚至可以做成一个产品。也就是说前面的设计还是仅仅将其当成图案，然后甚至可以将其作为产品本身。好比我在金华山项目中设计的那根线条，它本身其实不过就是一个符号，它的框架甚至也就是个符号，但后来在很多应用上，它本身就成了一种可实施的产品。那个岱山县的鱼形符号，它最初不过就是一个符号，大概只是当成图案来用。但后来我们看它被应用为果盘，这就是说它已经不再是一个简单的符号了，它的亮点就在于符号和功能相互进行了肯定和呼应。

这张图片（图1-87），我总感觉这个设计作品一定是某个东方人做的，但是后来查阅相关资料发现是一个西方人做的，这很难得。因为一个西方人能够这么准确地感应到我们东方的文化，这本身是不太简单的事情。当然我们有的问题，西方也一样有。建筑屋顶它就是这么一个外观，但这个西方设计师采用的这些竹材其实相对来说还是比较偏东方的。这种竹材也是现在比较流行的环保材料。这个作品，他直接把冰裂纹当成一个产品重新来构成，当我们看过，会觉得这个冰裂纹运用得也很不错。只是我们经常拿这个符号去印花了，当然印花本身并没有错，但我们似乎被传统思路禁锢住了，没想到它还可以这样用，这个西方人突破了这种图案的限制。

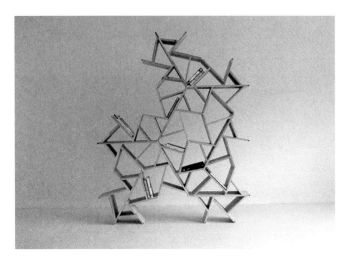

图 1-87　设计师 Christoph John 把中国传统木纹窗格作为灵感，设计制作了"冰"书架

这是学生设计的纸巾盒（产品外观处于保密阶段，所以本书不能提供插图），做得还是很巧妙，这件作品虽然小但也比较深入细致。它里面的结构是底部有一个具备弹性的顶纸板，当纸比较多的时候会将这个顶纸板压下去，而纸越来越少的时候，顶纸板会拱起来，把剩下的仍未使用的纸巾拱起来，方便人们抽取。最后在产品外观方面，它选了一个符号，和纸巾盒比较匹配。大家都喜欢好的寓意，这个回纹实际上大家都用过，但关键是在这个纸巾盒上就用得很好，也就是说，同一个要素，设计师能够把它用到什么程度。

再有符号的演绎，一些符号原本是比较传统的，但我要用它做出一些符合现代生活方式的产品。这种手法，是把传统符号或者将传统工艺美术根据现代的生活方式，构造出符合现代人审美和现代生活所需要的产品，这个时候设计师就不是单纯地做一个符号了，工作在三个层面展开。比如世界博览会中国馆，也是取用一个比较传统中国式的符号做成一个建筑，即传统建筑木构件斗拱。虽然斗拱这个符号大家已经很熟悉了，但这个建筑给大家的印象是它很有创意。

从某种意义上来说，我们现在并不缺少符号或者提炼的符号，缺的恰恰是把符号转化成创意和设计，再把这种创意或设计转化成产品的能力。所以说，不太会转化的匠人完全可以做出漂亮的斗拱模型；但"会转化"的设计师进而将斗拱做成了很现代的建筑，之后我们会觉得这个东西，不但能传递中国文化内涵而且很有创造性。事实上我们有时候太不肯定自己，我们每个人都有创造和创造能力，但关键是后面的那股劲儿头，要让想法落地，能将那种新想法转变为产品的转化力和控制力。

因为有困难和挑战，所以设计师才以此为乐。

非常感谢大家！

历史文化村落旅游开发工作中的一些情况

陈一帆

主讲人：陈一帆，浙江茗苑旅游规划设计研究中心有限公司总经理。浙江茗苑旅游规划设计研究中心有限公司成立于 2006 年 6 月，是一家具有国家甲级旅游规划设计资质、乙级城乡规划资质、丙级建筑设计资质的规划设计单位，为杭州市现代服务业 100 强企业，下城区重点文创企业。公司拥有一支高水准的文化创意设计团队，主要业务范围包括旅游产业战略研究、休闲旅游产品创意设计、旅游建筑景观创意设计、旅游标准化技术研发以及标准制定推广等，是一家集策划、咨询、研发、推广为一体的旅游文化创意公司。公司自成立以来，先后主持完成各类战略研究、策划规划、创意设计、标准制定等项目 800 余项，其中不少项目为省、市旅游行业重点工程；2009 年被授予"杭州社会责任建设先进企业""全国质量信誉服务消费者满意示范单位"等荣誉称号。2010 年被评为"杭州市现代服务业 100 强企业"称号。2011 年被评为"下城区十大产业 100 强企业"和"萧山区重点文创企业"称号。2010 年至 2018 年，公司连续八年获得杭州市文化创意产业专项资金奖励。

本人的工作单位是浙江茗苑旅游规划设计研究中心，主要从事旅游规划设计的工作。这些年来我着手了一些历史文化村落保护利用的规划工作，以下主要谈谈自己在工作中的一些所见、所闻、所想。由于我并非主要从事理论研究，同时也不从事教育教学工作，所以我所讲的内容可能一方面不够系统，另一方面也不具有代表性，请大家多包涵。

目前历史文化村落旅游开发的现状如何呢？当然这个现状主要是针对浙江的情况。从我个人的感受来说，在 1000 多个已备案的浙江的历史文化村落当中，旅游开发真正做得比较好，或者说跟传统文化结合得比较好的村落，我认为数量并不多。其主观因素和客观原因皆存，主观因素主要指人的因素，而客观因素我自己总结了以下几个方面。

主要的客观因素指资源方面的困难。旅游规划首先要对规划区的资源进行分类，作为历史文化村落来说，拥有比较高等级资源的历史文化村落一般来说毕竟不多，大部分的历史文化村落从资源条件方面来说是比较一般的，而且有些资源比较难以转化成具体的旅游产品。所以说，从客观资源条件来讲，大多数村落是先天不足。有一些历史文化村落的传统风貌、历史格局被新建筑拼贴蚕食殆尽，除几栋老房子被保留之外，从村庄风貌、方面识别困难。再有是基础设施较差，一些有价值的村落，多处于交通较为困难的地区，比如浙江丽水和衢州的一些历史文化村落，虽然具备了较好的资源条件，但是由于所处区位比较偏，这导致到达所需的时间比较长。而且如果身处山区，旅客在通勤过程中需克服乘车的不适感等。这些问题其实严重地制约了其旅游开发的进程。再有一个是受到空间和用地（政策）的局限。从空间上来讲，历史文化村落会受到传统格局尺度等方面的制约，一般村庄的原有建筑空间大多比较局促。同时还受到一些建设管理控制要求的限制。这也导致一些旅游项目相对来说较为难以落地实施。对于土地相对稀缺的村落，如果要配套商业或者旅游的用地指标比较困难，但如果使用存量建设用地指标，又会遇到产权的问题。所以现在比较多的做法，是比较多的村庄利用安置用地指标来做。当然，村庄发展也需要空间，有些村开发旅游就动用了这个指标，但这种做法存在一些不确定的风险。可以用来做基础公共设施，但做商业开发就会存在一些违反现行政策的风险。

以上，我从客观的角度先大致分析了一下历史文化村落开发旅游可能会存在的一些制约因素。

一、从旅游开发的角度看保护

历史文化村落保护的内力和外力。一般来说，物质形态和非物质形态的保护，受到内力和外力的双重影响。

一般来说，"内力"大概有如下几个方面。第一，生活方式的转变。比较简单的例子是出行方式的转变。以前村落里的老百姓通勤基本上是靠步行和自行车。随着生活条件的改善，现在越来越多的农户拥有了私家车。私家车多了以后就会对原本村落道路的通行条件提出更高的要求。村落道路拓宽改造后，这种改变严重地影响了村庄的传统格局，原本的尺度不符合这种通勤需求了。生活方式的改变是其中的一个内力。第二，产业结构的调整，以往原住民主要从事基础农业，或者是简单的手工业。工业化和农业现代化事实上将传统产业进行了筛选和淘汰，一些新兴产业也不可阻挡地进入乡村，导致其业态转变成服务业或者加工业，这导致一些原有的传统技艺类的非物质文化遗产逐渐消失或失传了。第三，社会结构的变迁。比如外来人口的迁入，有一些经济活跃的村落可能涌入了大量的外来务工人员，而且并不乏这些人逐渐定居下来的情况。外来人员进入历史文化村落以后，会导致整个村落原有的社会关系发生变化，这如同丽江本地人逐渐被"外地人"所取代的那种情况。同时外来文化也会对本土文化产生一定的冲击。从内力的角度来讲，主要是上述三个方面。

"外力"的影响有如下几个方面。第一，城镇化的进程。很多的村被改为社区，或者镇改成街道，随之而来的是整个村落空间形态的改变，包括整个管理体制和社会治理结构的改变，也会影响到村落整体传统文化的保护。第二，商业化的开发，比较显著的是旅游商业的开发。第三，一些政策法规的因素。其分为两种，一种是积极的保护政策，它们会对村落起到促进文化的保护传承的作用，同时也会对历史文化村的保护产生积极的影响。比如说一些宽松的产业政策，在一些偏僻贫困的历史文化村落比较有效地促进了村庄的发展。另一种是消极的保护政策，某些不合时宜的产业政策也可能会对村落保护产生一定程度的消极影响。

旅游开发对历史文化村落保护的一些影响，分为两个方面：积极的影响和消极的影响。积极的影响主要归纳为以下几个方面。

第一，通过旅游开发对一些空间进行功能置换来提升发展的活力，这里举莫干山庚村的例子。这个村大家可能都去过，但是大家看到的是其已经建设好的状态，这个图是我们当初做规划之前，这个村落原来的样子（图1-88），图中的这条道路就是后来的黄埔东路，这条路是庚村比较重要的道路，同时也是进入莫干山的必经之路，由开发之前居住性质的街区，转变为具备交通功能的主干道路了。

图 1-88 （左）（中）黄埔东路改造之前的建筑立面（右）黄埔东路改造之后的建筑立面

　　我在做庾村历史文化村落保护利用的时候，通过现场调研发现了两个问题。问题一是原来庾村外出务工的村民比较多。这就导致黄埔东路两侧建筑从使用情况来说，民居使用比较不充分，即空置率比较大，很大一部分建筑基本上终日门窗紧闭。所以从视觉上来说，整条街区比较缺乏活力。问题二是庾村具备比较独特的区位。刚才我也说过这条路是德清镇上莫干山的一条必经之路。所以说它的过境交通量是比较大的，交通量过大则带来噪声污染比较严重的问题，对村民的身心健康产生了比较大的影响。考虑到这个问题，我们反而在项目可行性评估论证会的时候，认为这种情况确系对商业开发较为有利。所以那个时候我们做规划设计的时候，是根据当地人环境作为突破口，进行设计挖掘和深化。在规划的前期定调过程中，我们已经明确地提出了该村的主题定位为民国风情。这是因为当地的硬件条件仍旧存留了比较多的民国时期建筑和文化遗存。于是我们也需要在村庄中设计二处集展海派风情的区域，包括展现较为浓郁的民国时期生活场景，同时具备观光展示休闲娱乐功能的场所，所以才选择黄埔东路进行提升。

　　首先，将街区的业态整体性地进行布局。在这里我要重点说一下，我们做规划的时候特别考虑到对整个街区的业态进行布置和引导。简单地说，就是要比较彻底地改变其原来建筑首层的居住功能。为此，我们郑重地做了业态定位引导规划（图 1-89），即商业街定位的经济规划准则。将其主题定位为民国风情，需要充分展示民国的风情生活场景，包括海派风情的商业街业态。其次，对于一些局部的建筑进行尽可能合理的置换。当然，我们也保留了一些传统的业态，并且对其中的一部分居住功能进行了业态的置换。建成以后，经过几年时间的运营，现在这条街已经成为莫干山人气比较旺的场所，其原住民基本上都实现了一定程度的收入增长。

图 1-89 德清莫干山庾村业态布局引导布置图

　　第二个积极的影响，是通过旅游的发展来促进地方文化的复兴。举例德清蠡山村，其位于德清东部的平原社区，有比较典型的江南水乡风貌。它在 2015 年时被列入浙江省省级历史文化村落的保护利用名录。据说范蠡和西施曾经隐居于蠡山村，村中仍流传着一些关于他们的民间传说。这其中也包括一些代表习俗性的传说，比如西施种蚕等。但村庄中除了几幢老房子和古桥等硬件遗存，蠡山村的这些文化跟习俗事实上随着生产及生活的改变已经基本失传。我们在规划时进行了比较多的策略性思考，得出来两个基本观点，第一个就是像蠡山村这种生产发生变化、生活已经改变和产业进行过调整的村落，它的传统文化已经衰落，依靠社区跟原住民的内力很难得到比较大的改变的情况。如果只依靠政府的外力，包括资金的扶持，短期内虽然可能会有一定的作用，但是从长期来讲，由于没有把文化做成产业，则很难长期地维持。再有，我们认为在浙江地区，包括我们周边的地区，其实范蠡的影响力应该还是比较大的，其田园隐居和爱情故事应该说是比较深入人心和有口皆碑的。那么我们就必须对西施和范蠡的爱情故事进行挖掘，我们认为这是蠡山村的文化个性的所在，是我们项目的重要抓手。因为它有这个典故，也有非物质文化的遗存，所以应该重点开掘。包括现在还有一些遗址，一方面它们是蠡山村文化的一部分，另外这也是今后蠡山村开发旅游文化的重要基础。基于这个现实，我们在规划阶段做了很多文化挖掘工作，并且提出了相应的主题，即"田园春秋，浪漫蠡山"。同时我们围绕着这个主题，策划出一系列的旅游产品。后来又配套了很多节庆活动。同时围绕这个体验式的旅游产品进行了深度的经济业态培育与开发，我们把一些老的习俗包括老的一些民俗传统进行了恢复。

　　这个项目实施以后，客观地说其整体效果还不错。这个图片是改造以后（图 1-90），他们村办的一些节庆活动。从 2016 年开始，他们就围绕西施、范蠡的爱情文化，在 2016 年举办了首届爱情文化节。2017 年在他们的村落历史保护核心区块举办了首届田园水节。2018 年旅游文化节在他们那里召开。这些活动在一定程度上带动并促进了蠡山村经济的发展，更重要的是对他们的传统文化也起到促进作用。我们在总结蠡山村的发展经验时，特别是总结用旅游开发来引导文化复兴的经验，得出了以下几个观点：

图 1-90　德清蠡山村改造后开发的旅游项目

　　旅游开发可以是历史文化村落文化传承比较有效的载体；历史文化村落的保护，其实应该更多地考虑如何将文化资源转化成文化财富，以更强化民众自身的保护意识。可带动村民取得历史文化村落保护带来的经济收益，强化他们自己的保护意识。

关于第三个积极影响，我进而期望以桐庐古村落为例说明。比较有代表性的是深奥古村和荻浦村古村落。整个村落的环境风貌也比较整洁，村民也比较好客。但是大家可能不知道，这几个村落在旅游开发之前并不是这样。2013年我曾走访过这个村落，当时形成了三个感觉，首先是整个村庄的风貌环境不佳，村落灰色空间中堆放了比较多的杂物，生活垃圾也随意丢弃。其次是这几个江南古村落的原住民，民风比较彪悍，宗族意识比较强，对外来者相对比较排斥。因为村落遗存的古建筑比较多，当时就已经有很多人陆续慕名而来，那时经常发生访客因为购物或其他原因引起的纠纷。最后是村中家家户户都养狗，而且这些狗不但在村中随意游走，随地大小便，带来比较严重的环境卫生问题，而且有些大型犬也让游客望而却步。但是诸位如果现在去看，情况已经大不一样。旅游确实给村民带来了经济利益，村庄不但整洁了，环境也变好了，而且老百姓也变得和善了。

归根结底，我认为是旅游的开发带动经济以后让村民产生了主动向好的意识，是他们自己意识到，村落环境跟他们的生活，乃至和他们的钱袋子有着紧密的联系，这是我说的旅游开发的三个积极的方面。

其他的积极影响包括同时不限于：基础设施环卫设施的提升，管理体制的健全，村民素质的提高，当然这类影响其实并不单纯是旅游开发带来的。它本身是一个多元复合因素的影响。

除了积极的作用，我们亦需讲述旅游开发给村庄保护带来的一些消极影响。这包括以下几个方面：一是破坏了村落历史风貌的格局。事实上旅游开发是一种商业行为，或多或少会对现状的风貌格局产生影响，过度的开发还会带来一些不可逆转的破坏，包括公共空间的商业化，景观风貌的破坏。二是旅游开发会导致某些传统产业萎缩消亡。首先，随着旅游开发进程的逐步加深，过度商业化导致村庄里会有大量的城市性生活，这个也是我们现在看到比较多的现象，比如一些商业街、美食街、仿古街等这些常见的商业业态。当这些业态进入村落以后，势必会挤压传统村落的原生业态的生存空间。一般来说新的业态进来，老的业态大概率就会被淘汰。其次，外来的一些业态和产品进入村落以后，对原住民势必会有比较大的影响。这些村民因为长期的生活习惯，可能比较难较快跟上转变。这对保护和传承产生了一定程度的消极影响。三是目前大家的开发模式、开发取向和开发结果同质化现象比较严重，普遍性地雷同导致村落个性的丧失，这其实是比较普遍的现象。这就是说，有些历史文化村落，大规模地复制一些商业街、仿古街，特别是明清建筑风格的街道。那么这个村庄自身的文化个性，基本丧失了。这可能并非是旅游单方面带来的问题，客观地说其原因可能是比较多元的、复合的，但问题在于这些原因导致的负面结果却实实在在地产生了。

下面是两个案例。第一个是趋向于正面的案例，旅游开发相对来说是比较成功，而且与其传统的产业融合得比较好。再有，由于旅游的开发，并没有给其历史风貌和传统格局造成破坏。这个案例就是刚才我们提到过的莫干山庾村的案例，它的成功之处在于四个方面：

第一个方面，是这个村在旅游开发的过程中，基本保留了历史风貌和格局。因为在这个村落中游览，游客可以看到他们保留的莫干山旧汽车站，这是个真实的旧式汽车站建筑，我们将它的功能进行了转变，把它重新设计为庾村的交通展示馆，在其中另安排了图书馆功能。这样一来其建筑风貌和历史格局便被有效地保护了，这其实是一种工程性方法，当然在保护过程中我们也使用了现代技术手法，这使得老建筑焕发出新的生命。

第二个方面，是文化跟习俗。庾村村落的一些传统的文化习俗得到了传承，并没有被中断，并且我们将它转化成旅游产品，使其得到了相对完整的保留。同时，我们也开发了一些深度体验的项目。现在，莫干山游客都知道庾村布鞋是很有地方代表性的旅游纪念品，有很多游客到莫干山去，可能并不是为了爬山，而是专程购买庾村的布鞋。布鞋成为当地较为成功的业态。

第三个方面，是差异化的开发模式彰显了庾村的个性。这是由其独特的资源决定的，浙江很少有以民国风貌特色为代表的村落。相应的这些项目和业态在旅游开发的过程中，其实是我们做了精心筛选的结果，也就是过滤掉一些快餐式的项目和业态。比方说我们现在于商业街开发比较多的是看到某些国外品牌的快餐和咖啡等业态。但在庾村游客是看不到这些商店的，它重点发展的还是跟地域文化结合度比较高的那一些精致体验或其他的相关项目，包括它的十大场馆。

第四个方面，在于庾村原住民的高度和深度参与，就是说村民充分参与到村落的保护中去了，这是比较正面的作用。

接下来，举一个反面的案例，这个村子是浙江水乡地区的某一个历史文化村落。情况主要是这样，其整个历史文化村落的改造中，做了比较多的立面改造工作，同时他们开发了一条仿古街，希望改造成仿古步行街的业态，后来他们进一步将其定位为小吃美食街。问题是，新的商业街的风貌跟原有村落的风貌并不协调，其传统文化亦没有得到传承。这种类型的旅游开发在城市中其实已经比较多了，同质化使得村落的这个作品缺乏竞争力，况且它又缺乏个性。事实是该村保护利用实施之后，并没有引来令人满意的游客量。同时，它这种做法，还带来一个负面影响，即因为其商业街开发以后，其街道两侧的建筑，导致其原住民的角色转化为以房屋出租为生的房东食利族。但由于设计红利期较为短暂，经济逐渐一般化之后，原住民感觉情况不佳，则纷纷主动跳离这种所谓的新业态，一些接盘的外乡人可能经营得也并不理想，他们大致期望尽快泵取利润，对保护较为轻视。从整体上来讲，原住民不参与或参与度较低的结果是村庄居民整体上对保护不热心，他们的参与意识变得比较差。

二、旅游资源的一些利用

首先我们讲一下什么是历史文化村落开发旅游的传统资源。它大概包括这几个类型，第一个是自然景观和风貌；第二个是传统的建筑和历史遗存；第三个是原住民的生产生活方式；第四个是节庆活动和民俗活动。其实大多数历史文化村落的开发，大多依靠这些传统资源。村庄以外大部分历史文化村落的自然景观和风貌，跟普通的乡村差别并不是太大。也就是说这种村落对游客的吸引力也比较弱，或者说我们根据这一类的资源开发出来的旅游产品的可替代性比较强。进一步说，我们可能到处都能看得到这种景观风貌，这一类景观风貌同质化的现象是比较严重的。

其次是传统资源的局限性。大部分村落的传统遗存相似度比较高，基本都是明清时期的建筑，科学研究和观赏价值都比较低，游客走过一个这样的村落之后，就不太会感兴趣再到下面一个去。那么，他们村落中的那些常见的祠堂建筑，我个人认为其实像这一类的传统建筑，由于受到封建礼制的影响，整体上给人的感觉是比较压抑的。即便是我们这种所谓的专业人员，这样的建筑看多了，也真的让人感觉比较压抑。特别是那些围合得比较严密的院落，采光和通风条件都不太好，走进去就令人感觉阴暗潮湿。一般来说，之所以人们会去旅游，是要通过旅游行为给自己带来一些愉快的体验，但像这一类建筑如果看多了，我想对于普通人而言，可能也不太会达到这种愉悦的效果。

再次是地域文化的消失。一些村落的习俗或者说文化基本上流逝，我们这些旅游开发者，对于这种情况，在去开发旅游产品的时候，也就变成了巧妇难为无米之炊。

最后是文化资源转化难，特别是乡村历史文化村落中的那些文化资源。从我们规划设计者的角度来说，我们看了很多，但要将它们具体转化成旅游产品，将其落在实处还是有一定的难度。或者说对于游客来说，有些文化资源，其实不那么具有比较大的吸引力。那么，另外的情况是这些文化资源的差异性小、相似度高，特别是一些民俗节庆活动，以及一些民间习俗，其实在比较大的地理区域中雷同可能是一个普遍的现象。有些品类，甚至一个片区中的每个村的文化习俗跟传统基本上都差不多。这不但是从表现的形式方面而且也包括其内容方面。我个人认为农耕文化也好，耕读文化也罢，其实农耕文化是一个非常泛化的概念，但问题在于无论怎么表述，它们的实质仍旧是相似的。设计者如果想做出个性，确实比较困难。在实际的村落项目旅游开发过程中，还是有不少村落非常热衷于开发这样的产品，加上它们的一些表现形式，这导致游客的参与度和体验性也并非比较出色，可以说这种类型的文化于整个市场的接受度也不佳。

我走过比较多的传统古村落，发现农耕体验馆这种事物比较普遍，这些馆因为平时的游客量比较小，同时又可能疏于管理，导致展品上落下了厚厚的尘土，观览的感觉非常不好。再有是转化难的问题，有些资源不太容易转化客观地说文化资源转化成旅游资源的愿望和计划并没有问题，但我们的历史文化村落中的一些特殊文化资源转化成旅游产品还是确有比较大的局限性的。

新的资源开发利用或者说新产业开发方面的问题。一个村庄的产业，其实在历史进程中也是交替变型的过程。历史文化村落在发展的过程中，对于一些已经逐渐萎缩或者消亡的传统产业，我个人认为也是不应该提倡恢复，如果恢复也应该对应现代化生活，而且要特别注重一些新兴业态的挖掘和开发，与时俱进。我还是述说一下前面庾村的例子，它的传统产业其实是竹木种植和茶叶，这在浙江的山村中是比较常见的。比较早的时候，有公司在庾村投资开发建设了银川 1932 文创园，主要从事乡村改良方面的研究，包括莫干山乡土文化的传播。我们这个项目建起来以后，有一系列的文创项目也跟着落地，包括中国美术学院的影视城。总结这一类文创项目，其特点是和旅游业的结合度比较高，如果将其同时作为文创项目，对于带动当地的旅游发展，应该说起了比较大的作用。但究竟是旅游带动文创还是文创带动旅游，这个问题其实很难讲清楚，但是我们认为至少有一点是可以确定的，庾村周边的乡村或者邻近地区有这种产业，同样有权利开发旅游，我认为他们也可以引进一些适合的业态到自己的村落中来做一些开发。当然有一个前提是，引入的业态不能和历史文化村落的保护有原则性的冲突。所以说新兴产业的开发，是可以被作为新的资源来重点挖掘的。

再有一个比较新的动向，是要充分挖掘时下"网红"的资源，在全域旅游的概念下，任何资源都可以成为旅游吸引力。一幢房子，一座桥，一段木道，通过包装挖掘并且经过自媒体的传播扩散以后，都可以成为"网红"旅游产品。那么这一类资源或者产品，它的特点是在短期内能够产生比较高的人气，且形成比较大的影响力。这一点，对历史文化村落吸引游客这方面，我觉得还是有益处的。我们说，对于资源，一般的历史文化村落在今后旅游开发中，需要更多地关注这些新事物。在这里我想通过例举东梓关村的例子来说明这个问题。这个村从传统资源的角度来说是非常一般的，很少有人去，就因为网上的一张照片——那张从稻田远望它村落天际线的照片，这个村就一下子知名了起来，变成大家推崇的网红村，著名的摄影打卡点。所以说，它今后的旅游开发道路，也确实变得豁然开朗。从这个例子，我想跟大家讲，那些资源一般的村落，还是要充分挖掘它们已经具有的且具备潜力性的资源。通过一些现代手法和新媒体进行包装。就是说要充分关注和挖掘那些可能平时看来不是太起眼，但又具备一定独特性且可期的资源，通过有计划的包装，使其成为网红。

实施主体的开发模式。我们现在对历史文化村落的开发，主要是根据它不同的实施主体，会有一些不同的模式，如果将其归纳，大概有以下三种：

第一种是政府主导，第二种是社区主导。而社区主导，主要是由村集体来主导。这种方式，有几个特点，其一是整体性和协调性。因为这种开发模式，政府一般会做较为通盘的考虑，这里也给大家插进一个例子。黄山的这个村，是政府主导开发的，产生了几个问题。首先是产权关系不顺，政府、村集体和经营户之间有一些土地产权关系并未理顺，这就导致后期利益分配存在异议，持续经营会比较困难。这种模式在早期的历史文化村落开发中应用较多，常由政府出面大包大揽，所有的要素均由政府来协调。如果出现了上述协调产权的问题，这种问题如果遇到政府方面出现资金流动黏滞性的问题，这会直接导致地方政府负债率高居不下的伴生性问题。

大家都知道，越是做得好的历史文化村落、古村落、美丽乡村，可能越是有些"贴钱"去做的感觉。所以说这种类似于政府主导的模式，目前基本上已经被逐渐淘汰了。

第二种是社区主导的模式，主要是由村集体自主开发的管理运营模式，这种模式就其具体操作样式方面，又可以是比较多样化的。同时，不同操作样式之间，在资金实力、管理水平上也存在比较大的差异。这种模式其实有比较多的成功案例。总体来说社区主导的这种模式，是由村集体作为实施责任主体来主导项目的整体开发运营管理，在后期管理时也会碰到比较多的问题。这里，我讲一个案例来说明这个问题。比如说德清鑫山村。它是由村集体作为责任主体来主导村落建设的模式，需要处理村落开发的各种事务，包括对外围服务配套以及相邻村庄的关系处理问题，当然也包括一些政策层面的事务，包括用地政策层面的一些问题。对于行政等级较低的村集体而言，其行政执行力对于上述问题的解决相对来说并不特别强势。执行力较弱，加之村落招商也相对困难，这就导致村落的开发可能比较困难。鑫山村的第二个困难，是它在2015年被确定为历史文化村落，其村落保护工程开始上马之后，它的主体和跟外来资方对这个项目的处理，表现在他们之间的关系如何协调，是作为两个个体单位，还是合并成为一个主体单位。实际上投资商并不欢迎村集体干部在其公司内挂职，因为一方面不容易在实际工作中安排其位置，另一方面也涉及公司的战略发展，而且双方对于各种权限的掌握，涉及投资方比较核心的资源问题。除了以上问题之外，其实对于该村庄来说，在硬件方面，其发展空间常常已经没有了或比较小，至少从旅游开发的角度来说，最好的资源已经被某个利益方占据，如此说来，开发者会碰到这个土地利用方面的问题了，合规合法是务必需要做到的底线。但如果不将有限的可开发土地资源进行整合，该村庄的旅游发展基本上可以说难度就会比较大，很有可能会遇到村集体行政单位在自己土地上没有话语权、决定权和处置权的困境，所以说在后期协调中包括招商管理，仍旧会碰到很多这一类后继问题。有一些村落，解决这一类问题的办法，是将目标地块整体有限制整体出让，使得投资商能够进入。对于这种模式，当然有成功和失败的案例。比如建德双泉村，这个村落生态比较好，而且有比较独特的春节习俗，但这个村的问题是村集体资金比较有限，这导致它整体上推进的速度比较慢。但好在它的产权比较明晰，发展慢并不是主要问题。

第三种是企业主导的模式，类似于PPP模式，其主要优点是由政府就某些投资项目招商，引入经营能力比较强的社会性资方，而且这些资方对市场的敏感度和创造性本身比较高，而且其管理水平也比较高，但是，这种模式现在也出现了比较明显的问题，比如说有些村落的民宿事实上是被过度开发了，这不但带来了比较高的淘汰率，而且也势必出现了投资浪费。我们已经知道现在的很多民宿，其实真正赚钱的单位占总体的比例非常小，除了一些比较知名的、比较大的或比较早期的民宿，可能有一定的盈利能力。比如莫干山地区和松阳地区的民宿，每个标间每晚的单价比较高。我们对莫干山地区民宿进行的调研显示，现在该地区登记在册的民宿有2000多家，其他未登记在册"打擦边球"的非正规民宿或农家乐，数量已经超过了一万家。这种过度开发势必会导致行业调整与淘汰，服务好的或者有品牌的那些可能会被市场保留，但势必也会导致大部分民宿被成批地淘汰。如果其前期成本投入过高或者出现管理运营的问题，其资金链就比较脆弱了。比如民宿管理人员的流动性原本就比较大，这也会导致服务质量无法跟上，最终致使经营失败，面临淘汰。

让我们再次回顾一下东山村，该村截止到目前为止尚未完全开发。其整个景观资源跟自然风貌还比较好。现在他们村委会就已经开始考虑其民宿是否开发过热了，于是制定出规则不再允许村民单独和非村民投资商洽谈入驻的问题。但如此一来，其管理就发生了问题，那些后来希望进入这个致富领域的村民就比较有反对意见，他们说："那些前面的人为什么就可以，我们为什么就不可以了？这不公平。"但如果村委会毫不顾忌，大开口子，那么无疑会造成恶性竞争、相互压价这种无法避免的结果。他们现在考虑引进一个酒店管理集团整体处置整个村落。而且还要配置一些旅游产品。村集体以土地入股的形式与外来资方共同经营，这个模式在前段时间已经获得了一定的尝试。余杭旅游集团在比较早的时候，在松阳收了14幢明清时期的传统建筑，做统一开发，像这种模式，可能相对好些。

所以，我想说古村落的开发模式，是根据实施主体，大概分为上述的几种类型，也很难说具体哪种模式就是好，或者就是不好，它们其实都各有各的利弊。我们说其实归根结底要做好三个方面：第一，我们在旅游开发的时候，要尊重村落的历史格局和空间形态，避免对村落的物质肌理造成破坏。第二，我认为比较重要的是要合理布置利用村落中的公共空间，保留村民交流的场所。事实上，历史文化村落的公共空间，在没有旅游开发之前是当地村民相互交流的重要场所，随着旅游开发项目的进入，大量的游客涌入村中，这一类空间的功能发生了改变。所以，我们认为随着商业化的开发，大量占用村中原有的公共空间，是不利于村落风土人情的保护的。所以，我这里要强调一点，就是我们在旅游开发的过程中，一定要重视对传统村庄原有公共空间的保护，避免因为开发或者大量占用系统空间建筑控制区。第三，是对环境协调区的保护，一般我们的旅游项目单体比较大的时候，会安排环境协调区，或者说局部有限制的建筑控制区。所以说，当我们在项目落地的时候务必注重保护核心保护区及其外围的环境协调区，从风貌上来讲是比较重要的。目标保护村落一般来说其用地是比较有限的，那么对于服务设施的设置和布局，我们认为要充分考虑建筑共享性，打比方说就是利用现有建筑，尽量不要再占用新的资源，或者说几个村落集中连片通过设置一个旅游服务中心来达到服务多个村落的目的。

有些村，它传统的业态仍旧是保留的，但其整个制作工艺，以及在其制作过程中的特点特色，和工业品的区别，售价有否具备竞争力等问题，都需要格外地重视并彻底调查清楚。一般来说，其传统保留的工艺有可能被发展为耳目一新的新项目，通过现代市场化的重塑可能会形成和以往不同的某种新的产品，并且在游客参与进去时，能够让其充分了解其价值性，也可以借助和工业品的对比，更加凸显游客参与的过程而增益产生了手工产品的价值。说商业化的产品，人们一般都会倾向于手工生产而非工业批量生产，虽然前者的品质可能未必有后者高，但我们要知道，旅游过程中重要的恰恰是游客的参与性，这并不是一种简单的产品，而是属于旅游劳动品的制造范畴，它本身并不参与同质商品的竞争。因此，历史文化村落的发展我其实并不认为它是历史时刻的定格，相反我认为其所有的能够保留下来的东西，其实都有足够的生命力，我觉得是可以保留一下，没有生命力的当然应该伴随着历史潮流被淘汰。

我本人及我们的单位也是在实践中摸索，村落旅游产品需要针对客户的需求，而且传承下去的事物可能是一种固定的形式。因此我认为，这需要系统地策划，也就是针对旅游市场的目标客户的需求，因为现在旅游产品还是有普遍性且比较严重的问题，比如产品和需求未充分结合。一个村落它本来可能有很多传统的事物，它虽然一直保留下来，但未必是游客所需要的。我认为，这种现象应该从管理方面，对旅游产品的渠道进行规范，但这样做是否违背市场原理和违反相关的法律法规，以及我们的执法机关有没有这些权力或权限，仍旧需要进一步探讨。我只是想说，设计师只要做某个旅游项目，就需要对当地的一些传统手工进行摸排，相关部门随之也要做出一些管理上的规定原则和保护措施。这相当于，游客来到那个地方，是真正地体验了当地的民俗风情，吃了真正的当地的食品，买到了真正当地的旅游产品。

再有，通过招商引资，使得比较大或强的企业来投资、策划项目，能够做出配套的体验性高端项目。我做过一些比较接地气的乡村田园项目，它们同时也是高等级景区核心景区项目。甲方会对具体的操作比较严格地运行，以保障大多数利益方得以正收益。比如对民宿这部分内容，管控得比较严格，民宿的主题对于目标客户群体需要计划清楚明晰，然后管理部门才会给予审批，其营业执照和其他的配套政策跟进，诸位不要小看这个程序。对于仅有一个客房的小民宿，他们管理方也能够做到管控其建筑风貌，使其不至于突兀或混乱。当然一些小的、名气小的经营单位，如果很难正态营收，其业主就可能将其转让或者将其用作其他用途。如果不再做某一业已审批的功能，也要将变化进行上报，不可以私自行事。管理方拒绝做一些有悖于现行政策的业态，比如养生的、医疗美容等项目，最大化地保证业态的纯洁性。

产权问题其实说白了并不复杂，如果是企业主导，有些就可以通过整体收购把这个产权的问题解决，当然价格谈判还是要以政府为主导。以前的做法是政府从农民手上租，然后拿去招商，但这样的做法有一定的问题。我刚才已经讲过了，接下来招商可能会比较困难，这是因为政府的看法及目标和投资商秉持的观点及做法有差异。现在常常由开发商来主导产权，当然随即也会产生别的问题，比如今后开发经营就有一些问题，而且今后跟投资商进行对接的时候也会有些麻烦。我感觉投资商对于存量建设用地这种方式，存在着大的投资商不感兴趣，而小的投资商又不足以承受比较高的价格这一矛盾。同时，小型投资商可能比较多地引入比较低端的业态，那么其旅游项目也跟着很难落地了。就像我刚才讲的蠡山村，那里的投资商入驻得比较早，在历史文化村落头衔下放之前这个投资商就把村落核心的土地拿下来，当初这个投资体量还是比较大的。那么接下来进行了一系列的历史文化村落开发。当然，我觉得他们的那些比较单纯的功能其实很难吸引到客人，他们的一些项目类型是参与式体验项目，其比较多的产品，那些所谓的体验，实际上比较低端。就是说这些大部分在做的项目和农家乐并无本质区别，而且如果其开发主体的管理主体还是以本地居民为主，我觉得比较难有起色。可是和我的想法相反，事实上现在蠡山村做的比较好，是因为开发商及时调整了经营策略，和当地文化生发出比较好的结合。其中一些经营管理人员当然是聘用了一些当地的人，但是其核心的产品运营的思路理念仍旧沿用开发商自己的理念。他策划了一些项目后，由当地人来参与到其中。这说明哪怕是看起来比较差的项目，但因为本地人的大量参与，本地村民也能够取得一定的旅游红利，极大地调动他们的积极性。

最后，我们再讲几个要点。第一，政府对旅游的推动作用是毋庸置疑的，同时也是旅游市场的实施主体；第二，旅游资金投入层面的问题；第三，我们认为保护要分级别，不是说人们眼里的资源都有价值，有价值的才要保护起来。这个其实我觉得大家可以从各自专业的角度再来探讨。

我并不是因为自己从事旅游，才讲述旅游开发的好处。我并不反对旅游开发，但是认为那些违反其传统风貌，且对村落影响比较大的、比较低端的开发，我感觉大可不必继续了。而且旅游开发，将古村落开发到何种程度，保护到何种程度等问题，均是非常值得探讨的问题，本人也会继续研究。如果一个历史保护村落或古村落，通过后期的旅游整理和开发，能够使得它重新兴旺并良性地运转起来，这不但是那个村落的幸事，而且也是旅游开发者的幸事。能够为祖国做出贡献，是我作为旅游规划人的责任。

谢谢大家！

古村价值的活化

鲁可荣

主讲人：鲁可荣，1970 年出生，安徽芜湖人。浙江农林大学文法学院教授，博士，硕士生导师，浙江省"151 人才工程"第三层次入选者。长期致力于农村社会学、农业社会学（主要包括：农村发展与管理、乡村价值传承、农业多功能性、传统村落保护与发展、农村社会组织与乡村治理、农村留守人群、农民教育培训）等领域的基础理论与应用研究。

很荣幸今天能够和大家交流，我最近几年有一些关于传统村落保护的课题，做了比较多的田野调查。早在 20 世纪 90 年代，我在中国农业大学读博士时，跟着导师一直在做乡村价值的研究，当然，乡村价值这个选题在 30 年前，不像现在如此被重视，但这 30 多年走过来，我们逐渐发现这一块研究是很有意思的，我的学术生涯并无遗憾。

我们这个高级研修班，要贯彻习近平总书记重要讲话指示精神和党的十九大的重大决策，乡村振兴正好和我的研究方向是一致的。古村价值的活化，也正是我们研究的主要内容。我们从十九大报告中，看到自己现在所研究的乡村价值或乡村振兴的内在的关联性。当然，我在学习的同时，实际上也使劲地反思。

可能我们今天有必要围绕着设计创意过程的原则展开，或者说设计创意过程的底线。可能，我想大家已经做了很多项目或很多规划设计，每个人都应该已经有了自己的想法。2005 年中央提出社会主义新农村建设，现在又提出来乡村振兴。但我们需要探讨，有多少项目我们的设计得到了真正的落地，再有是到底有没有给古村带来有益的影响。再有，我们今天还需要探讨，我们在现在这个新时代做乡村振兴规划，还能不能像我们原来新农村建设那样做。

十九大报告提出乡村振兴的几个方面，大家已经比较明确了，即以产业振兴为主导，在这种情况下，我们的设计到底怎么做。如果大家关注一下会发现，到目前为止，全国有 20 多个省份已经出台了乡村振兴战略规划，应该说跟以前有很大的差别。省一级出台的乡村振兴战略规划，我们做设计的、做规划的人不仅仅要遵守，还要思考该如何结合具体工作，这也是我自己一直在探讨的问题。现在，我想带着上述的几个问题来跟大家共同探讨。

十九大报告以及《中共中央、国务院关于实施乡村振兴战略的意见》里面对于乡村振兴的论述，讲述了乡村振兴战略的五个方面，即产业兴旺、生态宜居、乡风文明、治理有效、生活富裕。这和 2005 年中央提出来的社会主义新农村建设相比，有一些变化，原来的叫"生产发展"，现在的阐述变成了"产业兴旺"，由云南省较早提出的"村容整洁"，现在叫"生态宜居"，之前的"管理民主"，现在是"治理有效"，原来是"生活宽裕"，现在是"生活富裕"。的确，我们已经走进了新时代，特别是 2017 年我们提出到 2020 年全民进入小康社会这个目标。今年（2018 年）两会上，习近平总书记参加山东代表团审议时强调"实施乡村振兴战略"是党的十九大作出的重大决策部署，讲到围绕着这个乡村振兴战略的五个目标提出来的"五个振兴"的科学论断：即乡村产业振兴、乡村人才振兴、乡村文化振兴、乡村生态振兴、乡村组织振兴这五个方面，应该说是非常及时和到位的。

关于乡村发展，中央大致也列出了 2020 年到 2035 年的时间表，基层干部上上下下都非常着急，恨不得马上实现了中央的目标。我前面刚刚从云南调研扶贫回来，云南省计划今年（2018 年）年底全部脱贫，国家的这个标准是 2020 年。浙江省在 2018 年 4 月时，也出台了具体的行动计划。在计划中文件中提到 4 个战略目标，不但跟中央保持同步，而且更增加了 2022 年计划，即到 2022 年要实现以人为核心的现代化，高质量发展。围绕着中央精神，开展"五万工程"，即建组万家新型农业主体，建造万个景区村庄，建设万家文化礼堂，建成万村善治示范，5 年后农民纯收入要增加一万元。之所以把这个提出来，是因为这个是我们的政策目标，围绕乡村振兴这个大的新时代战略规划。

在今年（2018 年）的"中央一号文件"里面，有很关键的一句话是，要准确把握乡村振兴战略的科学内涵，坚持全面振兴。当时，我们看到之后，感觉很振奋。我们这些各种专业的人共同努力，要挖掘乡村的多种功能和价值，尊重乡村发展规律。

农业和农村的价值，之前我们一直说农业多功能价值，应该说越来越多的人领会到了，就如我前面所说的，我们现在做五彩农业，里面就有这些五彩水稻。我们长期以来从文学的角度和经济学角度，仅把农业作为一个利用自然条件来生产农产品的行业。现在我们再拓展一步，从农业社会学角度来看，农业确实是被长期低估了。举例，我在检索农业资料时发现，日本文学家停休在 20 世纪 80 年代时提出，农业实际上是通过保护和活用地域资源管理和培育有利于人类的生物价值，而且这种价值应该均衡发展。于是我们说，农业其实应该是一体化的，2017 年农业部提出一个新的名字叫"田园综合体"。党的十八大以来，习近平总书记从生态文明建设的整体视野提出"山水林田湖草是生命共同体"的论断。我们从这个角度，看到农业的公共产品性质。农业是公共产品，指的是农业应该跟国防跟军队一样，应该是养兵千日用兵一时，这个在中国古代的那个传统的农业思想里面早就有的。

老一辈人都说"家中有粮，心中不慌"，就是必须要藏粮于田。中国传统的农耕文化里一直有这样的思想，应该跟我们的空气质量、国防一样，都是公共产品，是每个人都无法抛弃的。从这个角度，来说农业的这个特性。第一，农业无法离开土地，虽然我们现在的农业有无土栽培和温室栽培，虽然没有土，但其并不能改变必须占据空间的根本性质，所以说土地是非常重要的。农村中一般都有土地庙，城里面有城隍庙，土地庙实际上就是农耕文化最集中的民间信仰。第二，农业生产具有一种自然性，自然特性，具备地域性、季节性和周期性。第三，我们说农业生产具有社会性，主要体现在社会安全方面。即我们讲到的公共产品角度。最近几天党中央特别提出来，"中国人的饭碗任何时候都要牢牢端在自己手上"，也就是粮食安全。粮食安全就是我们讲的土地安全等一系列问题。今年（2018 年）"中央一号文件"里面就提出，在河南、河北已经开始了土地的休耕，土地的轮作，原来我们是没有的，现在需要提出了，就是土地安全、耕地安全。

综上所述，农业是一种公共产品，因此从这个角度，我们下面简单地给大家提下，首先是产业功能，就是第一产业的这个产业功能，这个毋庸置疑，除了原来的产业支撑功能主要提供食品原料，那么在中国改革开放之后，应该为城市和工业提供了大量的劳动力，特别是廉价的劳动力，所以大家应该清楚今年改革开放这个农村改革开放 40 周年。那么，如果没有农业的发展，没有农村劳动力的进城的话，那么我们的工业化、城镇化不可能发展这么快。第二，农业具有文化功能，即能够通过农业使我们的传统农耕文化进行保存和再创造。我们的农耕文化不可仅仅停留在大家对文化消费的层面，最近这几年在浙江这一块做得越来越好。第三个是农业的生态功能，城里人在节假日周末的时候，总往农村跑。实际上就是因为看中现在农村的生态功能，浙江松阳大木山茶园，特别爱美的女生都喜欢在这里摆拍，生态功能还体现净化空气改善生态的功能，另外还有涵养水资源的功能。

传统乡村具有综合多元性价值，从 2005 年社会主义新农村建设，现在 12 年过去了，已经变成了新村建设，我们现在于规划的文本中做了大量的生产发展内容。也就是，我们已经开始提出了大量的乡村振兴关于业态的内容。浙江今年（2018 年）年初提出来"美丽大花园"建设，计划将整个浙江变成一个大花园，特别是金华、衢州和丽水这 3 个地区的大花园建设。相关文件中明确提出要产业兴旺，因为从我们传统农业来看，农民实际上是最具有理性的人群，他们种的粮食是要保证一家生计和生存的。现在我们要做景观农业，但这个景观农业不能背离了农业的本质，特别是我们不能将农业与农村割裂。

习近平总书记前几年提出要让城镇居民"看得见山，望得见水，记得住乡愁，尤其是要记住乡愁。"甚至于最近一两年提出来要吸引我们的心先行回村，回村来从事乡村振兴。这句话应该是 2014 年中央城镇化工作会议中提出来的，因此在去年年底的十九大报告和 2018 年"中央一号文件"里面提出来一个新的名词叫"城县融合"，从"城乡一体化"到"城乡统筹"。这就是要素的融合，所以在这里呢，是习总书记在多种场合中讲到的，我们的农村和城市是一个生命共同体，是山水林田人生命共同体。

从某个角度说，生命共同体就是不能把乡村和城市割裂开来。我把它总结，传统乡村的综合多元性价值。可以总结为以下几个方面：第一个，是具有一种道法自然的农业生产。当然我这里讲综合多元性价值，是从一种理性的角度，我们传统的乡村，其实也有一些糟粕性的东西，但是我们从一个发展的眼光来看，就是将原来这些价值跟我们现代性取用来进行平衡。如何做才能够有这样的对接呢，所以，我们从比较大的方面提出了所谓"道法自然"的农业生产价值。现在我们很多的村落，我们说靠山吃山靠水吃水。之所以大家到不同的乡村去旅游，是因为每个村都不一样的。

习近平总书记在浙江安吉提出"绿水青山就是金山银山"。这就是在告诉我们规划先行，是既要金山银山，又要绿水青山的前提，也是让绿水青山变成金山银山的顶层设计。浙江各地特别重视区域规划问题，强化主体功能定位，优化国土空间开发格局，把它作为实践"绿水青山就是金山银山"的战略谋划与前提条件。从 2005 年到 2015 年，科学论断提出 10 年来，浙江干部群众把美丽浙江作为可持续发展的最大本钱，护美绿水青山、做大金山银山，不断丰富发展经济和保护生态之间的辩证关系，在实践中将"绿水青山就是金山银山"化为生动的现实，成为千万群众的自觉行动。

旧时代的规划哲学"道法自然"，这个道法自然就是从自然界中获取生产资料，维持人们的生存。简单地说就是靠山吃山，靠水吃水，一方水土养一方人，这是最通俗的一个解释。大家可以看到我国传统的自然农法，那些手工制作的农具，还有我们现在大家在做创意设计时，有很多的手工技艺，都是基于特定的农耕生产。再一个，是村庄里还具有非常独特的生态价值，我们走到一些古村落，人们称它们为天人合一，也就是那些老祖先在村庄选址布局的时候，其实也是非常有讲究的，我们可以从中学习到非常多的环境学知识和理论。村庄除了在选址布局方面遵循天人合一之外，也遵循朴素的生态理念，除了前面讲到的那些传统的农耕生产方式，更主要的还遵循拘谨的乡村生活方式，即那些日出而作日落而息，也就是我们现在讲的低碳生态环保的生活方式。你们金华这两年在做农村的垃圾分类，中央电视台都报道了很多次的。事实上如果我们倒退 30 年的话，农村里面其实并没有垃圾，因为它原本就有比较完善的有机循环过程，但是自从我们有了现代性的生活，原来的流程被打乱了，垃圾也就多了起来。现在农村里面的老大爷想用粪便来种土菜，他都找不到粪便，这是因为都通过管道做无害化处理了，在这样一种情况下现在的很多农村原来不用花一分钱的有机肥，现在已经不见了。

大家回到农村，现在安全到了基本上夜不闭户了，昨天浙师大有个老师到永康去考察，发现有一家在其铜的防盗门上面挂了一根草，在农村这是一种风俗，表明这一家目前没有人，于是就在门上面挂一根草，那么大家就知道他家没人在就不会随便进去串门。我们传统的这一类文化，我们说熟人社会中的邻里相处之道，在农村还是广泛地存在的。但另外一个方面是我们的乡村目前也发生了很大变化，曾经的村落文化开始荒漠化。在我国中西部地区可能表现得更加明显，平时村里只剩下老人、留守儿童，过年的时候儿子媳妇回来了，一个家庭单位可以有机会享受一下天伦之乐，其他的大部分时间都分开过。浙江农村的晚上，因为有了文化礼堂，还是比较热闹的，村落中的人们跳广场舞，另外也开展了各种各样的文化活动，我发现现在有了文化礼堂这个大的空间之后，一些村民办婚丧嫁娶的酒席也开始不再到城里面的酒店，而是到村里面的文化礼堂里面来办，村里的人有了在一起进行交流的场所，我觉得这是非常好的事物，所以说农民是最具有创造性的，他会利用村落里的空间。

现在大家去一些高档的民宿，住一晚上可能要超过1000元钱，如果仅仅在那个房子里面睡一宿，我觉得并没有多大意义，那还不如到城市的星级宾馆去。其实民宿的顾客希望深入农村获得农村的生活体验，享受到乡村的基层文化。而乡村文化是有传承和教化价值的，相当于我们宝贵的社会财富。比如最近几年我们都在讲家风祖训和村规民约，特别是今年的中央一号文件里面讲到乡村振兴的法治德治，尤其提到了乡规民约。城市居民到乡村去，希望感受到这些非物质的元素，这使得比较高昂的住宿费用物有所值。

传统村落的价值利用还涉及能否变现或活化的问题。我长期跟踪了浙江的几个村，这几个村的发展过程中，我发现了一些很有意思的事情，第一个是大家都熟悉的公共空间。我们做规划常常需要做一些公共空间，那么就要考虑这个空间如何与传统村落结合，或者在规划过程中我们如何在尊重村中原本的公共空间的前提下做到新老结合，以及如何充分利用原有的公共空间来重新打造新的空间。比如浙江省湖州市南浔区荻港村，它有1000多年的历史了。我们梳理了其空间的历史变迁，弄清楚它每一次变迁的过程，并且弄清楚在变迁的过程中它承载着什么样的功能，随着空间的变化它的功能是如何发生变化的，以及其功能变化对这个村会带来哪些影响。并且仔细探讨古村公共空间的形成机制。其村民在长期的生产生活当中形成的空间，这也就是我们前面所说的村庄空间的布局选址在整个布局的过程当中实际上遵循的是天人合一的理念。那么现在我们要对一个传统村落进行空间的营造，如果回到我们对于村庄的设计到底基于何种理念，基于什么样的原则，就不难理解了。当然从我自己在做的村庄项目，我们发展村庄的价值及传统过程当中，我发现空间的营造不能以单纯外来的那种无中生有为理念，当然这个是我个人的观点。我们应该是基于这个村落的生产生活方式的变化，借鉴其已经有的空间，再加入适当的引导，深入地论证和考察这些外来的营造是否可行。否则新的空间被引入非但不能解决他们目前的问题，而且可能会带来新的问题。

讲到乡村的教化价值，我们又应该注意到村落的公共空间。大家在很多古村落中会发现祠堂建筑和学堂建筑，这些建筑的内部空间的功能，是教化功能。很多村落在祠堂的公共空间中设私塾学堂。我们在最近的研究项目里研究了浙江中部的4个村，我发现这4个村除了蔡来村现在还存有蔡来村小学之外，其他三个村都已经取消村小学的配置，但他们的村落文化基础还比较好，其一依托祠堂创办了老年大学，另外一个村每年还主办乡村春晚活动，这些村庄和它们就近的城市形成了文化共同体。

　　下面我们再简单地谈谈传统村落的养老服务。传统村庄中的孝道文化是比较重要的中国传统文化形态。并不是说现在很多村落中较少有孝道文化了，但因为村落中大部分年轻人外出打工，无法就近实现孝敬行为，而留在村中的老人缺少子女照顾，少了很多天伦之乐。但浙江的全部村落，从2013年开始就已经全面实现了居家养老服务，村落老人虽然没有得到自己的子女照顾，却可以得到村落中年轻的服务者的照料。虽然这几年浙江广泛做的农村居家养老工作，还较为简单和粗糙，基本上是解决老年人的中餐和晚餐吃饭的问题。其实，除了吃饭的问题，更主要的是需要解决老年人孤独的问题。现在这个时代，老年人基本上已经不缺吃穿住用了，但老年人的精神是比较孤独的，尤其是那些已经丧偶的独居老人，孤独才是比较棘手的问题。所以最近几年浙江省做的这种农村居家养老项目，将那些废弃的小学校或办公楼，包括文化礼堂祠堂这些公共空间，重新再利用，不但解决了老年人的一日两餐（一日三餐）的吃饭问题，也使得他们平时有机会聚在一起进行精神交流。所以将村落文化的孝道文化重新提出来。尤其是一些在外务工的那些老人的子女，看到这种养老措施能够解决父母的吃饭问题和精神问题，他们也愿意投入资金对项目给予一些经济帮助。老年协会把村中文化价值重新发挥出来，所以这也就是解释了为何现在越来越多四五十岁以上的中老年人逐步由城市又回到村落中生活了。当村落生活也很方便，而且其医疗也跟上之后，我们会发现村里的人越来越多。

　　现在有很多村逐渐出现了空心化现象，人们将其称呼为"空心村"，这些空心村如何能够吸引年轻人回来，是我们常常探讨的话题。我们现在的空心村不可能让全村的80%人回来，但我们期望哪怕只要回来30%就很好了。现在在全国范围内的一些空心化比较严重的村落，可能整个村中就剩下两三个老年人。但地方政府做得比较好，对这两三个老年人的基本公共服务仍旧很好，通水、通电、通路，台风来了后乡镇的干部晚上在村里面陪着老年人过夜。但我们必须明白，年轻的力量能否重回村落的根本性问题，仍旧是年轻人回去能否获得与现行的生产力相匹配，同时能够提供足够社会尊严的岗位，再有是能否赚到令其满意的经济回报。事实上，如果能够有足够的经济收入，他们自然而然会回去。

　　村里有一些土特产，如何把它们销售出去，这也是我们很多古镇乡村面临着的问题。事实上，做好农业产品或土特产的销售端，其实也就相当于让年轻人回归乡村了。在这样问题的背景下，首先是要利用个人优势，对村落资源进行彻底摸查，包括自然生产资源、景观资源、潜在资源。我们做过浙江南部的一个村落（图1-91），正在建设的建筑，其高低错落的外观也配合并体现了典型的山地盆地的村落格局这个村有600多年的历史，整村都姓叶，由道教的一位大师初创，其文化底蕴和自然风光均比较好，尤其是每天早晨在公路旁看，其画面非常漂亮。他们希望通过宣传，以此为突破口将知名的画家们吸引到村里来，进行绘画创造。后来他们通过自媒体的形式，也办了一些画展，但影响力似乎都不是很大。其实这个村有一些农业资源，比如山笋的笋干一类，他们最初没有注意到他们自己的金枣柿，这种农产品，个头很像北方的大枣，如果不去皮则口感不佳。终于有一天，这种农产品被杭州的一个设计师，作为文创开发，进行了包装设计，起初以10元左右的价格收购了1万斤，做成柿饼之后，居然可以卖到80元一斤。而且柿饼的晾晒也成为非常壮观的景观，秋天的时候如果大家到他们村里去写生，就可以看到如同瀑布一般的晒柿饼的景观，现在吸引了全国各地很多高校的学生和画家到那里去写生了。他们这些金枣柿全部都是野生的，有些树树龄大概有100岁了，本身就是不多的景观。来的人多了，顺便也带动起他们的民宿产业，也带动了一系列的餐饮等服务产业。最初他们为吸引画家来，做了很多工作，但收效却不大，没想到的是，以某种农产品作为契机，反而发展起来了，越来越多的外出打工的村民重新回来，大家的积极性也逐渐提高了，这真的让人始料不及。所以说，农村其实是大有可为的。我们能够从这个村子得到的启示，是工作务必扎扎实实地去做，但不一定某一个事情能够作为起飞的契机，用"东方不亮西方亮"这句话形容这个案例是合适的。

最后，我们略谈谈乡村振兴规划到底应该怎么做。我觉得我们可能真正来做的，不仅仅是某个项目。我们务必需要知道，乡村振兴规划是何物，什么人来做乡村规划，多个规划如何系统性整合，规划又如何真正落地。浙江省已经出台的乡村振兴的计划，中央关于乡村振兴的战略规划中，有这样一句比较早由浙江省提出来的话，即"要强化规划引领，要编制乡村振兴战略规划和专项规划或方案"，这里谈到了战略规划和专项规划，形成系统衔接、城乡融合、多规合一的规划体系，推动多规融合在村一级落地实施，这是我们务必做到的事情。中央讲到城乡融合、一体设计、多规合一，乡村振兴事事有规可循、层层有人负责。我们将来做乡村规划和创意设计，大家就需要思考这样的问题。如果我们的作品确确实实是按照要求这样做的，过了十几年之后，我们再到村落中去看，假如这个村落一直是按照我们的意图发展的，那么才算我们的设计是真的实现了相应的价值，真正地造福了子孙。好了，今天就讲到这里，谢谢大家。

图 1-91　浙江省丽水市松阳县斋坛乡吊坛村柿子红了

对浙江省历史文化（传统）村落保护利用重点村规划设计内容与要求的思考

丁继军

主讲人：丁继军，浙江理工大学艺术与设计学院副院长，教授、硕士生导师。主要从事浙江地域特色人居环境设计理论与实践研究。浙江省生态文明研究院生态艺术研究中心主任、浙江理工大学中国美丽乡村研究中心主任。澳大利亚昆士兰科技大学（QUT）、澳大利亚研究委员会创意产业与创新研究中心（CCI）访问学者。兼任浙江省民间文艺家协会副秘书长，浙江省特色小镇研究会常务理事。全国艺术科学规划项目评审专家及成果鉴定专家、教育部学位中心评审专家、浙江省高校本科专业教学评估专家。浙江省历史文化传统村落建设绩效评估专家组组长、浙江省历史文化传统村落规划设计评审专家。

一、浙江省历史文化村落保护利用简况

浙江省委、省政府早在 2003 年就在全省开展了"千村示范、万村整治"工作，十几年来取得了明显成效。在此基础上，浙江省又率先全面启动了全省历史文化村落保护利用工作，"整体推进古建筑与村庄生态环境的综合保护、优秀传统文化的发掘传承、村落人居环境的科学整治和乡村休闲的有序发展"。为此，浙江省委办 2012 年出台了《关于加强历史文化村落保护利用的若干意见》，指出充分认识加强历史文化村落保护利用的重要性和紧迫性，确立了加强历史文化村落保护利用的指导思想、总体目标、基本原则、主要任务、政策措施和组织领导。2015 年 4 月浙江省推出了"千村故事"工程，大力推进"历史文化村落"文化传承工作，专门成立了省级"千村示范、万村整治"工作协调办公室，通过省、地市级和县市区农村工作办公室，汇聚各种资源，积极推进。政府的资金投入，带动市场资本的积极响应。

建立了 2559 个历史文化村落保护利用名录库（其中，国家历史文化名村 28 个，省级历史文化名村 76 个，中国传统村落 385 个，非遗名录 745 项和重点村保护利用项目信息数据库，吸引了各类社会资本投入 770 亿元）。

截至 2018 年，已经启动六批共 259 个重点村、1284 个一般村的保护利用项目。

浙江地处中国东南沿海，气候温和，物产丰盛，在历史上经济和文化都有较高的发展。省内地形复杂，有"七山一水二分田"之说，按地形地貌全省大致可分为浙北水网平原、浙西山地丘陵、浙东沿海丘陵、浙南山地、浙中金衢盆地、东南沿海平原及滨海岛屿 7 个区域。

浙江省的特征，如图 1-92 所示。

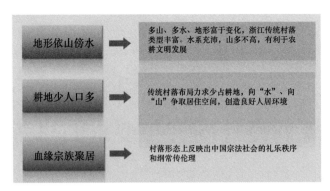

图 1-92　浙江省的地理社会特征

2012 年浙江省出台了《关于加强历史文化村落保护利用的若干意见》（浙委办〔2012〕38 号）作为制度保障（图 1-93）。主要任务：①综合保护古建筑与存在环境；②深入挖掘和继承优秀传统文化；③科学整治村落人居环境；④有序发展乡村文化休闲旅游业；⑤继续做好历史文化名村的保护工作。当然也有相关的政策措施：①科学编制规划；②加大资金投入；③加强用地保障；④营造良好氛围。浙江省政府制定了相应的组织保障，建立了全方位联合的历史文化村落保护利用机制。同时也制定了相关的技术保障，《浙江省历史文化村落保护利用重点村规划设计要求》，保证了历史文化村落保护利用规划应达到修建性详细规划的深度（表 1-3）。

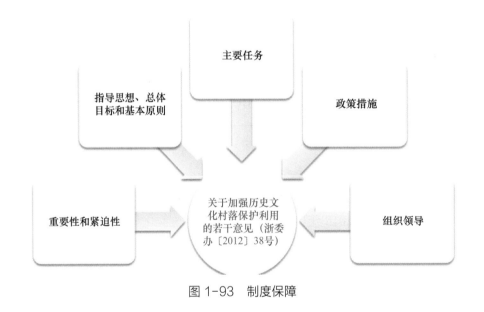

图 1-93　制度保障

表 1-3　技术保障

保护规划	利用规划
特征分析与价值评价 明确保护对象 划定保护区域 明确保护控制要求 明确保护措施	空间布局规划 居住环境改善规划 公共服务设施规划 道路交通规划 市政工程规划 防灾规划 环境保护规划 绿化景观规划 文化发展规划 旅游发展规划 近期保护与发展规划

省政府对相关项目有相应的补贴，也即在资金方面给予保障。这些项目主要包括古建筑修复项目、村内古道修复与改造项目、村道硬化项目、垃圾处理项目、卫生改厕项目、污水治理项目、村庄绿化项目等（表 1-4）。

表 1-4 实施财政专项资金与保护利用"工程项目"相挂钩的政策措施

古建筑修复项目	主要对古建筑的墙体加固、顶瓦修补、立面改造、构件修复及附属设施的材料、设备等购置与建造费用进行补助，古建筑是指古民宅、古祠堂、古戏台、古牌坊、古渠、古堰坝、古井泉、古街巷、古会馆、古城堡、古塔、古寺庙等，还包括具有鲜明时代印记的食堂、会堂等建筑，以及具有显著地域特色的土坯房、石头屋等
村内古道修复与改造项目	主要对古道（含古桥）的路基、路面、边沟、边坡、沿路附属设施等修复与改造的材料、设备等购置与建造费用进行补助
垃圾处理项目	主要对垃圾箱购置、垃圾清运工具购置、垃圾集中房及分拣设施建造的水泥、钢材、沙石等材料购置费用进行补助
卫生改厕项目	主要对农户卫生户厕改造、农村卫生公厕建造的水泥、刚才、砂石、管道等材料及污水处理设备购置费用进行补助
污水治理项目	主要对净化池、截污管网建设的水泥、钢材、沙石、管道等材料及污水处理设备购置费用进行补助
村庄绿化项目	主要对绿化苗木购置费用进行补助

当然，也建立了完善的监督保障体系。

二、规划的内容和设计的要求

我们先看看这几个文件，第一个文件是 2012 年浙江省农办制定的《浙江省历史文化村落保护利用重点村规划设计参照要求》，浙江省重点村的规划设计，主要依据这个文件。第二个文件是 2013 年由国家住建部制定的《住房城乡建设部等部门关于印发传统村落评价认定指标体系（试行）的通知》（建村〔2012〕125 号）。第三个文件是 2013 年住建部制定的《传统村落保护发展规划编制基本要求（试行）》。具体到浙江省，在 2015 年和 2016 年连续出台了数量比较多的文件，比如 2015 年出台了两个导则，第一个是村庄规划的编制的导则，第二个是村庄设计的导则，前一个侧重于规划，后一个则侧重于设计，这两个文件在行业中地位均重要。2016 年，为了强化这两个导则，又专门出台了《关于加强传统村落保护发展的指导意见》这个文件，那么除了第一份文件以外，余下的四份文件都主要是住建部来做这一类工作，这一块内容更多是为了体现协同工作。

2016 年浙江省政府出台了《关于加强传统村落保护发展的指导意见》，在这个指导性意见中我挑了几个我认为比较重点的内容给大家稍作讲述，它整体的要求是这样的，每年选择一百个左右的村落开展重点保护，它的目标是"两美浙江"建设，即"美丽浙江"和"美好生活"，要把传统村落打造成"两美浙江"的一个面貌，为此确定了五大任务。这 5 个任务分别是：第一个是全面普查建档工作，第二个是分级名录保护工作，第三个是规划设计全覆盖工作，第四个是风貌提升，第五个是特色产业培育。特色产业培育工作特别强调"互联网 + 传统村落"，这个是基于浙江省的特色产业优势而做的。大家都知道互联网的经济力量，把乡村所具有的资源和优势与现在的科技互联网充分结合起来。

我们把浙江省农办专门针对重点村的规划设计要求再梳理一下（表 1-5），把一些我认为的重点给大家稍作讲述，这个是在 2012 年出台的，其主要内容包括 4 个部分，第一部分是总则，规定了规划设计的一些总体原则。第二部分是规划设计的管理。第三部分是规划设计的总体要求和主要内容，比方说在总体要求中，需要体现 4 个"优"，第一个"优"是修复优雅传统建筑，第二个"优"是弘扬悠久传统文化，第三个"优"是打造优美人居环境，第四个"优"是和"两美浙江"建设高度匹配，营造悠闲生活方式，为了达到这样 4 个"优"的规划要求，在这个专项规划里面主要涉及空间布局、建构筑物和历史环境、古道修复、公共服务、市政、防灾、环境保护、绿化景观以及文化发展和旅游规划。第四部分是成果要求，成果要求包含两个部分，第一个是说明书，包括了概述，现状分析，规划总则和专项规划的内容说明，主要是文字；第二个是图纸包括图纸方面、区位分析图、线路分析图等。

表 1-5 浙江省农办针对规划设计要求细则

第一章 总则	第一条	规划设计要求
	第二条	参照依据
	第三条	目标
	第四条	（一）保护优先原则，（二）整体性原则，（三）彰显特色原则，（四）以人为本原则，（五）科学利用原则，（六）规划衔接原则，（七）经济化原则
	第五条	充分发挥当地村民的主体作用
	第六条	应符合国家和省有关历史文化名村、文物保护等现行的有关法律法规、标准和规范
第二章 规划 设计的 管理	第七条	相互配合的历史文化村落保护利用规划设计工作指导小组
	第八条	编制单位原则上具有乙级以上（含乙级）相关规划编制资质
	第九条	制定规划设计总体方案和规划设计任务书
	第十条	历史文化村落保护利用重点村的规划设计单位一般应通过竞争方式来确定
	第十一条	历史文化村落保护利用重点村规划设计应达到修建性详细规划深度
	第十二条	历史文化村落保护利用重点村的建设周期 3 年
	第十三条	各项建设工作必须评审通过后方可组织进行
	第十四条	历史文化村落保护利用重点村规划设计工作应在重点村名单确定后 4 个月内完成
第三章 规划设 计的总 体要求 和主要 内容	第十五条	历史文化村落保护利用重点村要重点突出、主题鲜明、个性彰显、品牌响亮、效益明显
	第十六条	修复优雅传统建筑
	第十七条	弘扬悠久传统文化
	第十八条	打造优美人居环境
	第十九条	营造悠闲生活方式
	第二十条	具体做好空间布局、建（构）筑与历史环境要素整治、古道修复与道路交通、公共服务设施、市政工程、防灾和环境保护、绿化与景观、文化发展、旅游发展、要素保障等方面的规划
	第二十一条	空间布局规划
	第二十二条	建（构）筑与历史环境要素整治规划

续表

第三章规划设计的总体要求和主要内容	第二十三条	古道修复与道路交通规划
	第二十四条	公共服务设施规划
	第二十五条	市政工程规划
	第二十六条	防灾和环境保护规划
	第二十七条	绿化与景观规划
	第二十八条	文化发展规划
	第二十九条	旅游发展规划
	第三十条	要素保障规划
第四章规划设计的成果要求	第三十一条	说明书和图纸
	第三十二条	（一）概述，（二）现状分析，（三）规划总则，（四）专项规划内容说明
	第三十三条	（一）区位分析图，（二）现状分析图，（三）规划总平面图，（四）道路交通规划图，（五）单项或综合工程管网规划图，（六）竖向规划图，（七）景观节点设计图，（八）发展分析图，（九）其他反映规划设计意图的分析图、效果图等

前面一份是浙江省农办规定的重点村的规划设计要求。接下来是 2013 年，也就是第二年住建部的传统村落规划的基本要求，它分成 7 个部分，和大家刚刚看到的规划设计要求类似，只是更全面和更充分（表 1-6）。第一是规划任务，第二是传统资源调查和档案建立，第三是总体要求，第四是传统村落保护发展规划成果基本要求，第五是传统村落特征分析和价值评价，第六个是传统村落保护规划的基本要求，第七是发展规划的基本要求。

表 1-6　浙江省农办规定的重点村的规划设计要求

一、规划任务	传统村落保护发展规划必须完成以下任务：调查村落传统资源，建立传统村落档案，确定保护对象，划定保护范围并制定保护管理规定，提出传统资源保护以及村落人居环境改善的措施
二、传统资源调查与档案建立	保护发展规划应对传统村落有保护价值的物质形态和非物质形态资源进行系统而详尽的调查，并建立传统村落档案。调查范围包括村落及其周边与村落有较为紧密的视觉、文化关联的区域。调查内容、调查要求以及档案制作参照《住房城乡建设部文化部财政部关于做好 2013 年中国传统村落保护发展工作的通知》（建村〔2013〕102 号）进行
	《住房城乡建设部文化部财政部关于做好 2013 年中国传统村落保护发展工作的通知》（建村〔2013〕102 号）：一、高度重视中国传统村落保护与发展工作，二、抓紧建立中国传统村落档案，三、抓紧编制保护发展规划
三、总体要求	编制保护发展规划，要坚持保护为主、兼顾发展，尊重传统、活态传承，符合实际、农民主体的原则，注重多专业结合的科学决策，广泛征求政府、专家和村民的意见，提高规划的实用性和质量。有条件的村落，要在满足本要求的基础上，根据村落实际需求结合经济发展条件，进一步拓展深化规划的内容和深度
四、传统村落保护发展规划成果基本要求	（一）现状分析图
	（二）保护规划图
	（三）发展规划图

续表

五、传统村落特征分析与价值评价	对村落选址与自然景观环境特征、村落传统格局和整体风貌特征、传统建筑特征、历史环境要素特征、非物质文化遗产特征进行分析。通过与较大区域范围（地理区域、文化区域、民族区域）以及邻近区域内其他村落的比较，综合分析传统村落的特点，评估其历史、艺术、科学、社会等价值。对各种不利于传统资源保护的因素进行分析，并评估这些因素威胁传统村落的程度
六、传统村落保护规划基本要求	（一）明确保护对象；（二）划定保护区划；参照《历史文化名城名镇名村保护规划编制要求（试行）》；（三）明确保护措施；（四）提出规划实施建议；（五）确定保护项目
	《历史文化名城名镇名村保护规划编制要求（试行）》：（一）各级文物保护单位的保护范围和建设控制地带以及地下文物埋藏区的界线，以各级人民政府公布的保护范围、建设控制地带为准。（二）历史建筑的保护范围包括历史建筑本身和必要的建设控制区。（三）历史文化街区、名镇、名村内传统格局和历史风貌较为完整、历史建筑和传统风貌建筑集中成片的地区划为核心保护范围。在核心保护范围之外划定建设控制地带。（四）历史文化名城的保护范围，应包括历史城区和其他需要保护、控制的地区
七、传统村落发展规划基本要求	（一）发展定位分析及建议，（二）人居环境规划

我把这两份文件放在一起来比较。前者是浙江省农办专门针对重点村落的规划设计要求，后者是住房城乡建设部颁布的。浙江省农办出台的这个文件，更侧重于保护基础的科学利用，然后住房城乡建设部颁布的文件更注重发展，它叫"保护发展规划"。我们省里重点村叫"保护利用规划"，比较强调如何合理地利用和如何科学地利用，所以从这个文件的名称上，我个人的感觉，是住房城乡建设部要管全国的一整盘棋。每个省域或每个地区，它的情况都不一样，有比较大的区别，那么从利用和发展的角度，住房城乡建设部颁布的条文更适合全国这一层面。那么我们浙江的交通优势、自然资源的禀赋、经济条件的支撑，能够达到合理利用和科学利用这样的发展目标，所以到了地方性的条文规则，就更侧重于在原则中再做较为科学利用和细化。再有从规划设计深度的角度而言，重点村规划利用应该达到修建性详细规划的深度，也就是：重点村规划要重点突出、主题鲜明、个性彰显、品牌响亮、效益明显。我曾经做了好几年浙江省村落方案评审专家，有比较深刻的印象。省里面的那个文件，至少从农办领导的角度来说，他们非常关注和看重村落品牌是不是响亮，能否有利于传播。我想从这个角度来讲，这样村落就更应该侧重于借助互联网的力量，建设其品牌，突出其个性，着重培养其互联网思维。反过来看，住房城乡建设部的这个规划和要求，是在中国原来的历史文化名镇名村的基础上提出，我总体的感觉是它的政策性更强。而且从另外一个角度来讲，浙江省的这个文件更加完善和完整，特别是第二部分，即传统建筑的资源和档案的建立的工作内容，它规定得非常详细。

再有，除了刚才我提及的一个农办的文件和住房城乡建设部的文件之外，浙江省在前面文件的基础上，于2015年又出台了两个更为详细的导则，这两个导则加起来足足有100多页，要知道这只是导则。我在这里给大家将其框架大致梳理一下，《浙江省村庄规划编制导则》包括总则、村庄布点规划、村庄规划（表1-7）。而《浙江省村庄设计导则》（表1-8），从总则到总体设计再到建筑设计、环境设计和生态设计，甚至包括村庄的基础设施设计，非常详细，这个规定可以从网络上下载。这两个导则是浙江省住房城乡建设部门和浙江大学联合制定的。所以，从研究性、实践性这两个方面来讲它们都做得比较好。从前期调研、初试对接、深度对接以及评审四个过程都规定得非常详细。我想，第一部分前期调研更主要体现了住房城乡建设部的优秀传统习惯，即收集资料部分和现场调研部分，要求具体设计单位或部门一定要把村落的方方面面资源调查清楚，比如硬件条件、文化资源、自然资源、业态情况、人口情况等，做详细的调查并建立档案，这个工作从学科的角度来讲，城乡规划学、建筑学或园林学更具有优势。但从现在重点村的发展，保护利用的工作也需要我们设计学的参与，甚至也需要管理学等其他非设计人士的介入。从档案建立的角度来讲，收集的资料当然是越详细越好。

表 1-7　浙江省村庄规划编制导则

总则	根据国家相关法律法规及标准规范的要求，结合浙江实际制定本导则；本导则适用于浙江省行政管辖范围内的村庄规划编制，包括镇（乡）域的村庄布点规划、城镇规划建设用地范围外的村庄规划以及乡政府所在地的村庄规划的编制；村庄规划应遵循"注重衔接、因地制宜、突出特色、公众参与"的规划原则
镇（乡）域村庄布点规划	总体要求：①镇（乡）域村庄布点规划应依据城市总体规划和县市域总体规划，以镇（乡）域行政范围为单元进行编制；②镇（乡）域村庄布点规划的期限应与镇总体规划和乡规划保持一致，一般为 10~20 年，其中近期规划为 3~5 年
	现状调查要求：调查准备、初步调查、深入调查和补充调查
	主要规划内容：①村庄发展条件综合评价；②村庄布点目标；③镇（乡）域村庄发展规模；④镇（乡）域村庄空间布局；⑤空间发展引导；⑥镇（乡）域村庄土地利用规划；⑦基础设施规划；⑧公共服务设施规划；⑨环境保护与防灾减灾规划；⑩近期建设规划；⑪规划实施建议和措施。 镇（乡）域村庄布点规划强制性内容：①镇（乡）内必须控制开发的地域；②村庄建设用地；③公共服务设施和基础设施；④环境保护与防灾规划
	成果要求：镇（乡）域村庄布点规划成果主要由规划文本、图纸和附件三部分组成，以纸质和电子文件两种形式表达
村庄规划	总体要求：①村庄规划以行政村为单元进行编制，空间上已经连为一体的多个行政村可统一编制规划；②村庄规划可分为村域规划和居民点（村庄建设用地）规划两个层次；③村庄规划的期限一般为 10~20 年，其中近期规划为 3~5 年
	现状调查要求：调查准备、初步调查、深入调查和补充调查
	用地分类："村庄建设用地""对外交通与其他国有建设用地""非建设用地"
	规划内容：村庄规划内容分基础性内容与扩展性内容，基础性内容是各类村庄都必须要编制的，扩展性内容针对不同类型村庄可选择性编制。村域规划内容：①资源环境价值评估；②发展目标与规模；③村域空间布局；④产业发展规划；⑤空间管制规划 居民点（村庄建设用地）规划内容：①村庄建设用地布局；②旧村整治规划；③基础设施规划；④公共服务设施规划；⑤村庄安全与防灾减灾；⑥村庄历史文化保护；⑦景观风貌规划设计指引；⑧近期建设规划 村庄规划强制性内容：①村域内必须控制开发的地域；②村庄建设用地；③公共服务设施和基础设施；④村庄安全与防灾减灾；⑤历史文化保护（若有）
	成果要求：规划文本。包括规划总则、村域规划、居民点规划及相关附表等

表 1-8　浙江省村庄设计导则

总则	为规范村庄设计工作，传承历史文化，营造乡村风貌，彰显村庄特色，提高建设水平，推进"两美"浙江建设，根据有关法律法规，结合浙江实际制定本导则
总体设计	一般规定：①村庄总体设计应体现尊重自然、顺应自然、天人合一的理念，让村庄融入大自然，让村民望得见山、看得见水、记得住乡愁。②村庄总体设计应尊重村庄传统的营造思想，充分考虑当地的山形水势和风俗文化，积极利用村庄的自然地形地貌和历史文化资源，塑造富有乡土特色的村庄风貌。③村庄总体设计应当从空间形态和空间序列两个层面进行谋划和布局

续表

总则	为规范村庄设计工作，传承历史文化，营造乡村风貌，彰显村庄特色，提高建设水平，推进"两美"浙江建设，根据有关法律法规，结合浙江实际制定本导则
总体设计	空间形态：一、1.有机交融的空间关系 二、灵活采用带状、团块状或散点状空间形态 三、1.平地村庄应用地集约，布局紧凑；2.山地丘陵村庄应充分利用自然地形，营造良好的空间形态；3.水乡村庄应充分利用自然水体，增加水体与村庄的接触面；4.海岛村庄应充分利用岸线形态和地形特征 四、1.平地村庄宜采用网格形路网或鱼骨形路网；2.山地丘陵村庄宜顺应地形等高线及坡向，采用自由式路网或鱼骨形路网；3.水乡村庄宜顺应水网格局，采用自由式路网、枝状路网或鱼骨形路网；4.海岛村庄应重视沿海岸道路在路网组织中的作用，采用自由式路网、枝状路网或鱼骨形路网 五、1.平地村庄宜采用密度较高的建筑肌理；2.山地丘陵和海岛村庄的建筑群体组合应充分反映出地形地势的特点；3.水乡村庄宜将河流作为村庄肌理的"主轴线 六、1.平地村庄丰富整体平缓的村庄天际线；2.山地丘陵村庄上形成层层叠落的村庄形态；3.水乡村庄，使水景与街景相互交融，形成有机联系；4.海岛村庄保障临海视野的开阔
	空间序列：1.空间序列由轴线和节点组成；2.村庄入口及轴线的选择应综合考虑周边自然地形、水系、农田、古树名木等自然因素；3.轴线设计可采用空间抑扬、收放、虚实对比与空间调和、空间衔接与过渡的设计手法；4.轴线设计应通过高宽比和断面形式的变化营造丰富的空间感受；5.轴线界面设计重点应根据介质的不同而区别对待；6.节点设计应体现空间序列整体控制要求
建筑设计	一般规定
	村居功能用房设计
	村居建筑风貌设计
	村庄公共建筑设计
	村庄建筑重要构件设计
	村庄建筑风貌整治设计
环境设计	一般规定
	整体环境设计
	绿化设计
生态设计	一般规定
	雨水循环利用
	乡村建设节能设计
	可再生能源利用
	材料的循环利用
村庄基础设施设计	环境卫生设施
	供水设施
	排水设施
	污水处理设施
	电力电信
	消防
	防洪排涝

续表

鉴于此，我们顺便简单地介绍一下本人在评审中发现的问题。我们发现第一部分工作——调研事实上是能够决定设计师的规划设计文本本身能够达到何种深度的重要前提。但是，前几年我们发现有很多的规划设计单位，在做这部分时，可以说比较粗糙和欠缺。常常一个项目村落，他们其实只是调研了一两次，造成这种结果的原因，一方面是有的规划设计单位虽然名气很大，但它们常常是距离项目的地比较偏远的设计单位，比如海南或四川的设计单位，它如果是由总部来做这个工作，那么如此遥远的通勤距离，来浙江做这样一个规划设计，其调研本身就是比较大的工作量和比较多的资金消耗量，所以其是没办法保证这个调研时间和次数的。但也有一些设计单位，其实只是挂靠在这些来头比较大的单位名下，虽然它们能够保证调研的次数和时间，但其实它们并不能保证有其母公司的那种业务水平。比较低水准的一两次调研，其实只形成了比较粗浅的认识。如此，这也导致了他们后面的文本、图件和规划设计策略也比较粗糙肤浅，有一些甚至将策略方向性都明显地做错。更有比较过分的，是一套图纸滚动使用，也就是使用一个所谓的模板，任何村落项目都照着这个模板套用，这种项目的制作，其实只是耽误村落的时间，目标村落也很无辜，它的发展机会可以说是被白白地浪费了。

在前面调研的基础上，第二部分是初次对接，其实也是调研过程，较之前面这个环节应该是更深入了解目标项目，实际上这个过程是跟政府，从省、市、县，再到乡镇，再到村等各级政府的管理部门充分地进行沟通。除此之外，当然还要和村民进行充分的沟通，所以这个部分实际上是在前期的现状调研的基础上，做更深入的现状了解和分析。然后在这个基础上做规划思路的整理和谋划，并且矫正之前的认识。所以呢，在这个部分，我个人的体会，是第四个部分分析得非常核心和关键的部分。因为如果前期调研没有做好，这个村落的优势我们设计师就无法进行把握，也无法看到其劣势所在，同时也无法认识到该村落的机遇在哪里，它的业态应该如何进行引导，如果分析不到位，那我们还做什么规划设计呢？这个规划设计不是白做了！这个部分非常关键，它直接衔接规划的上下部分，包括和县域整体规划，再有和村庄的布点规划等规划进行衔接。在 2011 年前后，我们做了仙居的美丽乡村的县域规划，或者说整体规划。做现状梳理和特色提取部分，发现前一版规划设计的这一部分其实在文本里面是很弱的。因为很多单位在前期调研和与管理部门、村民等座谈交流，做得都不够。这一版规划设计工作做得深入，也方便下一级别的工作。

第三部分是深度对接部分，我们可以看到，前面给大家介绍的不论是省农办的规划设计要求内容，还是住房城乡建设部的传统村落的规划设计要求，特别是两个导则规定的，都特别强调这一部分内容，它们都要求深度理解，需要融入设计师的规划设计文本中，这一部分是要经过很长时间的理解、谋划、规划和设计，所以第三个部分深度对接，是在前期两个阶段基础上更侧重于产业的发展和具体的落地情况，因为我们在评审时，在三年建设期中，需要符合省相关部门的要求，更需要经过第二年的中期检查，在第三年结束的时候，我们还要做最后验收的检查，所以这个部分是确定具体要落地的那些建设事务。所以这张图中，大家可以看到基础设施、建筑安排、空间规划等内容，特别是产业发展这块的内容。在我们乡村战略中提及的最重要的内容，其实产业振兴部分，这部分关系到每个村民的利益。针对历史文化村落来讲，它的产业应该如何做，是重中之重。如果仅仅是旅游产业，那么需要论证旅游业态是否可以作为唯一的产业方向。在第三部分我还要讲一下前面的规划设计做完之后，我们在评审的这个环节是如何开展工作的。这个评审的环节，我们省里出台了"二十一条"文件。讲述了针对重点村的规划评审细则，这个细则主要包括前置条件，前置条件中有三个非常重要的规定。往年也出现过这种情况，即规划设计单位甚至在文本中根本没有把省农办的规划设计要求列入，也就是暴露出设计单位对村落工作并非特别理解，而只是简单地套用了住建部要求的政策体系。所以，前置条件的第一条就是讲规划应该按照浙江省农办的这个规划设计要求来展开。第二条是规划编制单位应该符合资质要求，浙江省，不管是规划、建筑、景观、风景园林、旅游设计，均要求有一定的资质才可以来做这个工作。第三是规划必须经县市区人民政府的批复同意。到了这个月的月底，省里面来组织，这是一个前提条件；第二是规划占70分；第三是要素筹措占18分；第四是规划图集占12分。规划要占的这70分中，包含了这么几个内容，村落的经济、社会环境、人文等现状分析，要深入翔实。之所以要特别强调这些，我刚刚已经讲了，规划设计单位对这个工作的理解不到位，加之驻村工作的调研没到位，这是无法欺骗别人的。虽然第四个部分的分值只有4分，但是它的重要性是不言而喻的。

第五部分是保护利用规划应该主题鲜明，个性彰显，品牌响亮，一定要有品牌，这是我们在评审的时候非常关注的内容。下面第六到第十六个部分，都是结合住房城乡建设部的要求和在他们的基础上，我们专门针对重点村，所做的这个分类的评审。

分类评审的一些指标，除了规划要旨以外，要素的筹措占18分。浙江省的要求是一年内澄清，两年成评，三年成景，有这样的任务要求。我们在中期检查和项目验收的时候往往会碰到这种情况，因为村中人际关系情况比较复杂，特别是当涉及村干部换届的时间段，就会特别复杂。比方说有一个村，我们第一年去建设成了一个状态，但第二年再去的时候，发现根据规划设计时间进度表，本应该完成的项目它几乎一年都没有动，他们几乎没有开展任何工作，这就是因为村干部的换届。涉及这些具体情况，每一个村都会比较复杂，所以我们会特别关注建设持续的情况。那么最后一个部分是规划的图集，有12分，必须做出具体详细的图集。

三、评价标准

关于规划设计评价标准（表1-9），是我们团队和省农办一起制作的。首先是建设情况，这个大的部分总体占60分。这60分包括以下几个分项。第一个是古建修复28分，第二个是风貌修筑的整修改造11分，第三个是古道修复10分，第四个是搬迁安置区的公建设施11分。实际上有很多村基于硬件的原因，无法全部满足。比如有些村落本身并无古道，这样我们的设计师也不能凭空捏造出一个。也有一些村在专家最后验收评审时，其搬迁安置区仍未落地。第二个大的部分是项目和资金的管理10分。第三个大的部分是规划落实30分，其中包含了两个相对大的二级指标，第一个是村落环境指标占19分，第二个是村落发展的指标有11分。大家可以看到，它特意强调主题品牌，有2分，这2分虽然分值不高，但在其他的评审要求中，并未特意列出这么一条，足以说明这个分值的必要性。最后有一个附加分10分，是说资金的投入机制。

表 1-9 评审细则与评价标准

分类	检查内容		评分标准	评价方法	分值	计分	备注
建设实绩 60分	古建筑修复28分	顶瓦修补7分	以体量完成率为评分标准。完成100%得5分，90%得3分，80%得1分，80%以下不得分	现场测量、查阅台账资料			
			效果以整体协调性与施工工艺为评分标准。好2分、较好1分、一般0.5分、差不得分	现场评估			

分类	检查内容		评分标准	评价方法	分值	计分	备注
建设实绩 60分	古建筑修复 28分	墙体加固 7分	以体量完成率为评分标准。100% 得 5 分，90% 得 3 分，80% 得 1 分，80% 以下不得分	现场测量、查阅台账资料			
			效果以整体协调性与施工工艺为评分标准。好 2 分，较好 1 分，一般 0.5 分，差不得分	现场评估			
		立面改造 7分	以体量完成率为评分标准。100% 得 5 分，90% 得 3 分，80% 得 1 分，80% 以下不得分	现场测量、查阅台账资料			
			效果以整体协调性与施工工艺为评分标准。好 2 分，较好 1 分，一般 0.5 分，差不得分。	现场评估			
		构件修复 7分	以体量完成率为评分标准。100% 得 5 分，90% 得 3 分，80% 得 1 分，80% 以下不得分	现场清点、查阅台账资料			
			效果以整体协调性与施工工艺为评分标准。好 2 分，较好 1 分，一般 0.5 分，差不得分	现场评估			
建设实绩 60分	风貌冲突的建（构）筑物整修改造 11分	立面改造 5分	以体量完成率为评分标准。100% 得 5 分，90% 得 3 分，80% 得 1 分，80% 以下不得分	现场测量、查阅台账资料			
			效果以整体协调性与施工工艺为评分标准。好 1 分，较好 0.5 分，差不得分	现场评估			
		结构降层 2分	以体量完成率为评分标准。100% 得 2 分，90% 得 1.5 分，80% 得 1 分，80% 以下不得分	现场评估、查阅台账资料			
		整体拆除 2分	以体量完成率为评分标准。100% 得 2 分，90% 得 1.5 分，80% 得 1 分，80% 以下不得分	现场评估、查阅台账资料			
		易地搬迁 2分	以体量完成率为评分标准。100% 得 2 分，90% 得 1.5 分，80% 得 1 分，80% 以下不得分	现场评估、查阅台账资料			
	村内古道修复改造 10分	里程 6分	以体量完成率为评分标准。100% 得 6 分，90% 得 4 分，80% 得 2 分，80% 以下不得分	现场测量、查阅台账资料			
		效果 4分	以整体协调性与施工工艺为依据。好 4 分，较好 2 分，一般 1 分，差不得分	现场评估			
	搬迁安置区基本公建设施建设 11分	完成指标 7分	以用地面积和安置农户数完成率为评分标准。100% 得 7 分，90% 得 5 分，80% 得 3 分，80% 以下不得分	查阅台账资料，现场评估			
		建设效果 2分	以整体协调性为标准。好 2 分，较好 1 分，一般 0.5 分，差不得分	查阅台账资料，现场评估			
		基础设施 2分	以配套是否完善为标准。好 2 分，较好 1 分，一般 0.5 分，差不得分	查阅台账资料，现场评估			
项目和资金管理 10分	项目建设管理制度 2分		实行项目法人责任制、招标投标制、建设监理制、合同管理制的得 2 分，少一项扣 0.5 分	查阅台账资料			
	资金管理 8分	资金管理制度 2分	资金管理制度健全的得 2 分，不健全不得分	查阅台账资料			
		资金到位情况 3分	各级财政补助资金及其他项目资金已落实到位的得 3 分，不到位的每项扣 2 分，扣完为止	查阅台账资料			
		资金拨付情况 3分	资金按照进度及时拨付使用的得 3 分，未及时拨付使用的酌情扣分	查阅台账资料			

分类	检查内容		评分标准	评价方法	分值	计分	备注
规划落实30分	村落环境指标19分	功能分区及整体风貌7分	功能分区以与规划的契合度为评分标准。分区合理，边界吻合得3分，否则不得分	现场评估			
			整体风貌以与规划的契合度为评分标准。核心保护区的古建和古道按原貌修复适度利用得1分，建设控制区的高度、体量、色彩等管控合理得1分，风貌协调区的存有环境协调得1分，搬迁安置区建设风貌、设施符合规划得1分，否则不得分	现场评估			
规划落实30分	村落环境指标19分	公共服务设施3分	以与规划的契合度为评分标准。公共服务设施（文化礼堂、村民避灾点、养老设施等）布点合理得1分，功能齐全得1分，配置明确得1分，否则不得分	现场评估			
		基础设施5分	市政建设以与规划的契合度为评分标准。道路交通得1分，给排水得1分，强弱电得1分，否则不得分	现场评估			
			环境整治以与规划的契合度为评分标准。垃圾、污水、家庭作坊等整治到位得1分，防灾避灾得1分，否则不得分	现场评估			
		景观环境4分	绿化、小品、铺装等景观设施以与规划的契合度为评分标准。布点合理得2分，符合乡村景观特色得2分，否则不得分	现场评估			
	村落发展指标11分	主题品牌2分	以与规划的契合度为评分标准。主题谋划实施到位得1分，品牌推介与利用有效得1分，否则不得分	现场座谈、评估			
		文化挖掘与传承3分	以与规划的契合度为评分标准。历史文化和民俗文化挖掘的内容有依据得1分，传承的载体恰当得1分，弘扬的形式多样得1分，否则不得分	现场评估			
		产业发展3分	以与规划的契合度为评分标准。产业布局合理得1分，有效运作得2分，否则不得分	现场评估			
		社会评价3分	原住民、游客等的认可度与满意度。按照回收问卷统计的相应比例予以赋分	问卷调查、现场访谈			
10分（附加分）	资金投入机制8分		部门资金整合度。好2分，较好1分，一般0.5分，差不得分	查阅台账资料			
			工商资本引入。好2分，较好1分，一般0.5分，差不得分	查阅台账资料			
			金融资本引入。好2分，较好1分，一般0.5分，差不得分	查阅台账资料			
			村民自保自筹。好2分，较好1分，一般0.5分，差不得分	查阅台账资料			
	建设模式2分		引入BT、PPP等模式。好2分，较好1分，一般0.5分，差不得分	查阅台账资料			

　　我们全国有很多的村，要把它保护、利用和发展好，资金是最大的保障要素。而要把村落做好，其最重要的就是资金的整合和资金的投入。资金的整合，一方面是政府部门的资金，除了省农办的资金以外，我们刚才提到的，那些所谓 500 万元、700 万元对于一个村落建设来说是远远不够的。尤其当涉及拥有重点文保单位（省保或国保）的村落，如果目标村落中有这些保护单位，那这些资金只可能说是远远不够的，所以它不但一定要整合住房城乡建设部、旅游部门、文化部门还有文物部门等单位，比如有水利部门、公路部门等这些资金。而且还要特别关注社会工商资本、社会金融资本、村民自筹等，也就是说资金的来源不但要求多种渠道，而且金额可能也比较多样。资金这一部分的管理工作，亦特别重要。在资金来源和管理方面，我们希望看到一些新的建设模式，比方说 BT 模式、PPP 模式，我们在检查的过程当中有一些，但数量不多。

　　不管是重点村或一般村，我们一般在做研究的时候，除了自然村、村民、村落社会、建筑物、路网等，好像所有的这些物质都可以相互交叉和相互组合，所以在这个人居环境里的五个子系统中，也就是我刚才讲的自然、人、社会、路网、建筑五个子系统中，我们提出了 26 种组合方式。所以，重点村其实也相当于小型的系统。强调融贯，"融"和"贯"中的"融"是一个横向的，具有空间轴线；"贯"是历史的角度，是时间轴线，是纵向的。两者合起来，便是融贯。所以，从比较大的科学和艺术的角度来说，我们可以看到，比如东梓关村，它的立面意向比较像吴冠中先生的画作，所以特别被人们所青睐。这个村，我觉得从规划师的角度来讲，他一定是悟到了这种江南图景意象的精髓。当然我们在评审它的时候，顺道和他们村书记进行了很多的交流，当时我们提问，他们当地的村民是否能够接受这样的房子。事实上当时他们的那些房子虽然基本上完成了分配，可是其实在一段时间中入住率并不是太高。他们现在（2018 年）正在那里建造第二期。我对这个项目个人的理解，加上老百姓的介绍，从他们真实的农业生活的角度来说，这些建筑和其原本的生活、生产等传统农业行为习惯还存在一些隔阂的。但如果从村落发展或从保护利用的角度，再有从设计师的规划设计角度来说，我认为东梓关村仍旧是一个巨大的成果，它有效地借助互联网营销，是数字时代的成果。

　　我们都知道深奥环溪江南镇的 5 个村，东梓关村的知名度其实远远超过深奥村，但是它原来的基础，跟深奥、环溪、递铺等这些村落有一定的差距，事实上东梓关村并不如它们，但现在不同了，它成了佼佼者。从这个角度来讲，东梓关村是比较成功的案例。我们浙江省的浙派名居建设，特别需要像东梓关村这样的经典案例出现，一定是"得"大于"失"的事。从影响力的角度来说，它无疑是成功的，对它的探讨，对它的批判，对它的借鉴，我觉得这些方面，都无法掩盖它作为一个典范的事实，同时也不可抹杀其在村落建设中的地位。在未来，我想它不管是对知名的村子也好，对不知名的村子也好，东梓关村都能够起到一个引领作用，在某些方面带有示范性作用。

　　最后我想说，最近这几年我们中心的老师和团队，包括我个人的一个思考，即我们的传统村落动态保护机制及活化性研究，其学科属性已经跳出了建筑学、设计学、艺术学，实际上已经深深地和经济学、社会学和管理学等学科领域结合了，我们近几年的立项，已经发展到了在社会学和管理学中立项，所以从这个角度讲，未来对规划设计的内容、实施、管理等技术与手段的学术研究，可能更多地从管理和社会的角度，探讨其和我们原来的建筑学设计学怎样更好地去融贯。谢谢大家！

历史文化村落保护利用常见问题及案例分析

王秀萍

主讲人：王秀萍，女，浙江理工大学艺术与设计学院副教授，主要研究方向建筑设计与生态技术，村落保护与利用等，发表论文数十篇，多次取得国家级、省级科研项目立项，多次主持历史文化村落规划设计横向项目。

一、历史文化村落类型

首先我们看一下历史文化村落类型。历史文化村落的分类有很多种方法，比如根据地域及其他方法来分。从浙江省农办的角度，它分为三种类型。

第一种是历史古建型，是指它的村庄、格局、街道、建筑保存得比较完好，村庄格局尚在，能完整地传递历史文化信息。这个图（图1-94）是金华金东区的山头下村，它是中国袖珍古城。这个村现在还有完整的村庄格局，四个城门全部保存完整。而且，特别难得的是这个村落并不是平原的，是阶梯状的，所以这个村落的空间感是比较好的。

图 1-94 山头下村俯视图

第二种是自然生态型。自然生态型的历史文化村落以拥有良好的生态环境作为突出特征，其村庄周围原生态自然环境尚未破坏，村庄有一定的历史遗存，没有被过度破坏或开发。给大家看一下这个村，缙云岩下村（图1-95）。从村外走进去，其村口有九棵古枫香树，已经有几百年的历史。村口有一口塘。走进去往山下看，是一个较为完整的村落格局。这种村庄是中国传统村落，也是浙江省历史文化村落重点村。但是大家看到的是很美好的，走进去之后就没有这么美好了，内部比较残破。这个村庄保存得如此完整也是有其原因的。20 世纪 90 年代初该村山下另辟有一块宅基地，也就是说大多数后期建设基本上是在山下开展，这就变相地保护了原村落格局。但目前这些旧民居建筑大多岌岌可危了，年久失修，实际上只有 20 多个老人仍在居住，已经没有年轻人在里面了。

图 1-95　缙云岩下村村口大枫香

第三种是民族风情型。这主要是指村庄有较悠久的历史文化，民俗风情较独特，在非物质文化遗产方面有较大留存和发展价值。这种村落其实可能有一定的物质文化遗产，比如古建。这种类型最突出的实际是它的非物质遗产方面。比如遂昌焦村，它有两项国家级非物质文化遗产，所以这种虽然有古建类，但它最突出的特色是它的民族风情，它的文化方面是比较珍贵的资源。

这些是省农办的依据，因为评估的时候可能也是按村庄类型来分的。

二、现状问题

村庄现状的问题。首先，村庄自然蚀毁得比较严重，这个现象目前是普遍存在的。历史文化村落中的古建筑多为砖木或泥木结构。我最开始参加评估的时候集中看了很多村庄，很多民居建筑中的木雕、砖雕、石雕都比较精美。但它们长期受到日晒、水泡、蚁灾等不良因素的侵蚀，损坏、腐蚀严重，有的已经坍塌或即将坍塌。大家可以通过这张图看到，这个祠堂的柱是石柱（图 1-96），当然结构还是比较完整的，但这个石柱的风化程度也已经比较严重了，同样是这个建筑的其他木柱，损毁情况更加严重。而且除了柱子和梁以外，我们也发现，整个建筑基本损坏破败，它急迫需要重修。大家在村落中看到的比较好的建筑，大多是以往那些比较有经济实力的人家或隐居官员的民宅，虽然并不是所有的都很讲究，但它们无疑都采用了当地传统的建造技术。所以当它们没人居住和缺少维护，它的那种损毁情况就比较严重了，这是一种比较普遍的现象。如果屋主经济宽裕的话，可能并不是先去翻修老屋，而是会去其他地方购买新房或另行建造，再或者是把旧房拆除并在原址上重建。这是因为修复老房子的成本可能与重新建设等同，而且修复要求比较高的技术，而普通民众尚无法支付这种技术。再有，于旧居中居住可能并不舒适，更倾向于追求舒适感的年轻人，就不会主动"住在老房子里"成为一种普遍性情结。的确，老旧建筑受到以前建造技术影响，同时也可能不再适应现代生活的行为要求，这导致其室内居住环境的舒适性比较差，具体为光环境、风环境、热环境都使得现代人感觉不适。当老房子倒掉或部分坍塌之后（图1-97），村民们基本上不会去重修而是重建。现在，很多核心保护区，相关法律和官方已经不再让民众就地重建了。这无疑也客观地加剧了空心化，所以我们看到很多老房子，终日大门紧锁，产权属于个人，但很多这些产权人已经不再回来了。如此，则更坐实了空心化事实，这成为非常严峻的潜在性危机。

图 1-96　风化较为严重的石柱建筑　　　　图 1-97　村落中坍塌的建筑

其次是盲目地拆旧建新。一些现代化建筑"插花"于古民居、老祠堂之间，同时也导致一些石头路、水井、寨墙等具备历史文化的建筑物构筑物被拆除或被钢筋水泥建筑替代，许多历史文化村落的整体景观渐成"大杂烩"（图1-98）。我们现在仍然对大多数村落的外观没有比较具体性的、可执行的、全面的新建建筑外观性控制，农民建造新房在上级部门进行审批的时候，所有的指标都是倾向于经济技术性指标，并不包含这些倾向于美学的控制性要求，基本上是只要不违反限高、容积率和占地面积等指标即可，这种现象其实非常普遍。大家看一下这张图（图1-98），某一个历史文化村落的核心区。因为周围的区域可能随着人口的增多，其外部的发展我们并没有办法控制，但是你们看核心区里面，典型的是呈现出在比较完整的村庄肌理中，"冒出来"一个很不合时宜的新样式建筑，实际上这是非常普遍的现象。这张图还不算严重，不和谐因素还算比较少的。但比较明显的，这些新的建筑已经完全地将其传统的肌理破坏掉了。

图 1-98　村落新旧建筑的图景形态

这张图是个村口（图1-99），江南一带村落的村口，一般都有一个比较大的池塘，池塘边上有一个设有水力驱动石磨的房子。近四十余年，村民可能觉得这个地方风水比较好。比较早富裕起来的人可能会在此处建造新民居，早几年的时候假如就在这个地方将房子建起来，所以到了现在这些建筑则被定性为改造的对象。在我们的评估中它们被称作风貌协调建筑。这即是说，除了老房子之外，还有一些20世纪八九十年代乃至2000年左右建造的房子，需要进行风貌协调。但是事实上这些建筑被改造的效果并不尽如人意。在座的专家们不难发现，比较长的一段时间中所谓的改造，大多是一股脑做马头墙或者刷白仿古，于是就产生了风貌方面的比较多的问题。

图 1-99　村落新建建筑的水口图景

再次是过度的商业开发。即便是一些已经比较久负盛名的村落或集镇，也出现在没有科学保护和利用规划的指导下，不但把古迹当景点，把遗产当卖点，甚至盲目地迁走、迁空原住民，招商引资的现象，导致历史文化村落的文化遗产失去鲜活的历史记忆。大量有价值的文化遗产在追求短期效应的行为下被破坏。这种把整村都迁出来再进行商业开发的现象，就完全失去了原有的那种村落的风味。

临安指南村的特色是枫树和银杏特别多，秋季时常聚集比较多的游客。这样就出现了村庄环境承载力的问题，我们去那里考察时，就出现了比较严重的堵车现象。尤其在游客高峰时段，其餐饮、如厕等必要的服务均比较匮乏。这一类自然资源的村落，其季节性特色较为明确，大致只在某个季节会有骤然涌进的大批游客，而在其他时段并无游客。也就是说，这种周期性比较强的情况，导致它仅借助于时段性资源提振村落经济是比较乏力的。这同时可能会出现比较多的问题，我觉得这些问题其实都可以作为大家的研究课题。

最后是村民的保护意识淡薄。这些长住于此的农民群众才是保护历史文化村落的主体力量，但当前针对农民的宣传教育力度不足，加上富裕起来的群众改善居住条件的愿望迫切，使得农民群众对保护历史文化村落的认识反而比较模糊。一些村民为了眼前的小利，无视历史遗产的珍贵价值，凡是能给他们带来眼前利益的，他们甚至可以为了一些蝇头小利而随意拆卖旧建筑构件。虽然现在有一些村民们也开始有意识地去保护，但总体来说尚未形成特别有效的保护措施。

以上大致就是目前历史文化村落所存在的问题。

三、规划问题

经过多年的积累和很多轮的规划设计，常常是针对某一村落的图纸已经比较多了。甚至，我们说，政府每出一个新名词，可能就会做一轮规划设计，形成一套规划设计文本，也有可能是不同的部门出资做规划设计。规划设计文本数量多并不是问题，问题是这些规划设计文本之间的相互衔接性和协调性比较差，因为它们本身是由不同的设计单位制作的，常常形成"公说公有理，婆说婆有理"的局面。规划的本意是做一些方向性的建议、指导或约定。但如果一个做出来的规划文本，并没有对具体的村落形成真正的指导意义，也就是说这个规划其实并没有意义，也就谈不上指导性，它的本质是一种技术浪费。作为设计单位，这一点我们都有体会，即所谓现在甲方给乙方的制作过程均有比较严格的制作或实施时间，要求在这一段时间内务必提交某一村落项目的规划设计成果，或者保证某一种规划设计目标的实现，然后经过评审等操作，它对时间的要求其实是比较严格的。我们不探讨制度的问题，只是说设计单位自身的问题。因为迫于制作时间和实施时间的双重压力，这使得设计单位并不能完全深入地去了解和挖掘目标村庄的具体情况，很多设计单位都套用以往设计或不知道从何而来的模式化的规划方案，不但没有针对性，而且生搬硬套的现象其实特别严重。

再有是村庄规划与设计方案衔接程度不够，也就是说在规划做好之后跟实际方案呈现脱节现象，所以这导致为做规划而规划的现象。规划、设计和实际施工的过程层层脱节。以上这些是规划的问题。

所以我们在此提出了规划的要求。具体如下：①提高规划水平。在深入调查、勘察和研究的基础上，通过专家指导、专题论证、群众参与等途径，进行全面深入的专业设计，充分展现地域特点、文化内涵和民族特色，提高规划的可操作性。②抓好规划实施。发挥规划的控制和引导作用，严格控制规划红线内农房拆迁和新建，规范村内建设行为，严格按规范开展古建筑修缮维护，引导有建设需求的农户到中心镇中心村建房居住，要落实相关项目和资金，结合村庄整治建设、农村土地综合整治、农村住房改造建设等有序推进历史文化村落保护利用。

四、建设问题

第四个方面是建设问题。这个方面本人也希望和大家探讨。具体的某一个问题，或许不只有一个解决办法，或者目前我们并不觉得它做得比较好。我大致会从以下五个方面来进行介绍：①古建修复；②风貌协调；③道路广场；④景观环境；⑤基础设施。实际上在历史文化村落风貌建设中有非常多的问题，我挑了这几个出来和大家探讨。

古建修复我从屋顶修复开始讲。这是因为修复时，对建筑影响比较大的因素从大到小排列，顺序是屋顶、外立面、墙面等。那么，我们从屋顶开始讲不同的修复材料。第一种是从旧的房子上拆下来的小青瓦，以往制作的小青瓦质量非常好，很多拆下来的旧瓦比时下工厂中制造出来的新瓦，质量还要坚固，拿在手里感觉还要沉重。在房子的主体结构修复之后，将这些瓦片再重新铺回。大家可以看这一张图片（图1-100），就是这种效果。第二种是机器瓦，现在很多工程采用这种机器瓦，我这里有一张非常难得的图，将机器瓦和旧瓦做一个对比。第三种是琉璃瓦，现在人们已经能够造出各种颜色的琉璃瓦，比如这种红色的，我们在实际走访中发现很多农户并不愿意用小青瓦，因为小青瓦的尺寸比较小，内面不设有咬口，施工麻烦、耗费人工多，而且这种要求的施工技术其实比较高，一块块地叠置更容易漏雨。人们比较喜欢用现代工厂制瓦，尤其是琉璃瓦，其尺寸比较大，且耐久度高，施工方便，咬口设计合理，不太要求施工技术，相互叠合之后连片性强，也不容易漏雨。所以很多人天然地抗拒使用小青瓦或老瓦进行修复。最后，设计师常采取一种比较折中的方法，也就是应用近似小青瓦的灰色琉璃瓦，这种障眼法的缺点是禁不住仔细看，虽然其效果比较差，但至少在颜色上尚不算突兀。如此，我们可以发现，不同的施工材料，不同的施工工艺，会呈现不同的工业效果。

现在比较多的地方都有这样的要求，比如这个小型建筑，其一半是老瓦，一半是新瓦。老瓦放在主要的观赏面上，或者新瓦就放在老瓦底下，表面上的盖瓦还是老瓦，这样建筑整体的面貌看起来可以协调一些。小青瓦和单片的这种机器瓦的对比效果，如图1-100所示。它看起来很薄，这个小青瓦是一块块叠在一起的，一般的做法是压七露三，一片压着一片这样叠起来的。所以说我们看到它的檐口非常漂亮，形成了不错的空间肌理感。这种机器瓦很平整，在檐口的地方露出薄薄的一条，所以图像对比方面就特别明显。这里传统建筑的在屋顶上的那种厚重感完全消失了。大家可以发现现在大部分的构造做法都是这样的。很多修法都是檩条加檩条，椽条上面铺木望板，木望板上面是防水卷材，卷材上再有各种层次，再把青瓦放上去，基本上都是这种做法。但是江南地区传统的做法是用旺砖，在旺砖上铺小青瓦。我觉得现在的做法有一个问题，即失火时会比较麻烦，因为整个木望板铺好之后，瓦下面整体上成了木结构，下面还有木柱、木梁，有火情的时候火被闷在下面，当火烧到上面时其防水卷材可能同样是可燃性材料。所以如果古建采用这种方法修复，可能会有比较严重的火灾安全隐患。但传统的做法，是用旺砖、苇席这种材料，在失火的时候用杆子将其捅开，将火苗直接引上去，这种做法不但会使得烟气比较少，而且也给逃生的人争取了一些时间，短期内避免火势横向发展。从舒适性的角度来说，这种不做保温和隔热层的方式，是我们现代人的取向追求的是生活舒适性，和传统相比其取向是不一样的。

图1-100　小青瓦和机器瓦的对比

第二种是立面修复墙体。天台地区的某个村落，其以前有非常繁华的商业街。这个村最大的特点是保存着很多特殊历史时期的痕迹，几百米的街道遍布着那个时期遗留下来的语言痕迹，由于它们并不是隆重样式建筑，用料都不是很讲究。这些相当于沿街商铺，它们在我们国家的特殊时代留下了这样一些印记，其道路样式也保持以往状态我们去评估的时候，他们也有很多困惑。规划确实做了，方案也做好了，但却觉得并不是很合适。很多设计院都是这种模式，传统样式的旧房子，一旦修缮就会跟从前相差得比较多。很多建筑的柱看起来还可以，不去动它好像房子也不会有什么问题，但是把它拆开来，会发现它其实已经被虫蛀、水侵，大部分腐朽不堪，很难再重新用上去了。整个村落中大多数木架构的结构已经被使用了上百年的时间，它事实上已经变成了比较腐朽的状态。很多设计院的做法其实就是将其全部拆掉，然后用现代材料仿造成原来的样子，这就事实上是在重新做一条商业街。我看到很多地区都采用这种做法，这种方法确实比较省事儿。修复的确比较麻烦，而新建却其实很简单，成本也更低。如果不采用替换的方法，当地人们看到这样的方案也会很不满意，但其实他们自己也不知道应该怎么做。

我觉得我们作为设计者，或者大家有兴趣可以去做一些研究，村落的发展中还是有很多的困惑和问题。比如有一些建筑，原住民已经不在这里居住了，房子内部结构已经全部坍塌了，当初建造它的时候，其使用的木材料原本也不是很讲究，同时也没有精美的雕刻，这样的建筑和大家经常见到的那些可能是不一样的。那么，这样的类型我们认为是可以拆除的。

比如衢州常山方山村，它的商业街直到现在还活生生的，一些业态还客观地、活生生地存在，比如弹棉花、箍桶店、打铁铺等业态，打铁铺中仍旧在生产可以使用的农具和生活用具。很多店铺表面上破破烂烂的，但是它还带着那种市井的烟火气。很多建筑修好了之后，租金提高了，有些业态就无法继续生存下去，这导致业态发生了变化，于是失去了它以前的那种味道了。再有一个困难，是很多房子如果不动它，即便继续使用二十余年也不会出现什么问题。但一旦拆开重建，很多原本的构件就不能再用。

我们在和甲方交流的时候，他们也有很多困难，比如比较棘手的产权问题，比如比较多的古旧建筑的产权并非是原来的户主，修缮之后的产权归属较为混乱。我们知道很多历史文化村落除了需要保护之外，还需要发展，否则无人居住的房子本身也比较容易衰落。也就是说，现在开展业态重塑是真的比较困难。当然原来的户主也可以再租回房产重新开展经营，但这样就带来一个问题，他们凭空多了一种成本，会导致他们涨价，这种非自然式的，而是跃进式的涨价，当然会丢失很多消费者。当这些经营户入不敷出，于是他们又接着逐渐退出，既然原来的业态不足为继，那么新的业态是否能够进驻呢，或者因为消费者数量过少，可能还不足以支持其生存下去。所以如果希望将这样的商业街恢复到以前的状态，这种办法就有了一定的困难。但事实上单纯由村民掌控产权，又会出现其他的问题。一方面这就特别需要精细化管理，另一方面如果当时能把这个产权非常清晰地厘清，然后进行整体处理，无疑会更好一些，当然这是非常庞大的工作和发展的问题。我们作为设计师，需要从修复的角度来看，可能也存在一定的问题，这个是其中一种类型。

旧建筑的外立面重塑，近几年开始较大范围的开展，大家会发现这种旧式样建筑，如果对它们进行立面的改造，无论使用小青砖还是夯土墙。大家很容易发现这些现代化服务电气设备很难和传统肌理相协调。墙体的第二种形式是夯土墙，浙江并不乏立面改造样式。原本这种墙体的制作比较讲究，以前用糯米的浆水，加入碎石块、碎瓦片，然后进行逐层夯筑，形成墙体。这种墙体其实还比较多，并不少见，在很多地区都有这种夯土墙。其很大优势是可以就地取材，适应当时的经济环境和砌筑环境。现在的问题是，很多夯土墙其实并未采用传统制作工艺，而是使用真石漆代替。夯土墙传统工艺的困难，一方面在于很多技术已经失传，另一方面在于价格高昂。

大家会发现很多事物本身，可能设计本身并未涉及，设计师其实还是用自己想当然的想法去做。桃花岭村村口的第一个建筑物，大家发现它几乎浑身都是补丁（图1-101），其墙角显而易见地破了，而且墙身也有很多裂缝。他们觉得这房子可能需要修缮，而且是迫在眉睫的，结果修完之后变成了现在的样子，毫无疑问他们自己都觉得修完了反而变得更难看了（图1-102）。于是他们就问我，说怎么进一步做才能把它整理得不再那么难看。这些都是需要解决的问题。其实类似这样的建筑非常多，在现实中这一类问题也并不少见，给大家看这个，是因为我觉得尽管这并不是很大的问题，但也是大家在日常工作中可能会遇到的，我们每个人都可以去深入地考虑一下，接下来如何去解决这个问题。

图 1-101　满身补丁的夯土旧建筑

图 1-102　桃花岭村村口的第一个建筑物修复之后的样子

再给大家看一个例子，这个门（图 1-103），大家猜一下是新建的还是以前的旧门呢？大家其实可能早就看过这个村子了，它旁边有一个看起来像夯土墙的房子，下面建筑这里有一个门，从它的选料、工艺方面上来看，不难看出它并非旧门。如果我们不将其单拎出来，很有可能观看的人想当然认为它就是个老门。这就是用涂料，做出原汁原味的效果。我们之前也讲了，它现在作为历史文化村落的实施单位，那个村里其实是没人再去后继指导他们，虽然他们有规划，有设计，甚至有设计方案，有施工图，这样子的纸质指导很多，但他们见到设计者问的最多的问题依旧是"你看现在我们该怎么做"，他们仍然不知道应该怎么做，这就是设计和落实之间的衔接问题。

图 1-103　修旧如旧的门

　　最初，我们刚刚开始做历史文化村落时，同样没有经验，常常需要摸着石头过河，很多人都很苦恼，不知道该怎么做。他们觉得房子修好了之后要和以前一样，要修旧如旧，甚至通过烟熏、火烤或涂色等手法，把它修得好像很旧的样子。这其实是一种很夸张的行为，这是一种典型的"用力过猛"的例子。从专业的设计师的角度来说，这也是大家需要探索的问题。

　　这个图也是修复的（图 1-104），左边和右边看起来一模一样的图案，左边是老的，右边是新做的，乍一看感觉很相似，细看却是完全不同。新做禁不住细看。很多新木雕是机器雕刻的，价格低廉（400~500 元），成品时间短。但如果找雕刻师手工雕刻至少需要 3000 元，而且还需要比较长的时间。也就是说除了工艺问题还有资金问题，因为现在的招投标集中了很多因素，这种木雕除了雕工的问题之外，我觉得很大的问题在于选料，现在很多项目的选料也尽量选择价格低廉的木材。我们发现以前留下来的民居，很多用料都非常考究，所以我们不难发现，比如这个牛腿雕刻的猴子，身上的毛都是一根一根的，表情也特别生动，花窗上也有很多这种精细的雕刻，用料都是比较好的，坚硬且木质细腻的木料雕刻出来的动物或人物，能够有很多细节。我们现在很多选料，可能由于招投标金额的限制或者其他的各种牵绊，刚雕好的就可能有很多毛刺翘起来，这些看起来就让人觉得很无奈。在实际工作中，实际上有很多我们迫不得已的情况，但是在进行修复的时候，是不是还要刻意恢复到以前的形态，我觉得这个问题大家也可以去深入地思考。

图 1-104　传统建筑画板（左）老品，（右）新品

　　再有一个问题就是古建修复中天井的问题，大家看到的很多作品这个部分都是很美的，但其实我

们看到比较多的却是图中这样的（如图 1-105 左图和中图所示）。这是因为之前的土地改革政策，单独的大庭院可能被分成了比较多的独立户。这导致整个庭院不但被分割得比较破碎，而且经常堆放各种人们舍不得扔掉的杂物。浙江有比较多的这种情况，整个院子类似于 20 世纪七八十年代的北京大杂院。大家看这张图，真的是荒草丛生。由于原来的天井明沟被破坏，雨后积水不容易排出，导致泥水均逐渐淤积于低洼处。我们看到因为常年得不到疏通，很多比较好的明堂沟业已失去了排水的功能。之前也有很多卵石的庭院，这种大的天井我们都称之为"内庭院"，通过路面的渗水将积水下渗掉，如果是通过明堂沟，积水的问题可以得到解决。尽管很多地方都另外安排 PVC 管将水排出去（图 1-105 右图），但是淤积在庭院内部的只好放任不管，就变成了这样的相当有碍观瞻的场景，这是很可惜的。这个图片就是修复出来的效果（图 1-106），我们看到内庭院是真的很美啊，但实际上在现在的普通乡村中，大多数还是刚刚看的那种，不但有杂草丛生的，也有违章搭建的，更有胡乱堆积杂物的。

图 1-105 （左）（中）传统建筑的天井，（右）天井采用 PVC 管将水排出

图 1-106 修复后的天井

我要再讲一下风貌协调。开化县某村，这个村子在核心区域也有很多插花式样的新建筑。先富裕起来的农户，在管控不是很严的时候就把老房子拆掉了，再把新房子原地建起来。毫不客气地说，其实大家都喜欢住这种新房子，因为采光、通风、卫生等各方面条件都比老房子好，所以大家喜欢这样的房子。后面管控起来之后，对这些插花建筑进行了改造，我们不难发现，他们在核心区域做了一个"二层皮"的处理，这是一个动作比较大的处理方式。我们看到这里有个门，可能还没被处理掉，这里是它外面的一层皮（图 1-107），里面是它的外墙，在没有办法进行彻底的立面改造的情况下，政府真的是花了很大的力气，将新建筑的整个外墙全部重新包起来，相当于建筑墙体有两层。只不过这种"二层皮"跟我们从教科书上所了解的"二层皮"是不一样的，其下面的墙和上面的窗都为新做，形成了这种效果。如果不去仔细查看，还真的以为就是旧的建筑，只是风貌不够完整，这就是"用力过猛"的典型。左边这个图片并不是老房子，它是在核心区边缘对原建筑进行的风貌

协调性建筑，做成了白墙灰瓦，我们的评价是感觉差强人意。但这个还算是比较好的，其外窗不难发现，是在已经做好的铝合金窗上又做了一层。我选择了两个细节给大家看，一个是窗子，铝合金窗外面做了一个仿古窗套，外面是用石刻的漏窗进行了处理。但是改造后当地居民并不喜欢，因为原本有很大面积的窗受制于这个窗套，使得采光面积缩小了，同时也影响通风。

图 1-107 对新建筑的"两层皮"处理方法

接着讲道路广场。浙江的"石头村"（图 1-108 左图），这个村所有的建筑、路面、墙面、台地，全部都是溪流卵石的。就地取材的结果是他们基本上是用一块块的卵石来垒成一幢幢房子，大家看这幢房子的颜色是不是有差别啊？这幢房子是采用片石贴面来做的（图 1-108 右图），我如果不说大家应该也没有什么不良的感觉，因为它和周边的环境也协调得比较好。这个是在村口的地方，房子很大，有四层。一层和二层用的是片石材的贴面，再上面其实是画上去的。石块的贴面大概有一厘米的厚度，采用湿贴法，直接用水泥贴在了墙面上，房主担心以后贴面不够牢固，掉下来会伤人，所以上面不敢再贴，请工匠画了一些在上面。后面这些是道路广场，这是以前遗留下来的卵石的路面，卵石路面的石块选材很讲究，再有是它的工艺也很讲究。大家可以发现这个路面的中间是比较高的，在当地称之为"路经"，这种风格在制作过程中较为麻烦。现在工程的卵石路面就比较马虎，无论是石块的选料，还是施工的工艺，都很随意，人在上面走并不舒服，特别是穿高跟鞋的女士。而且我们知道，以前的路面都是透水路面，我们现在之所以内涝比较严重，就是因为所有的路面从外到内都硬化，之前的卵石路面是可以渗透水的，比较少出现积水的情况，现在这种我觉得不论是其外观，还是其实际使用功能，都有一些问题。这个是使用条石的路面，上面采用了"老石板"，石块之间不进行水泥密缝处理，故意留一些缝隙。所以即使面积比较大的广场，人们也不会觉得生硬。还有这种，青石板是很光滑的，有点像城市的广场。再有这种路面特别花哨，采用了各种形状、各种款式去做，最后的效果我倒觉得并不是很好。

图 1-108 （左）"石头村"旧建筑群村容，（右）"石头村"新建筑外皮卵石贴面的外观

景观环境也简单地跟大家分享一下，我觉得现在农村的各种陶罐、瓦罐等罐子用得太多了，前面那些人刚开始用的时候大家觉得很不错，但是到现在大家全部都这么做，把罐子切成各种形状，创意性就少了很多，而且很多摆放的位置使人感觉特别刻意和做作。在农村的一些景观里，比较古朴的或者乡土味道比较重的这种景观是很适合于一些个性存在的，但是现在有比较多的矫揉造作，这就和村落环境很不合时宜了。所谓设计的模式化，瓶瓶罐罐是其中的一个。现在还有很多大块卵石围合成树池或者花坛，无疑也是模式化的景观。再有一些基础设施，也是这样。基础设施即各种线路网的问题，这个蜘蛛网一样的线路，其基础设施在多次设计时遇到程序混乱的情况，已经修好的路面，挖开埋管线，盖上了又复挖开，接二连三的反复施工导致老百姓的怨气很大。所以这其实需要各个部门之间进行配合，现在这个问题也是客观存在的。

大家看今天讲座的最后一张图（图1-109），考考大家的眼力，请大家挑挑它的问题。一个是线路没有下地，比如这个灯。这个村落的产业主要是竹，所以其灯杆被设计成了金色竹子的形态，而且当地有一种非物质文化遗产——钢叉舞。所以呢，设计师在这些路灯上又强行添加了一个钢叉，钢叉和竹子的比例不匹配。不仅如此，设计师又在钢叉上堆叠了几个灯泡，这么多的元素叠加在一起，就会觉得这个东西比较怪。他们村主任也觉得这个路灯很别扭。不管是比例方面还是造型方面，都存在一定的问题。还有这个白墙的问题，白墙是反光的，它两面刷的是涂料，这导致灯的照明效果比较差。再有种植的问题，比如这是用旧房子拆下来的老砖垒起来的花池，植物没有选择本地的物种，这些城市园林植物给养护带来了麻烦。还有，这个河道、堤坝，完全用水泥覆盖，已经没有了之前的生态性作用。之后在历史文化村落建设时，其表面又用片石贴了一遍，且并没有贴好，其贴面石块的体量不但比较大，而且水泥的勾缝特别粗糙。再有新景观并没有和旧景观配合呼应，之前村民用一些爬藤把这个界限弱化了，那样效果就会好很多。我们发现其水体、建筑和路面的驳接非常生硬，本来有水的地方应该是充满灵性的，但这个地方给人的感觉就是硬邦邦的，界线都没有处理好。

谢谢大家！

图1-109　某村村容

历史文化村落规划设计的程序和方法

洪　艳

主讲人：洪艳，博士，教授，英国利物浦大学访问学者，高级建筑师，一级注册建筑师。浙江省建筑学会建筑师分会理事，省重点工程评标专家、省历史文化村落检查专家组成员、省村镇建设与发展研究会村镇建设专家库成员。主持了浙江省重大课题《浙江山区乡村生产性景观营造及示范》，省重点课题《美丽浙江背景下的乡村规划理念和设计思路研究》，教育部课题《京杭大运河沿线历史建筑的现代适应性研究》，以及《基于历史文脉和地域特色的浙江建筑文化研究》《浙江畲族传统民居被动式绿色建筑技术研究与应用》等厅局级课题。出版专著 1 部、教材 2 部，发表论文 30 余篇、专利 2 项。负责完成的乡村规划项目获全国优秀村镇规划设计一等奖、省千村示范万村整治规划一等奖等。指导大学生挑战杯分别获全国特等奖、三等奖和省级特等奖、一、二等奖。指导园冶杯获全国一等奖、三等奖多次。

一、乡建概述

这一部分阐述本人对乡建的理解。

1. 浙江乡建 15 年

浙江省一直走在全国乡建的最前沿，是这方面的探索者和引领者。几个关键性节点：

（1）浙江省："千村示范、万村整治"工程；

（2）浙江省："八八战略"；

（3）浙江省："两山理论"的发源地；

（4）浙江省：从安吉"中国美丽乡村计划"到浙江"美丽乡村"；

（5）国家层面：从建设美丽中国、建设美丽乡村，到乡村振兴战略；

（6）浙江省：从"两美浙江""全域美"，到"大花园"。

在全国推广学习浙江的"美丽乡村"时，浙江省亦从未停步不前，在前期的基础上又有了更进一步的思考与行动。从 2014 年开始，全省进行了"两美浙江"的建设行动；从 2016 年又开始进行"全域美"建设；从 2017 年 6 月份开始，浙江省第十四次党代会上进而开始谋划"美丽浙江大花园"，再从 2018 年的 5 月至 6 月中旬，浙江省正式提出"大花园"的行动纲要。

2. 乡村规划设计体系

规划设计工作涉及到比较多的沟通协调工作，而这些沟通协调的对象至少包括三个主体——设计单位（乙方）、政府部门（甲方）、被规划设计主体（甲方）和资方等。单就甲方而言比如早期的

"千村示范、万村整治"归属于住房和城乡建设厅，而承接这些业务的主体单位主要是各大设计院（乙方），被规划设计的主体（工作目标）主要集中于乡村人居物质环境，工作任务主要是物质层面的综合整治。后来，浙江省成立了农办机构，此系统性政府机构逐渐密切参与并管理这些农村规划设计项目。在建设成果方面开始注重文化建设和生态环境建设。

二、历史文化村落保护利用

1. 历史文化村落

浙江省比较早地提出了"三生融合"，即生产、生态、生活的融合。当讲到历史文化村落，势必需要重温"修复优雅传统建筑、弘扬悠久传统文化、打造优美人居环境、营造悠闲生活方式"这四个"优"。在规划设计工作中应重视村落产业，强调富民是美丽乡村的根本和核心。"历史文化村落"是在村落建设保护实践中，逐渐形成的。

乡村振兴的重中之重，是我们务必先关注其产业。"乡愁保卫战"在提出的初期，也将关注点投射在保护物质、建筑空间和格局基础之上，及保有村民原有的和谐舒适的生活方式的必要性上。设计师除了有思想和知识之外，还需要有情怀，"望得见山、看得见水、记得住乡愁"，阐述了村落自然生态和人文的重要性。能为祖国乡村振兴尽一份力，规划设计师本人也能够通过工作在精神上获得满足感。

2003年我国开始评选"名村"，那时便是传统村落相关保护工作的正式起点。到2012年，全国各地陆续开始了对传统村落进行立档调查的工作，那时的指标体系，主要是看村落是否具备符合传统村落的条件，符合条件就对其做立档调查，然后把档案保存下来。实际的物质保护工作需要大量的资金，只能先以档案的形式进行有限的保护。

2. 分级保护和适度利用

2012年浙江省启动了历史文化村落保护利用的工作。将农村和产业相结合，既提出了保护，也初步提出要适度利用，有了两者结合关系的落脚点。怎样让历史文化村落活起来，实现自我造血？浙江省将"利用"适时提出，同时发布了很多相应的文件。从2013年开始生成第一批历史文化村落名录，到现在浙江省已经评审了六批，每年重点保护与利用40多个"重点村"，还有一两百个"一般村"。所有的建设有一系列的具体跟踪管理措施，包括从规划、设计，到后续的三年建设实施，以及最后第三方机构的验收。这样，规划设计就必须明确建设时序，包括近期建设内容、中期工作安排和远期计划。

对历史文化村落"应进行分级保护和适度利用"，因为浙江省地形地貌复杂，村庄类型多样，应因地制宜、区别对待。分级保护主要是分成物质层面和非物质层面两大类。在物质层面上，村落有体量不同的风貌景观、历史片区、建筑和构筑物遗存等。比如，整体的村域范围内山、水、田、园等村落格局的保护，包括比较宏观的保护项目，再到村落中较为具体的物质，比如建筑物、道路等物质形态。非物质层面的村落事物，主要包括非物质文化遗产，也包括诸多学者提出的"文化基因"。

分级保护的目的是适度利用。设计师需要给出分级的建议，针对不同类型的村落，需要对其进行不同模式和不同层次的思考，而且应有相应的依据，这些依据是各个层面的法律、法规和条例等。

层级	要素
整体保护（整个村域范围）	选址、风水、格局、风貌、肌理、骨架、山水田园、物质遗存、非物质文化遗产 乡村旅游
建筑物及其他物质遗存（古道、古桥、古井等）	年代、典故（人、物、事）、史料（地方志、族谱等）、风貌、质量、材料、屋顶形式、层数 农家乐、民宿、展示、体验
山体	植被、坡度、朝向、安全、资源（林木药材等）、观光体验（游线、森林公园等）
田园	梯田、园地、生产、观光体验（生态农业、经济作物等）
水系	生产生活用水、污水、防汛、安全、景观、观光、活动
非物质文化遗产	文化基因、传统工艺、村规民约、族规祖训、民风民俗、传统产业、土特产、特色美食、展示、体验

分类	模式	主体	依据
国家、省、市、县区等各级文保单位	强制保护、修复	文物局	村落保护规划、历史文化村落保护利用规划、古建筑修复设计
传统民居和乡村公共历史建筑	保护修缮、仅适度利用	建设、农办、当地政府、村民	各地的历史建筑保护条例、村落保护规划、历史文化村落保护利用规划、村庄建设与整治规划、农房改造示范村规划设计、相关单体设计
风貌协调建筑	修缮、可利用	建设、农办、旅游、当地政府、村民、工商资本	村落保护规划、历史文化村落保护利用规划、村庄建设与整治规划、农房改造示范村规划设计、相关单体设计
风貌不协调建筑	整治、可利用	建设、农办、旅游、当地政府、村民、工商资本	村落保护规划、历史文化村落保护利用规划、村庄建设与整治规划、农房改造示范村规划设计、相关单体设计
不同时期的附属用房和那间搭建	拆除	建设、农办、当地政府、村民	村落保护规划、历史文化村落保护利用规划、村庄建设与整治规划、农房改造示范村规划设计、相关单体设计

3. 经验与亮点

村落的保护与利用其实是一件公共事务，它不是某一个部门出资，也不是由该部门实施保护工作，而应从整体社会层面的角度来做，各相关部门均应协同保护，大家共同形成保护意识，各部门力量进行整合。各部门从不同角度对历史文化村落给予支持，且形成一个开放性的系统。

要保护村落中村民原有的生活方式，并让其具有延续性。而不是某个地方一旦开始规划设计，便将原住民赶走的掠夺性方式。

要保护村落的在地性。比如，我们在一个区位较为偏远的村落中，建造出当地村民无法适用的建筑物或构筑物，我觉得并无必要。一方面花了高成本去建设，另一方面到最后终落荒废，毫无意义。所以，规划设计时所涉及的建设材料、工艺，都要考虑在地性的问题。

要充分考虑村落生产生活的安全性。很久以前做一个村庄规划设计，当地老百姓说："村里原来种竹子，售价较低，经济效益不好，给我们改造成一片花海吧"。我们没有这么做，原因是，如果把山体上的竹林改造为花海，很有可能会出现水土流失的地质性灾害，还可能会对饮用水源造成污染。上述是我们必须要考虑的安全问题，得谨慎论证才能行动。

要考虑文化遗产的地域性问题，以及技术管理专业性的问题，这一点我们也有深刻的体会。比如东阳木雕文化遗产，一定要和地域性进行良好结合。同时专业性也可以明确地分辨老物件的来龙去脉，分析并给出正确的保护方法。事实上，很多传统的手艺业已失传，传统工艺面临着窘境，于是专业的指导和管理是非常有必要的。

我们也希望借助各种传统媒体和新媒体的宣传推广，得到传播并获得更多的注资机会。通过笔记、游记、摄影、写生等多种形式展示村落为村落做些宣传让村民对游客形成新的认知。我们的村落保护与利用工作，要使村民和游客形成共同的认同感。我们做了这些工作以后，不能使得很多村民说这个事情不好，或者让游客觉得这个地方曲高和寡不买账。

4. 问题与难点

历史文化村落在其土地生长与生成，村落个体存在独特性和差异性。而有些规划设计可能会使村落个体的差异性被弱化。"量体裁衣"，具体问题具体分析，才能把规划设计做好。在做历史文化村落规划设计之前，设计师需要彻底地了解村落。在设计过程中，充分体现并强化其差异性，不能建设成和别的乡村一模一样，也不能使用固有的套路进行村落规划设计。

设计师还需要保证村落历史信息的原真性。做规划设计时要挖掘故事，但编故事是一种不好的风气，会导致历史保护成为无源之水。设计师要做的，是在项目村落规划设计时，采集真正的历史，比如收集村落老人的口述历史，收集民俗、典故等。

三、历史文化村落保护利用的规划设计程序和方法

历史文化村落的规划设计程序，可以概括为"四步走"：

第一步，前期调研。做村落项目，首先要做的工作便是扎实的前期调研，要做到事无巨细，内容涵盖越广越好。设计师能想到的和看到的，以及他们暂时没想到，但在跟村民交流过程中，调查人脑海中转瞬即逝的思想火花，均需要及时记录下来。在调研之前设计师应做详尽的调研清单。

第二步，初次对接。初次对接要点是提出初步思路，探讨，碰出火花。在初次对接时，就应提出初步想法，让对方觉得请我们做事情是值得的。我们在初次对接时提出的初步思路，就要让对方眼前一亮，让他们相信的村落有比较大的发展。

初次对接首先是现状分析，它可以帮助设计师论证推导出规划思路。现状分析到位，就能看到这个村和其他村的差异，项目的优势便能够体现出来了。有时候设计者的思路是比较独到的在这个阶段即可以被明确下来，哪些内容是可以去做的，哪些是不能做的。同时"初次"对接并不是只有一次，可能需要反复且多次。在双方相互磨合到认同的这个过程中，彼此会有深度的了解和信任，在对规划思路和建设动作的各种点位都较为明确之后，乙方想要做的各种工作其实都已经跃然纸上了。

第三步，深度对接。在进入第三步深度对接之前，基本的规划草案已经初步确定了。深入对接这一步设计师需要开始考虑产业、基础设施、具体的建设项目等具体内容。实际上，大部分内容是同步进行的，在厘清规划思路时需考虑地方产业，才能把规划做深。初稿完成后，甲方和乙方仍会

进行多轮磨合，设计师需更加认真，冷静客观地分析甲方提出的建议，这个过程需要多次磨合，甲方也会陆续提出自己的要求，乙方逐步对其进行反馈。整个过程会促使双方共同进步，将项目制作得更为精良。

第四步，迎接评审。任何类型的规划设计最终都需要通过严格的评审。在汇报时，面对的人可能是甲方和其他分管领导还可能有供水、电力、交通、水利、文旅、环保等各部门专家。有时候，设计师汇报方案完毕，专家看起来却没有什么反应，这也并不代表规划设计失败了。尤其在汇报结束之后，各种职能部门的工作人员和专家可能会提出非常多的意见。在解决这些问题，设计团队可以获得更多的行业经验。特别是，能和这么多专家共同商讨具体项目，是非常好的学习机会。设计师拿出来的规划设计成果务必具备可行性、专业性、科学性、整体性和系统性，尽量没有疏漏。

接下来我将对上述的四个步骤逐项展开。

1. 第一步：前期调研——记录现状、收集资料、了解愿景

（1）规划范围（规划范围、研究范围、村域范围、居民点范围）。

（2）周边环境及发展现状（景点、产业、行政中心、旅游配套设施）。

（3）相关规划（上位规划、村庄现有各类规划）。

（4）村庄发展现状（人口结构、产业发展、集体经济、土地利用）。

（5）村落空间（山水格局、空间形态、街巷路网骨架、公共空间）。

（6）建筑现状（分布、形态、分类、年代、风貌、质量、细部等）。

（7）历史文化（信仰、民俗、诗词、典故、名人、宗谱等）。

（8）基础设施现状（道路交通、市政设施等）。

（9）搬迁安置意向（土地位置、村民意愿）。

（10）照片文字资料（村庄整体风貌、各建筑照片、初定节点照片）。

（11）问卷设计、访谈、统计（原住民、村委、主管部门等）。

调研前我们应先做好相应的表格，现场调研时进行有针对性地记录。

规划范围。乡村情况比较复杂，和城市项目有较大区别。一般来说，城市项目通常已经将"红线"划定了，各种"退线"工作已经明确。而乡村项目常常并未给定明确的"红线"，有时候乡村甲方也无法给出具体的规划设计范围。因此，规划范围需要乙方自行到高一级主管部门沟通协调后，由相关部门具体给出。乙方也可以和村委探讨协商，再按照指定程序至相关建设管理部门报备。村落、自然村和行政村是不同的概念。村庄规划编制导则、村庄规划、村域住建的范围红线是已确定且不得突破的指标，但是很多村落项目却在上述范围内和限制下，可以选择重点保护的对象及其场所。一般来说，规划范围在一定程度上决定了设计师研究范围的大小。如果研究范围正好是设计师的规划设计范围，则规划师需要将研究范围扩大，以便对项目进行更全面系统的研究。比如规划目标是某个村落，而与之相邻的几个自然村资源也非常丰富，那么这些村落都应该是设计师的研究范围。村域范围、居民点范围和各种范围的关系，是设计师做调研时需要搞清楚的重要信息。但设计师也应该在调研时注意把握信息数量的度：调研少了很可能漏了重要信息，甚至影响项目的发展定位；调研过多会出现很多无用信息，容易稀释重点，甚至误导规划设计的发展方向，增加无意义的工作。

周边环境和发展现状。周边环境是指项目目标村庄之外，对项目有影响的因素或要素，无论正面的还是负面的，我们都要进行必要的思考。比如：有无景观资源，有哪些可以借力的产业；项目周围有哪些不利因素，比如项目周围是否有污染严重的烟囱或工厂。项目周围有否做得比较好的产

业，这些产业是绿色产业，还是有污染的产业；项目地是否在乡集镇或县政府所在地附近，有没有行政或商务辐射，是否有客群来源或服务机会；周边有无匹配的公共服务设施和基础配套设施……这些问题均是调研阶段需要考虑的问题。

项目的相关规划。我们在做任何项目的时候，都必须和上位规划及其他规划进行衔接。这些规划有可能是侧重某方面，比如产业、宅基地、保护、美丽乡村、环境整治等。一方面这些规划能对我们项目的发展定位、具体的规划设计工作起到指导、促进作用；另一方面，规划中如有不适合本项目的内容，在这一次规划设计中需要将其进行相应地调整，这种纠错纠偏的过程也是衔接。

村庄发展现状和村落空间。设计师进行调研之后，需要对此收集的资料进行及时的整理和消化。

建筑现状即对建筑现状情况进行调查、资料收集与整理。

历史文化即对村落历史文化情况资料进行收集整理。

基础设施现状。即对项目基础设施现状的资料进行收集与整理。

搬迁安置意向。即对搬迁安置的安排，这是老百姓比较关注的事情。任何一个设计师做村落保护规划时都会遇到搬迁安置工作。常出现两种情况：一种是，设计师认为具体项目的建筑具备保护价值，但如果该建筑中仍旧居住着村民，这就需要设计师考虑如何进行协调；另一种是，多方的意愿与诉求和村里或乡里的意见无法达成一致，或者他们的意见取得了一致，而设计师觉得不合适。

照片文字。照片及文字资料等基础资料的收集，在调研之前，我们会提前上网了解情况，或者向甲方及其上游部门获取相关资料。其历史、资源、产业、人口等情况，均需要摸查清楚，才能根据其情况具体问题具体分析。针对不同的乡村，设计师需要根据具体问题设计问卷，使设计组更有针对性地做访谈和统计。

问卷设计，访谈统计。从质量方面来说，访谈优于问卷调查。一般村中比较重要的人，都可以是访谈对象，比如年龄较大的原住民、村委干部、主管部门人员，尤其要着重记录原住民的需求，让他们能够发声。村委的作用是承上启下，具有带领村庄和村民发展的使命，同时又担负着争取资金的责任，对村庄的发展会有自己的思考和出发点。访谈工作一定会涉及比较关键的内容。

2.第二步：初次对接——现状分析、规划思路、动作点位

（1）规划衔接（上位规划、其他相关规划）。

（2）现状分析（地理区位、自然条件、周边资源、历史沿革、地域文化、社会经济、村落空间、物质遗存、非物质遗存、基础设施等）。

（3）特色提取（空间格局、建筑特色、历史文化特色等，因村而异）。

（4）SWOT分析（因村而异）。

（5）规划思路（规划定位、发展方向、规划结构与功能、景观结构、设计意向等）。

（6）保护利用思路（保护层次及其范围、建筑保护更新模式、传统建筑修缮利用、非遗传承发扬等）。

（7）风貌提升思路（空间界面效果意象、风貌管控意象、闲置房屋用地利用、节点点位和做法意象等）。

（8）搬迁安置思路（建筑布局、建筑风格意象等）。

初次对接方案的过程，是为了对村落项目的规划定位、主题、思路等进行沟通并确认，基于对前述现状资料的理解和分析，进行进一步的消化和总结。设计师调研获取的所有资料不一定都有用，设计师想要做的事情在这个过程中，规划都会有现成的材料，这需要设计师主动筛选和挖掘，同时考虑很多复杂的因素，也并不设计愿景会慢慢显露出雏形。

在初次对接中设计师常常并无大量的具体图纸，可能需要找一些意向图或用语言把图景告诉对方，内容大概包括设计意图、功能和空间的安排、外观的样式，以及如何和周围环境相协调。这些设计意向在设计师多次和甲方进行对接沟通时，便慢慢清晰起来并逐渐达成共识。

在与甲方交流过程中，调研成果会逐步展开，可以在现场与甲方进行当面敲定。在与甲方共同对现状进行梳理与确认时，这时设计师就能够给出一些比较具体的图纸了。

然后，上文中我们已经讲到了对村落特色的提取，也就是此乡村区别于其他的乡村的特征。比如具体村落的格局、新旧关系、不同历史时期的发展历程、路网骨架、历史建筑、风俗习惯等，设计师就是要将这些特色提炼出来。所以我们认为 SWOT 分析是因村而异的，不是为了凑一张图而去强行提出。

3. 第三步：深度对接——规划确定、产业发展、具体措施

初次对接双方达成共识之后，设计师便开始着手进行具体的规划设计工作，完成后再做更深度的对接，这是为了在评审之前把内部意见进行统一。前面的对接工作中用口头的表述或者是意向图的方式交流。那么在这个环节，就需要比较正式的图纸了，常采用 CAD、效果图、虚拟或实物模型等方式，但无论我们采用什么样的方式，只要能够把我们的设计语言表达出来就好。

这个环节中，需要设计师深入考虑规划定位、产业发展等问题。在进行"产业发展规划"设计工作时，设计师会做出数量比较多的图纸。"基础设施"等一些常规性的规划，也需要着手进行制作。"保护利用规划"需要给出分级分类策略，如果涉及到要保护的历史建筑，就需要给出每个建筑的现状情况、具体的修缮措施和效果图另外还需要绘制出文化传承物质载体的建设情况等。所谓文化的物质载体，可能是建筑，也可能是空间场地。

在此阶段，我们要安排建设时序，按照历史文化村落保护利用的规划要求，安排三年的近期工作、若干年中期工作和若干年远期工作。建设时序的近期建设一般为三年，每一年需要做的事都需要非常清楚。

规划的说明部分，还要包括建设投资估算。在正式进行项目设计的时候，需要有预算。评审时，这是普遍容易扣分的项。设计方需要详细、清楚地表达项目资金来源和使用计划。

4. 第四步：迎接评审——专业性、整体性、系统性

迎接评审是规划设计阶段的最后环节。在正式送审之前，乙方有时也会组织相关的专家对自己的作品进行一次客观综合的评价，需对各种相关规划设计要求、规则进行逐条核对，这一步工作是为了更好地进行相互衔接。

历史村落的绩效评估

杨小军

主讲人： 杨小军，设计学博士，浙江理工大学中国美丽乡村研究院副院长，艺术与设计学院环境设计系副教授，硕士生导师。研究方向：环境设计地域化研究、乡村遗产评价及设计创新、传统村落保护发展研究。发表论文数十篇，主持国家级、省级等学术项目，在业内取得了很好的成绩和口碑。

一、引言

党的十九大提出的乡村振兴战略，在实施方面共有五个维度——推动乡村产业、人才文化、生态和组织振兴。生活富裕是根本目标。这五个维度的内涵是非常丰富的，总体来说，乡村振兴不仅是在物质层面上的富足，更是在精神层面的富足。历史文化村落集物质与非物质于一身，同时也是一种活态的遗产，是体现乡村环境、文化振兴的重要载体。浙江历史悠久，地形地貌有浙北平原、浙西丘陵、浙东丘陵、中部金衢盆地、浙南山地、东南沿海平原及滨海岛屿等多种类型，综合优渥的地理气候条件和历史机遇，孕育出了大批特质各异的历史文化村落。

2003 年浙江开始实施"千村示范、万村整治"工程，2010 年又率先提出"美丽乡村"建设，2012 年率先在全国实施历史文化（传统）村落保护利用项目。可以说，历史文化村落保护利用是浙江"美丽乡村"建设的升级版，通过整体保护、活态传承、活化利用，使村庄人居环境整治得到提升，传统文化得以发掘传承，乡村产业得以有序发展，上述措施均取得了显著的成效，这使得一大批历史文化村落风貌的完整性和原真性得到了保存，也让众多历史文化村落的生命得以延续。经过近几年的历史文化村落保护利用建设，现在已基本实现了历史文化村落保护利用差异化发展的态势。

二、历史文化村落的内涵与特征

历史文化村落保护利用，首先要探讨历史文化村落的内涵和特征。中国村落原是中华文明之根，同时村落也是农耕文明最小的社区单位，历史文化村落是农耕文明留下的最大遗产。历史文化村落的典型特征是村落基于血缘关系衍变而成，是基于生存环境基础之上的聚居空间，有着较好的山、水、人、地关系，很多村落都有着较为深厚久远的村落历史。可以说，历史文化村落传承着中华民族的精神，是传统文化遗产的载体和见证者。历史文化村落是一个有机的生命体，包括生态乡土性、文化多样性、景观多样性等。

历史文化村落受到地理环境、文化属性、社会环境、时代背景等诸多因素影响，投射在现实图景中呈现出地域差异、多样的空间类型、独特的传统资源和深厚的遗产价值。因此，我们应该在时空范畴思辨历史文化村落的特征。就空间而言，健康的历史文化村落是可以有机更新、接续生成、逐步演变发展的人居环境空间，承载着自然空间、社会空间、物质空间等要素，具体可以指向村落中的生命、生存、生产、生活、生态、生境等多个维度，是集"山、林、水、田、村、人"多个空间层级的人居空间综合体。就时间阶段性而言，历史文化村落作为一种重要的人居环境形态，在一定历史时期内，是基于血缘而聚族而居的村落，或是基于地缘而结群而居的村落，或是基于业缘而产业发展的村落。总体而言，历史文化村落具有村落形成的自发性、村落环境的生态性、景观资源的乡土性、景观类型的多样性、村落延承的活态性等特征。

自发性。历史文化村落是人与自然环境不断协调适应而发展形成的，不断协调适应的过程具有自发性。历史文化村落自发轫之始至今，顺应自然、利用自然、尊重自然，从生存角度出发，在自然"山水"中相地选址、筑屋布置，从生产角度出发，在自然"林田"中改良野稻、驯养牲畜、优化农具，从生活角度出发，村落人口繁衍、宗族发展。村落中有关生存、生产、生活的空间实践成果均历经时间检验，亦是自然生长与演变的结果。因此，历史文化村落所折射出的历史演变与文化内涵均属于"不为修饰、自然而然"的自发性过程。

生态性。历史文化村落的自发性特征决定了其良好的生态性特征。村落形成初始，单位土地可以承载的人口数量远大于当时村落人口数量，加之当时的生产工具较为落后，对自然环境的干扰较少；伴随村落的逐步形成且人口数量日趋增多，于是对自然环境的依赖性渐强，加之人们为提升生产效率而改造生产工具，这便对自然环境的干扰能力逐渐提升；在农耕文明的嬗变中，村民认知、掌握、利用自然的规律也在逐渐增强，各种经验在生产生活中逐渐形成为具有可推广性的"因地制宜""师法自然"等抽象性理论。无论是"刀耕火种"还是"轮耕轮牧"，均体现出传统村落空间的生产、生活的生态性。由此，生态性是历史文化村落中的自然性投射，物化为乡村动植物的多样性、乡土景观的丰富性以及空间格局与自然环境相协调等多个方面。

乡土性。乡土性是历史文化村落典型的景观特征，是在地性群体生活、生产方式的现实空间投影，呈现出自然、乡野、拙朴、真实等乡土气息的景观特质。乡土性是一种缘于村落所处自然环境和人文环境，由自然环境、农田景观、聚落空间、民俗习惯等组成的村落景观氛围，具有浓郁的乡土风情。

多样性。历史文化村落的多样性，由多种农业景观、聚落建筑形态、民俗人文风情等构成景观格局，具有丰富的景观类型和景观组织形态。同时，随着历史文化村落产业结构变化，相应地出现了村落类型的多元分化，以及由此带来了村落物质环境的改变和生产、生活方式的变革，同时影响了传统村落景观的多样性。

活态性。历史文化村落本身承载着特定的自然和社会历史演变过程，它是一个集特定地域的生态、生产、生活、文化等多层次物质与非物质要素为一体的活态"容器"。活态性是历史文化村落最为突出的特征之一，表现于它蕴含着丰富的历史文化信息，是人与人、人与环境、人与社会协调发展的直接结果，具有一种独特的生命力。

三、历史文化村落保护利用的维度——谱系

历史文化村落保护利用的维度，包括村落的生态环境、建筑景观、地域文化、产业特色及建设

机制等。鉴于历史文化村落的内涵与特征，保护利用是动态、活态、开放，可持续发展的过程，需要解决"大与小""近与远"的两层关系。所谓"大与小"的关系，注重考量以政治、经济为主的大环境语境内容和以传统村落的社会、环境、文化为主的小环境语汇内容，"近与远"的关系注重解决时下传统村落环境生态问题、社会治理问题、文化传统问题、未来经济产业问题和政治权力问题。因此，历史文化村落保护利用的谱系涉及特定的经济、政治、文化、环境、社会等维度。可分别拓展为历史文化村落中关于资金、生产、模式、机制等村落"产业"层面；进而关系到意识、信仰、伦理、制度等村落"权力"层面；又关乎于习俗、民情、风土、美学等村落"传统"层面；更关乎地理、格局、景观、建筑等村落"生态"层面；甚至关乎于组织、宗族、乡绅、繁衍等村落"治理"层面。上述均构成了历史文化村落保护利用的重要支点，并最终以适当的规划、设计、营造、则例、人才等作为技术支撑，进而形成内外支撑、多维交叉、有机互动的历史文化村落保护研究谱系。

四、差异化路径

过去，我们曾谈到城乡的差距，发达地区乡村和欠发达地区乡村的差距，东南沿海地区和西部地区的差距。差异是中性词，没有绝对的好坏与对错，而是各具特色。

历史文化村落因为各自历史文化、地理位置、资源条件、村落规模和社会经济条件的不同而存在较大的差异，任何一套理论原则、经验、模式均不可能完全适用于所有村落。对具体村落进行保护规划设计时，思路、策略和方法也非单一维度，而是多维性的。本人主张进行动态性的保护策略，即协调保护与利用的关系，在发展中协调与调整村落保护措施，以保护促进利用，进而以利用谋求村落发展。一个村落在投入一定的精力、物力和财力之后，首先将村落进行修缮并加以保护，但只能起到基本作用。而如何让规划设计适应当下这个新时代，并在村落未来仍保持有可持续性的活化利用动力，才是历史文化村落保护的核心目的。我们开展了一系列历史文化村落保护利用规划、调研、设计、运维等工作，经过了数十个真实乡村的建设项目工作，我们最终的目标是要营造一种乡村的生活态，即营造出一种与城市迥异的生活态。村落的生活态包括各种物态、形态、业态，以及人的心态等。本人基于研究与实践，归纳出"五态"如下：生态协同、活态保护、多态联动、业态融合和动态互补。综合浙江历史文化村落的自然生态环境、建筑景观特色、经济发展水平和历史文化遗存等物质和非物质因素，具体可以从村落的生态环境、建筑景观、乡土文化、产业特色及建设机制等方面，提出历史文化村落保护利用的差异化路径。

一是以优美的生态环境作为基础，构筑整体性的村落自然风貌。历史文化村落有别于其他的人居环境，有其独有特征。良好的生态环境是村落人居环境的基础，是其保护利用的主要抓手。因此，历史文化村落保护利用过程需要以村落生态资源作为依托，以优美的自然生态环境为载体，以习近平生态文明思想为导向，顺应自然、师法自然、观照自然。所以规划设计师的工作重点首先是保护村落原有生态景观格局与肌理，保有村落原始风貌的连续性和完整性。

二是以传统建筑景观作为载体，凸显村落空间布局的适宜性。历史文化村落中建筑景观是呈现村落风貌与形象的物质载体，是衡量一个村落的历史延承和文化积淀的重要指标。不同的村落有不同的建筑景观特质，对存有较多传统建筑的历史文化村落，要严格遵循"修旧如故、以存其真"的原则，尊重其地方原有的传统建筑特色和村落风貌特色，尽量保护建筑群落的"原生态"布局模式，严格控制村域内新建建筑风貌，凸显村落空间格局的适宜性，避免"建设性破坏"或"破坏性建设"

的发生。

三是以浓厚的文化遗产作为支撑，传承个性化的村落乡土文化。文化是历史文化村落的重要基因，如果说村落建筑景观是历史文化村落保护利用的物质基础，那么乡土文化遗产则是历史文化村落保护利用的非物质条件。村落景观风貌与文化是共生共荣的，乡土文化通常具备鲜明的地域性、外观的独特性、内涵的特殊性和继承的稳定性等特征。对不同村落民俗风情、传统技艺、人文典故等优秀文化遗产的保护与传承，既可以反映出村落独特历史文化积淀和特色，又可以发挥优势促进村落的可持续发展。

四是以新兴的特色产业作为引领，构建持续性的产业发展体系。历史文化村落保护利用的终极目标是以特色产业为牵引，促进村落经济、文化、环境的可持续发展。因此，不同村落应根据各自资源优势和传统产业特色优势等基础条件，以产业转型融合为途径，大力发展以农产品加工和生态农业体验、生态休闲旅游、乡村养老为主的第二、第三产业，探索历史文化村落多渠道、可持续产业融合发展模式。同时，以市场需求为导向，以景观环境整治与改造为基础，围绕具有地域特色、附加值高的主导产业和产品，建设产业经济基地与平台，利用互联网、农村电子商务营销等新型技术与渠道，促进传统产业特色化、特色产业专业化，做到生产与生活融通，提升村落的经济实力和综合竞争力。

五是以有效的建设机制作为保证，营造在地性的村落生活方式。历史文化村落的保护利用不是纸上谈兵的工作，动辄需要消耗大量的金钱和人力，是一个科学合理、机制规范的可实施性工程。因此，需要大力发挥集政府、民间、技术、资金等多方力量的参与、支持、指导和保障，使历史文化村落保护利用得以规范有序的推进，从而营造出真正休闲舒适的乡村人居环境，满足村民悠闲自在的生活方式。

五、总结

历史文化村落保护利用的前提是对其本质与特征的科学研究与准确认识，避免同质化、趋同化的困境。历史文化村落差异化保护利用是一个综合系统工程，应该尊重其自身规律，具体问题具体分析同时明确保护利用的目标与理念是一致的，不同村落的策略与途径是多样的，因此秉持"求同存异"的思想进行差异化保护利用尤为重要，从而积极探索新的活化利用路径。

下　篇

国培成果（群策群力绘嵩溪）

生长

國家藝術基金
CHINA NATIONAL ARTS FUND

嵩溪

主办单位

浙江师范大学　淅江理工大學　浙江省千村示范万村整治协调小组办公室
ZHEJIANG NORMAL UNIVERSITY　ZHEJIANG SCI-TECH UNIVERSITY

承办单位

浦江县委人才工作领导小组办公室　浦江县农办　浦江县白马镇人民政府

一、规划背景与工作思路

（一）规划背景

党的十八大提出"建设美丽中国""美丽乡村"的号召，党的十九大提出"实施乡村振兴战略"，党中央、国务院高度重视美丽家园建设，而开展历史文化村落保护利用，是衡量"美丽中国"建设成效的重要指标之一。

浙江是习近平生态文明思想重要的萌发地，是"绿水青山就是金山银山"理念的发源地。进入中国特色社会主义新时代以来，浙江深入践行习近平生态文明思想，提出把全省作为一个大花园来打造（图 2-1），推动浙江生态文明建设不断迈上新台阶，奋力谱写"高水平全面建成小康社会、高水平推进社会主义现代化建设"新篇章。

图 2-1　近年来浙江的乡村已经逐步建设成"大花园"

浙江省作为全国第一个在全省范围开展历史文化村落保护利用工作的省份，从 2013 年开始近 5 年来投入 30 多亿元资金，先后启动 213 个历史文化村落重点村、868 个历史文化村落一般村的保护利用项目。3000 余幢古建筑、212 千米古道得以修复，32 万多平方米与古村落风貌冲突的违法建筑物被拆除。习近平总书记曾作出"认真总结浙江省开展"千村示范、万村整治"工程经验并加以推广"的重要指示。

（二）工作思路

金华浦江县嵩溪古村（图 2-2）已有 800 多年的历史，本项目根据嵩溪古村历史文化与资源的考察整理，以"生长"为主题，从对村落保护利用建设的实践出发，注重文化的传承与阐释，系统化地对村落旅游规划进行调整和相关具体设计，目的是帮助村民提高生活水平，并希望以此找到关于历史文化村落保护与发展利用的一些有效方法。

规划设计思路如图 2-3 所示。

图 2-2　俯瞰金华浦江县嵩溪村的古村落民居建筑肌理

图 2-3　金华浦江县嵩溪村的规划设计思路

二、嵩溪村现状分析与资源整理

（一）村落区位

浦江地处浙江中部金华地区，总面积 915 平方千米，浙赣铁路、两条省道（杭金公路、蒋义线）和沪昆高速公路过境，义乌民航机场设在浦义交界处，交通区位优势突出，嵩溪村坐落于浦江县东北部，距浦江县城 23 千米。

（二）村落现状及分析

1. 地形地貌

嵩溪村整个村落地处自然水体嵩溪上游平坦的谷地中。村北 5 千米处有鸡冠岩，村落坐落在阳龙山正南面，由大青尖、小青尖、挂弓尖组成的白虎山山脉屏立于村之西面，由东山等山体组成的青龙山山脉坐落于村之东侧，与西南源于鸡冠岩的嵩溪分前后两溪一明一暗穿村而过，在村南的桥亭汇成一流（图 2-4）。"浦江无高山，出在嵩溪鸡冠岩"。谚语中的鸡冠岩，坐落于浦江县白马镇和中余乡交界处，海拔高达 725 米。山势险峻，山峰直插云霄，终年树木葱茏，有浦江第一高峰的美誉。因其山峰形似鸡冠而得此名。在鸡冠岩山麓以南，有一座背靠高山的村庄，又因其山脚的溪水，村人便取"嵩溪"二字作为村名。

图 2-4　嵩溪村的地理环境卫星平面图及实况航拍照片

2. 水资源

嵩溪属浦阳江水系，溪水终年不绝，且形态多变，时缓时急，时隐时现。嵩溪最大的特点是双溪呈一明一暗形态，前溪为明溪，溪流两侧由块石砌筑；后溪为暗溪，全溪被用大块石灰石形成的涵道整个遮盖掉了，在居民聚集之处设了 5 个取水口，涵道和取水口处的桥梁均采用拱券技术。溪上建房、桥上建屋成为嵩溪的一大特色景观（图 2-5）。暗溪的修筑年代和修筑目的现在已无从考证，关于暗溪的修筑原因目前有"用地紧张说"和"风水说"两种。

图 2-5　嵩溪村的水资源

（a）~（d）村中的明溪;（e）~（g）村中的暗溪

　　嵩溪古村以溪得名，是因为得天独厚的自然环境——"嵩"意高峦，"溪"指流水。源头出于鸡冠岩的嵩溪，分前后两溪穿村而过，在村南的桥亭汇成一流。

　　嵩溪是一个终年溪水潺潺的村庄。游人穿行于嵩溪，常能若有若无地听见溪水拍打鹅卵石的悦耳之声。据传在很早之前，嵩溪有东西两面的东坞源水和小岩溪水，以及正南方向穿村而过的主要溪流大源水等三条溪水，虽然给村民的生活带来极大方便，但三条溪流的地理位置刚好形成"川"字形，在风水之说盛行的古代，有人认为这阻断了村庄北面阳龙山的灵气。后经改造，村人把三水改成了东西两水，即"Y"字形，在村口形成双溪合流的格局，最后注入浦阳江。

　　沿嵩溪东西蜿蜒穿行的两条溪流，正是我们现在看到的前溪和后溪。前溪乃明溪，后溪为暗溪。何为暗溪？实则为隐在民居房和桥洞之下的地下长河，只露出五个取水口作为村民洗涤、纳凉之用。邵陆甫告诉笔者，全村所有村民直接取用暗溪水作为日常用水，其用途以时间节点作为明确分界线：上午暗溪水承担着洗菜淘米等用处；下午为村中妇女捣衣浣纱和农事灌溉之用；晚上则是洗澡等用途。千百年来，聚居于此的 3000 多村民、17 个家族一直恪守规则，至今无一人破例。

　　几年前，"甘泉工程"普及山村，但暗溪并未退出历史舞台。每到夏夜，在暗溪各个取水口，村里许多的男女老少会聚集于此，有时唠唠家常，有时商议村中大事；而这处冬暖夏凉的暗溪景观，也成了游人们最不可错过的景点之一。

　　江南的民居房大多沿水而建，而嵩溪村民为何要别出心裁地在桥上建 50 余座房，似乎并非只是为了附庸风雅。可能也不是为了日夜谛听流水之声。"邵侯清兴近如何，尚忆嵩溪旧隐居。树影连云依坐席，泉声漱石度阶除。"《邵氏宗谱（卷一）》中曾收入这首邵氏先人的诗歌，年代和作者均无法考证，内容疑似描写暗溪纳凉的场景。笔者曾数度翻阅《浦江县志》《嵩溪村志》《徐氏家谱》等书，也曾上门造访过当地一些熟知嵩溪历史人文的老者，最后均无所获，包括暗溪的来由、建房的时间和用途。

　　嵩溪村的老诗人徐千意大胆猜测，有可能当时村庄人口数量庞大，而隐在山坳里的嵩溪可建房的空地实属有限，开荒辟土又需大量人力、物力，聪明的先人们便别出心裁地想出在溪上建房。笔者又开始疑惑，那为何先人们不在东边明溪上建房。他说，大概那时讲究风水吧。

3. 村落建筑

　　嵩溪村完整地保护遗存了大量的古建筑，经历了几百年的风风雨雨，形成了规模庞大的古建筑群。大部分为清代建筑，有1560余间，约54600平方米。新建建筑集中在村庄的北区块和南区块以及沿着明溪西边形成一个带状的新建区块（图2-6和图2-7）。新建建筑组合方式比较单一，基本成行成列，缺乏空间变化的丰富性。结构以砖混结构为主，层高一般为3~5层。

图2-6　嵩溪村的古村落民居建筑卫星平面图建筑肌理现状（2018年）

图 2-7　嵩溪村的古村落民居建筑卫星平面图新旧民居建筑所在位置

4. 基础设施

　　嵩溪村早些年基础设施建设比较落后，对外交通、电力电信、标识系统（图 2-9）、卫生系统、消防设施等基础设施建设均不完善，随着旅游业的发展，嵩溪村的基础服务设施近些年一直处于建设阶段，现在村中道路铺设、雨污水管建设、电线下地、电子监控、网络智能等基础工程基本完成，另外，游客接待中心、停车场、明暗溪的水系清理整治等还需规划建设。

图 2-9　现有嵩溪村的古村落民居基础设施标识系统（2018 年）

5. 村落业态

嵩溪村由于旅游业的发展，业态分布比较丰富，餐饮、住宿、休闲体验方面都有涉及，目前村子内的民宿床位达到 180 余个（图 2-10），同时可以容纳 300 余人共同进餐，已经基本满足接待能力。但是业态比较单一，特别是关于农村体验活动、乡村研学、疗养基地等业态还有待开发提升。

图 2-10　嵩溪村现有的古村落民俗业态物质情况（2018 年）

（三）历史沿革

嵩溪村历史悠久，始建于宋代。在徐氏到嵩溪定居前，村中原有季姓、夏姓等多姓在此居住，后无传。徐氏始祖处仁，大宋之太宰，随驾南渡，始家于浙。二世祖徽言，抗金殉节，赐谥"忠壮"，三世祖宾礼，官江浙置制使，宋绍兴年间（1131—1162 年），巡行属县，见浦江有邹鲁之风，择居乌浆山下大徐畈，其子涂金，授诸暨州判签事，赴任途至嵩溪源口，慕山川秀丽，解职后，举家迁居嵩溪。

宋末元初，邵氏始祖正鸾（1238—1313 年）性趣不群，癖嗜山水，经历名胜，见浦东嵩溪之源，山环水绕，其地之胜，有土可稼、有水可清，又可采美钓鲜，游览竟日而深叹美之。返乡后许其长子直谅（1276—1331 年）携眷自睦州桐江钟山乡下卜居嵩溪。自此，徐邵两族亲善相处，和睦共济，敦厚仁义，播于遐迩，邑之好善者，望风择处。

王氏始迁祖宗炜公（1668—1734 年）于清早期迁居嵩溪，并逐步发展成石灰生产大户。经过近千年的发展，嵩溪村形成了多姓共处的较大规模聚居地，其中徐姓为大姓，邵姓次之，其他还有王、柳、褚、项、潘等姓。

该村人文底蕴丰厚，历代文风鼎盛，俊彦迭出，仅清一代中秀才以上者达 70 余人，20 世纪初至今，拥有高级职称的专家、学者、导师、教授、书画名家为数不少，数以百计。

近现代艺术家，王郁生创作了《梁山伯与祝英台》《一毛钱》《恶狼谷》《轻烟》[（图 2-11（a））]。而其编剧的电影《画皮》20 世纪 70 年代在国内公映，轰动一时。徐天许师承林风眠、潘天寿、李苦禅等，后主攻国画大写意〔图 2-11（b）〕。解放后调任中央工艺美术学院国画教授，从事美术教学 40 余年，桃李满天下，一生创作国画数以千计。

（a）　　　　　　　　　　　　　　　　　　　　　　　（b）

图 2-11　嵩溪村的部分名人

（a）王郁生及《梁山伯与祝英台》剧照;（b）徐天许及其国画作品

（四）乡风民俗

1. 民俗技艺

嵩溪古村主要的民俗技艺有板凳龙 [图 2-12（a）]、土法织布 [图 2-12（b）]、剪纸、石灰灶营造等。

板凳龙盛行于浦江乡村，由灯头、龙身（子灯）和龙尾三部分组成，龙身（子灯）用灯板串联而成，可达上百板，形态多样，有框、字灯、花灯、人物灯等，融扎制、编糊、剪纸、绘画、书法为一体，保留了书画、剪纸的原生形态。嵩溪迎灯一般在正月十一夜起灯，十二、十三、十四、元宵四夜长灯，十六傍晚散灯。嵩溪的"土法织布"延续了古老的传统，纯手工制作，分为纺纱、染色、浆纱、倒纱、经纱、上机穿扣、织布等工序。每一步都需精心谋划，特别是染色、浆纱，经纱效果的好坏直接关系到成品的好坏。嵩溪一带，自古以来就流行剪纸艺术。每年农历四月初八，家家户户大门和房间门均要贴上雄鸡啄蜈蚣的剪纸。

嵩溪古村还有大量的传奇逸闻、歌谣谚语。

比如采茶歌：

> 二月里来正当香，娘在房中绣手巾。
> 两头绣出茶花来，中间绣出采茶人。
> 三月里来茶发芽，姐姐妹妹去采茶。
> 姐姐采多妹采少，不论多少早回家。
> 四月里来人更忙，既要采茶又插秧。
> 插得秧来茶已老，采得茶来秧又黄。

嵩溪村在历史的长河中留下了许多脍炙人口的歌谣谚语，现还被人津津乐道的谚语有 150 多句，歌谣 30 余首。比如：

头八晴，种得成；二八晴，收得成；

三八晴，好年成。

有好元宵，呒好中秋。

嵩溪村在历史的长河中留下了许多动人的神鬼故事，如罗隐秀才与嵩溪石灰、鸡冠岩的传说、鸡冠岩顶杨公庙、嵩溪石灰的由来、潜龙阁和歇马亭、仙画徐子静、连夜求联的孔方先生等。

这些流传下来的历史传奇、逸闻趣事，与当地的自然环境、家族历史都很有关联，记录了历史人物的生存状态与独特性情，具有思想性与趣味性。

嵩溪村曾经出了很多文人墨客，现流传下来的并有文字记载的诗歌有 21 余首。比如：

卜算子·赞嵩溪

邵崇星

早晚立溪头，赞赏周村貌。桥拱如虹映碧波，堤柳枝枝俏。

紫陌蝶翩飞，浅水鱼欢跳。一曲清歌荡峪川，久久余音绕。

春晓村居（抗日前）

徐心琢

昔曾见闺怨题七律数首，中嵌一至十，百千万，半双丈尺等十七字，限溪西鸡齐啼韵，

意断笔妙，聊作效颦。

百十垂杨半俯溪，人家四五绿阴西。

二三父老谈今古，六七儿童玩犬鸡。

柳絮万千空际舞，茅檐八九望中齐。

尺长丈短浑忘却，一任双双乳燕啼。

嵩溪村以石灰产业闻名于县内及周边诸暨、义乌、永康、东阳诸县。石灰产量大且质优，石灰烧制历史长达千年，也直接带动了嵩溪村各项事业的进步与发展，是嵩溪"靠山吃山"经济的生动注解。

石灰窑的兴盛，让嵩溪一度被人誉为"小杭州"。这笔源源不断的财富，让嵩溪人在伺候庄稼解决温饱之外，有一笔额外的经济收入，可以崇教兴学，培养村中后代，嵩溪人用自己的辛勤创富成就了整个村几百年的耕读文化。

图 2-12　嵩溪村的民俗技艺

（a）板凳龙；（b）嵩溪土布

2. 美食特产

嵩溪古村美食众多，有豆腐皮、麦饼等。闻名遐迩的浦江麦饼色香味俱全，又大又圆，焦黄酥脆，早先一般在元宵、中秋等传统的节日才吃。在嵩溪，凡新房落成抛梁、乔迁新居酒宴等红白大事一定要用馒头，喻发家、发达、发财。粽子、麻糍也是嵩溪传承了千百年的美食之一，老话说："热麻糍糯，冷麻糍韧，烤麻糍香"。

夹粿是一种纯粹绿色食品（图 2-13）。嵩溪夹粿一般做成三角粿，也叫清明粿。米胖是浦江乡间的方言，米胖其实是冻米糖，也有地方叫"米花""米老头"的。柴籽豆腐、观音豆腐也是嵩溪农家的夏季清凉绿色生态饮品之一。盛夏酷暑，喝一杯自己制作的木莲豆腐，既解渴解乏，又防暑降温，确实是上乘的农家生态绿色清凉饮品。

图2-13 嵩溪村的传统食物

（a）嵩溪饼；（b）麻糍；（c）柴籽豆腐；（d）米花；（e）观音豆腐

三、嵩溪村保护与利用旅游概念性规划

（一）村落旅游现状

嵩溪村西北有一名山叫鸡冠岩，山麓有溪叫嵩溪，嵩溪村因而得名。村落与自然环境结合得非常完美，布局和结构非常完整，整个古村落建筑因山就势，因地制宜，从北往南，从高到低，远远望去，山墙鳞次栉比，瓦顶错落有致。嵩溪的自然资源还有一大特色，就是嵩溪村石灰石储量丰富，嵩溪石灰素以质优闻名于县内外，浦江、东阳、义乌、兰溪等地村民多以此石灰用于农田与建筑，生产最盛时，曾是浦江东部客流、货流、物流的集散地。为此，各时期留下的石灰古窑已成为特色文物。村内小溪潺潺，整个村落因地势而建，古屋分布密集，错落有致，许多建筑更是横跨于溪桥之上，形成独特的风景。

嵩溪村地理位置优越、人文荟萃、山水环境俱佳，嵩溪村"村幽、屋美、山奇、水特、人贤"，其悠久的历史、丰富的文化遗产、风貌独特的村落格局、浓郁的民风民俗和文化传统，具备建设特色文化展示、休闲旅游地的良好条件。近几年的建设以参观古建筑、古村落风貌的观赏型旅游为主，接下来应该结合嵩溪历史文化村落保护和旅游发展的深入，旅游的类型从单一的观赏型向参与型与观赏型相结合转变。

（二）旅游文化主题的提炼

通过对嵩溪村历史文化、自然资源的整理，概括提炼出旅游文化总主题为：双溪胜境，石韵福居。"双溪胜境"主要指的是明暗双溪下的村落优质的自然环境；"石韵福居"主要指村落的石灰窑产业特色和以石灰石为主要材料的构造建筑物的底蕴深厚的人文环境。

在总主题下又有十大分主题：

（1）历史沿革（古道家风，源远流长）。

（2）自然景观（藏风聚气，天然胜境）。

（3）古建遗韵（传统民居，千年遗韵）。

（4）人物风流（耕读传家，俊彦如林）。

（5）乡风民俗（民俗非遗，丰富多彩）。

（6）美食特产（美食农家，名闻遐迩）。

（7）传奇逸闻（传奇逸闻，俯拾皆是）。

（8）歌谣谚语（歌谣谚语，口口相传）。

（9）特色产业（灰窑遗址，繁华寻迹）。

（10）艺文春秋（诗书继世，人文渊薮）。

（三）基础设计的优化调整

1. 标志的设计优化

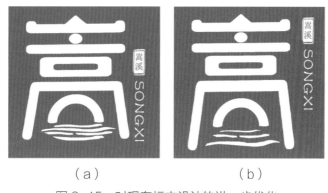

（a）　　　　　　　　　　（b）

图 2-15　对现有标志设计的进一步优化

嵩溪村旅游标志已设计好 [图 2-15（a）]，并且已广泛运用，从整体来说，标识性明显，色彩鲜艳，具有较好的传达性。但是，在总体造型上，稍欠美观，寓意表达不是很到位，还有待优化提升。调整后 [图 2-15（b）] 的标志从以下两点进行优化：

（1）拉长标志下部，优化标志比例；

（2）调整寓意暗溪水体的表达方式，使原有的湖面静水的表达效果更加契合暗溪中水流动态效果。

（3）现有标志充分考虑了图形的寓意性，山高水长意境明显，但是在文化上面没有有效体现，如果要考虑文化方面，那还需做大的调整或重新设计。

2. 色彩体系的提取与运用（图 2-16）

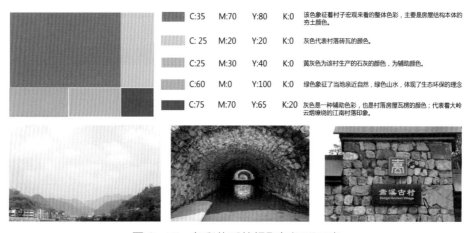

图 2-16　色彩体系的提取与运用示意

3. 设计纹样的提取与运用

嵩溪村设计纹样来源于嵩溪的高古文椅，椅子的靠背很像嵩溪的高山，提取此元素作为显性的图形加以运用，具有嵩溪的代表性。二方连续的呈现也寓意嵩溪的水、山、人文，三者共生，如图2-17所示。

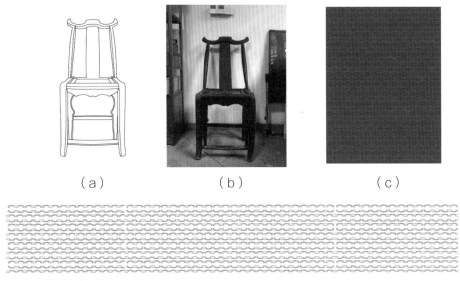

（a）　　　　　　　　　（b）　　　　　　　　　（c）

图2-17（d）　纹样提取

（a）嵩溪传统家具座椅线描图；（b）嵩溪家具传统座椅实物；（c）嵩溪织布；（d）嵩溪水波纹

纹样提取之后草拟的应用范式，如图2-18所示。

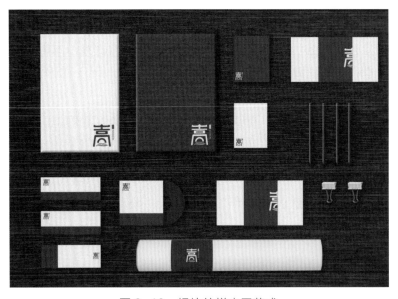

图2-18　提炼纹样应用范式

（四）旅游发展规划

1. 旅游规划的目标

通过嵩溪旅游规划带动嵩溪村建设，充分利用嵩溪村旅游资源，调整和优化产业结构，拓宽农业功能，延长农业产业链，发展嵩溪旅游服务业，促进村民转移就业，增加村民收入，为嵩溪村建设创造较好的经济基础，最终达到嵩溪旅游和建设一体的原生态山村有机养生胜地。

2. 旅游开发项目

嵩溪历史文化村落的旅游应突出农商并重、建筑文化、古生态文化、古石灰窑和民俗的文化特色，突出嵩溪村"双溪胜境，石韵福居"的独特风采。旅游规划可设嵩溪村访古游（古建）、寻幽游（古村）、探密游（暗溪）、体验游（传统石灰生产、传统农事活动）、参与游（书画创作、剪纸）以及打造一些研学基地、乡村会议中心等旅游项目。

3. 旅游规划调整总平面图（图2-19）

（1）古村风貌区重新调整格局，尽量恢复原有村落格局。

（2）在村口外择地修建游客集散中心，占地面积3000平方米，规划机动车停车位26个。

（3）在村口一期安置区和原有新建区增设村级道路，使新建的游客中心—村口—农家体验区——期安置区形成环形车行线。

（4）建设分散停车位，避免乡村中出现大面积停车场，使嵩溪旅游车位消隐在环线车行道之中，同时建立智能化停车系统，以对车辆进行导引。

（5）把村口的一块荷花田改成村口池塘，以形成水落水口格局。

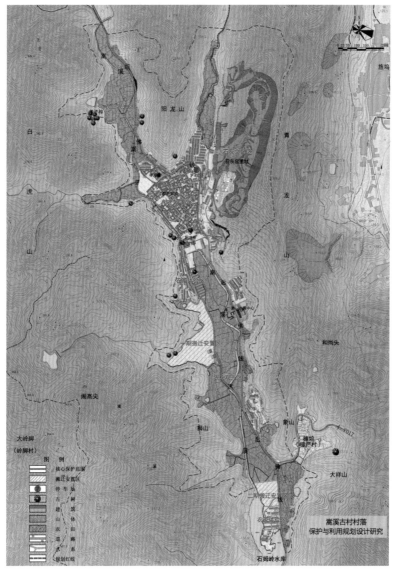

图2-19　嵩溪古村落保护与利用规划设计平面图

4. 古遗恢复平面图（图2-20）

根据村落文化与历史记载，恢复村落原有古遗建筑物，这是向先民的致敬，也是对周边自然环境的回应。

复原古遗建筑物的意义：

（1）它们是嵩溪历史的活化石，复原古遗迹能让人们研究、感受嵩溪历史环境、重现嵩溪历史。

（2）嵩溪古遗建筑物也是其历史博物馆，让人们了解历史的场所。

（3）就建筑物来言，复原古代建筑物对研究建筑历史等具有重要意义。

（4）从风水学角度来看，复原古代建筑物，对嵩溪古代村落格局研究具有重要意义。

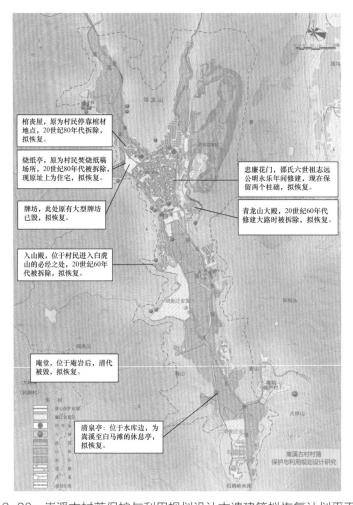

图2-20 嵩溪古村落保护与利用规划设计古遗建筑拟恢复计划平面图

5. 功能分区图（图2-21）

根据嵩溪村的历史文化和自然景观资源的分布情况，确定8个功能分区：

（1）旅游集散区；

（2）村口荷花池区；

（3）古村风貌区；

（4）孝子樟宋墓展示区；

（5）石灰窑工业遗产展示区；

（6）前溪展示带；

（7）后溪展示带；

（8）古村道展示带。

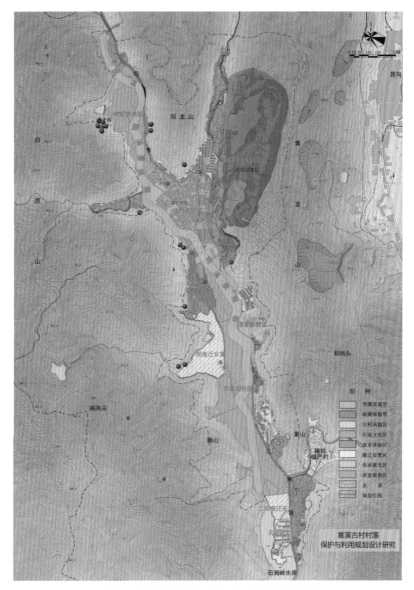

图 2-21　嵩溪古村落保护与利用规划设计功能分区平面图

6. 旅游路线图（图 2-22）

根据嵩溪的地理位置和旅游资源特色确定不同层级和不同主题的游览线路。

（1）村中游线：游客接待中心—荷花池—太平桥—利济桥—徐氏宗祠（燕诒堂）—关帝庙—徐逸人故居—古三层楼—亢禧斋—徐二房厅—永德堂—王姓门里—仁德堂—义德堂—聚奎堂—七区58号民居—和义堂—八字台门—暗溪探秘游览—先得月—小厅门里—嵩溪厅—当店门里—七份头—邵氏宗祠（永思堂）—五区38号民居—塘角里民居—取水井—四教堂—孝友堂（徐天许故居）—徐晓窗故居—孝子樟宋墓展示区—棺丧屋（以下采用游览车形式参观）—古窑分布区—柴草堆积区—石灰矿开采区—煤矿开采区—活态展示区—石灰窑工业遗产展示区—分散游览。

（2）拓展旅游线：村落—石灰窑遗址上青龙山—阳龙山—白虎山—村落，打造带有探险性质的村落外围山地旅游线（建议规划线，具体实施还需要实地勘察确定）。

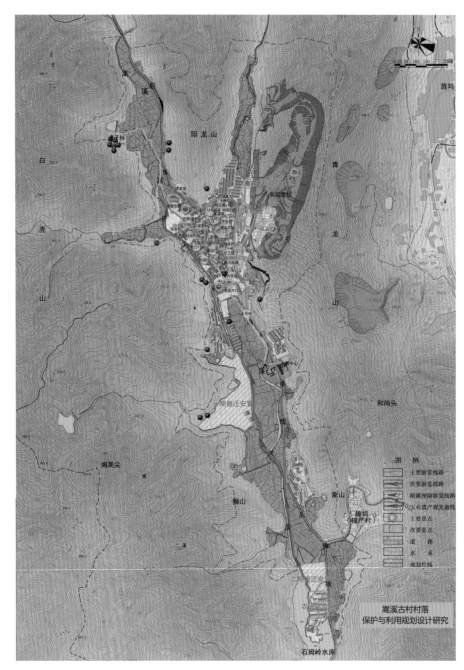

图 2-22 嵩溪古村落保护与利用规划设计旅游线路规划平面图

四、国家艺术基金历史文化村落保护利用创意设计人才在嵩溪村的实践

嵩溪村实践学院作品分布位置如图 2-23 所示。

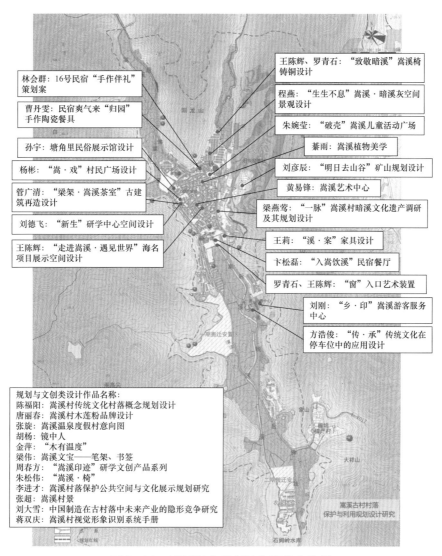

图 2-23　嵩溪村实践学院作品分布位置

2018 年 10 月，由浙江师范大学主持的国家艺术基金项目"历史文化村落保护利用创意设计人才培养"入驻嵩溪古村，来自全国 20 多个省市的学员共 30 位参与其中。学员大都是高校设计专业的教师和部分从事设计行业的设计师。30 位学员在六七月已集中培训了 42 天，通过多方的考察与对比，主持方决定集训的最后阶段选在嵩溪古村进行。在这 10 天里，要求每位学员以"生长"为主题，采用开放式的命题方法，从对村落保护建设的实践出发，注重文化的传承与阐释，对嵩溪古村进行相关的规划与设计。

古村落是人类繁衍生存的栖息地，是物质文化与非物质文化的结合体，是中华优秀传统文化的展示所。国家艺术基金项目"历史文化村落保护利用创意设计人才培养高级研修班"学员们试图以生命的状态和生活的态度，探索文化艺术为乡村振兴服务的新路。

"生长"的主题蕴含三重境界：一是生命，二是生存，三是生活。传统村落的保护利用，不只是静态的标本呈现，更需要活态的场景传续，它是在地的、原生的，具有原真性。让生长的基因真正融入村落的生命之中、村民的生活之中，希望"望得见山、看得见水、记得住乡愁"的中国乡村愿景化为真切的诗意人居。

30 名学员嵩溪实践主要涉及规划、建筑、文创、景观、室内、影像等设计类型 31 件。

以下为学员的部分设计作品。

（一）嵩溪村传统文化村落概念规划设计（陈福阳）

中国传统文化村落的设计分析与理解：

尊重自然，生命本来的属性方式（历史在进步，生活在改变），不够清晰的"保护"对传统文化村落摧毁更严重。历史发展的方式是无法阻挡的，现代化社会的进程不可能停滞，不应过度替代村落主体做所谓"创意性"设计，如图 2-24 至图 2-27 所示。

尊重村落本源，尊重人的行为。一些远古的难以复原的形态可以转换载体呈现方式，无须单一的复制假"古董"，追溯其根本的物质与精神状态尤为重要。系统性留存与片段式呈现都是可行的，审美的精神应是多维度的，而不应成为单一的"涂脂抹粉"。分析各类不同文化传统村落主体的多重性及其自身的差异，进行综合保护与规划。

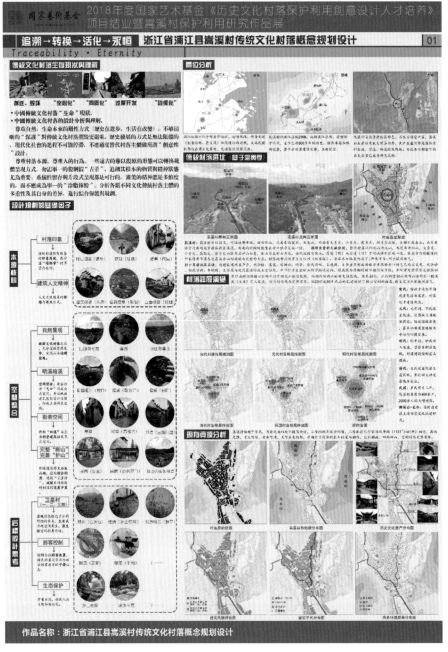

图 2-24　嵩溪村传统文化村落概念规划设计 1

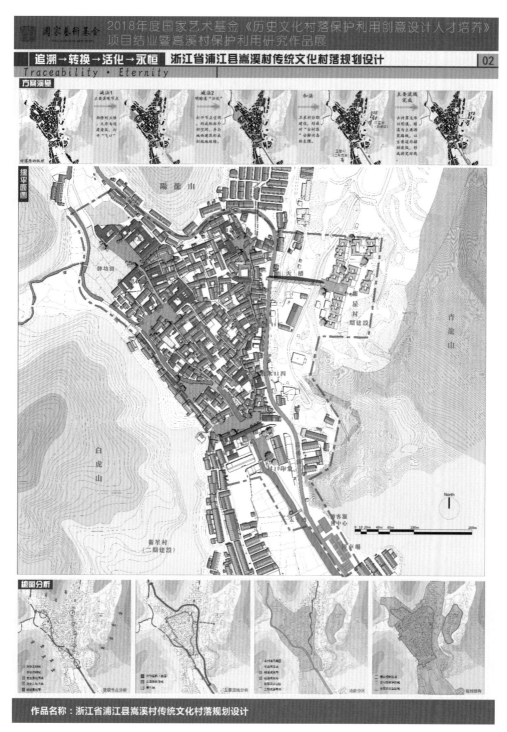

图 2-25　嵩溪村传统文化村落概念规划设计 2

图 2-26 嵩溪村传统文化村落概念规划设计 3

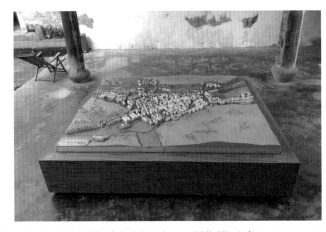

图 2-27 嵩溪村传统文化村落概念规划设计 4—制作模型（240cm×240cm）实况照片

（二）嵩溪游客服务中心规划设计方案（刘刚）

本项目为嵩溪古村游客服务中心的设计方案，以乡愁、乡村印象立意，取嵩溪古村肌理及建筑形制，融入公共服务功能，营造古村落的入口空间。本方案借助地形特点，使建筑层叠、错落，如同从山脚下"生长"出一般。"生长"的另一层含义来自古村落融入当代生活新功能需求。自然村落的建筑形态借助建筑技术，提供大尺度公共空间，这也是传统建筑生命力延续、发展的新方式，如图 2-28 至图 2-30 所示。

图 2-28　嵩溪游客服务中心规划设计方案 1

图 2-29　嵩溪游客服务中心规划设计方案 2

图 2-30　嵩溪游客服务中心规划设计方案 3—模型（60cm×60cm）实景照片

（三）嵩溪艺术中心（黄易锋）

　　浦江素有"书画之乡"之称，名人名家辈出。宋代以后涌现在中国书画史上具有一定影响的书画艺术家 200 余人，这不得不说是一个文化奇观。嵩溪村位于浦江县东北部，地处嵩溪上游广阔平坦的谷地中，村以溪名，距今已有千年以上的悠久历史。随着旅游业的发展，迫切需要一个能够承载艺术展览、学术交流等多种功能于一体的艺术中心。选择位于村中心的嵩溪厅及其周边围合形成的四房里建筑群作为改造基础。该地点位于村中心地带，均为清代建筑，其中嵩溪厅为省级文保单位。南侧建筑群已经改造为会议中心、书吧，东侧已经改造为国际青年旅社等，作为文化设施，此处是一个比较理想的选择。如图 2-31、图 2-32 所示。

　　设计的总体原则是传承建筑原有的历史，整体上不破坏周边的风貌，用尽量少的新元素对功能进行改造。同时要满足多种功能需要，使得艺术中心能够承担艺术展览、文化交流、艺术培训、休闲消费等诸多功能。四房里建筑，坐北朝南，三进三开间，由正厅、堂楼、厢房组成。正厅明间中柱不落地，七檩三柱，次间山墙墨绘梁架图案。堂楼三开间二层，明间七檩五柱，前檐为廊。

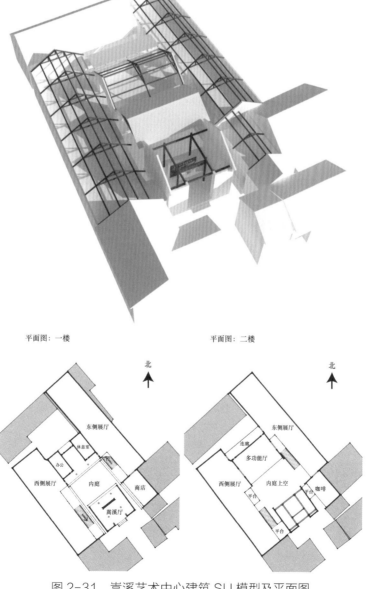

平面图：一楼　　　　　　　　　　平面图：二楼

图 2-31　嵩溪艺术中心建筑 SU 模型及平面图

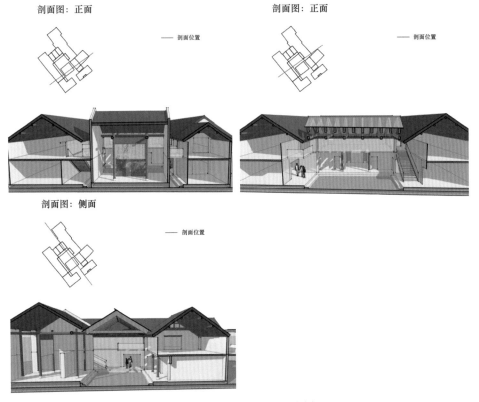

图 2-32　嵩溪艺术中心设计剖面图

（四）嵩溪村视觉形象识别系统手册—蒋双庆

标识以象形的"嵩"字为主题创意，以中国书法为表现形式，融合山水、建筑、生活意蕴象，展现了嵩溪独具一格的文化底蕴。山水之间，孕育了生生不息的村落，人文历史，滋养了一代代生长于此的村民。

标识以"嵩"字为基础，结合鸡冠岩、石头桥、石涵洞、桥亭等元素，形成嵩溪最具特色的景观元素和文化符号。

标识形似一座民居，凸显嵩溪建筑工艺精湛，造型优美，以篆书简化为惊艳古今的中式建筑符号。

标识古朴典雅，富有古村韵味，如图 2-33、图 2-34 所示。

图 2-33　嵩溪村视觉形象识别系统手册海报

图 2-34　嵩溪村视觉形象识别系统手册视觉提炼

通过调研发现，当前，金华传统村落面临"加快城镇化、城乡一体化、美丽乡村建设"的多重挑战。如不及时加强保护，分散在八婺大地上的古村落乡土建筑，存在着被"拆、迁、整、改、并"等危险，古婺传统文化和有价值的传统村落面临无法传承和延续的困境。由于历史、观念、机制等方面原因，传统村落保护主要存在以下几方面问题。

一是意识理念有待提升。保护传统村落理应重视保护其历史文化价值，但一些地方重申报、轻保护，重规划、轻实施，重旅游、轻文化，"商业化过度开发、拆旧建新、保护性拆除"等现象屡见不鲜，破坏了古村的整体风貌，加之古村落大多地处郊区或偏远山区，导致传统村落自然性荒芜，濒临消亡。

二是管理体制有待厘清。长期以来，古村落保护法规、制度、政策相对滞后，住建部门负责美丽宜居示范村，农办负责历史文化村落保护，文物局系统研究历史文化名镇名村，文广新局负责文物保护单位……政府管理无序，体制机制不顺，规划建设失范，古村落出现"多头管理"的弊端，每个部门都有自己的一套规划要求和资金渠道，体制机制的不顺，浪费了大量的财力、人力和物力。

三是开发利用有待调整。金华古村落保护范围广、乡土建筑多，维修规模大、费用高，财政投入普遍不足，原住民外迁，经营业态单一，体验性差，游览内容大多以古建筑观赏为主。还有保护资金及专业人才严重匮乏等问题，这些都是古村落保护利用面临的现实困境。

四是文化底蕴有待挖掘。八婺文化底蕴丰富，然而一些古村落没有文化底蕴定位，或者定位不准，追求短期利益，照搬其他村落的开发模式，缺乏对历史文化、地方古迹、民俗风情、民居建筑、自然风貌、饮食小吃、民间技艺等的挖掘，做出来的东西千篇一律，毫无地域特色。

五是文创产品有待开发。金华虽然文化资源丰富，但传统村落经济基础薄弱，文化旅游项目少，没有开发乡土特色的文创产品和伴手礼。同时，文创人才欠缺、经验匮乏，市场运作经验不足，没有形成产业链。

六是宣传营销有待加强。有的古村落虽然已有初步旅游开发，但对外宣传主题不突出，没有体现自己的特色。有的由于缺乏经费，宣传营销仍处于刚起步甚至未起步状态。

古村落具有文化与自然遗产的多元价值，是活着的文化与自然遗产，也是我国文化遗产信息量最大的最后一块阵地，具有独特的历史价值、文化价值，具有发展旅游的潜在经济价值。金华古村落资源丰富，古村落保护利用在和美乡村建设中既面临挑战，也面临机遇。为此提出如下建议。

一是政府主导。古村落历史价值的特殊性，决定了它的保护利用必须由政府主导成立工作机构，负责规划编制、政策制定、拆迁安置、资金筹措等工作，全市一盘棋，多规合一。在处理好村民生存与发展、保护与利用、近期与长远等关系的基础上，将古村落保护利用作为建设美丽乡村的重要任务，有效促进古村落的动态保护与可持续发展。

二是规划先行。按照统筹发展、科学合理、因地制宜、活态保护的原则，编制古村落保护利用发展规划。规划要充分体现古村落的主题和特色，包括保护利用、村民安置、旅游利用等内容，并充分征求村民意见。杜绝简单的大投入、大拆建，根据村落的自然环境，合理规划村落空间发展方向（住房、公共设施建设等）。今后的规划修订，也尽可能邀请原编制单位，以保证保护与利用思路、理念、技术方面的连续性。

三是科学保护。按照"有效保护，合理利用，加强管理"的指导思想制订科学合理的保护方案。利用中应注意古村落周边环境营造，尽可能地保护古村落的整体环境。对于需要新建的建筑，其建筑风格必须与历史建筑保持传承关系。古村落保护利用的各项规定应写入村民公约，以提高村民自觉保护意识、约束村民无序建设行为，将保护古村落与改善居民生活有机结合起来。

四是多元投入。首先，地方政府应多种方式筹集保护管理资金。将古村落保护列入财政预算并逐年递增，建立政府、部门、乡镇、村集体以及民间资金多元化的投资渠道。其次，要鼓励引导社会资金有序进入。在发挥政府资金引导作用的前提下，坚持政府扶持、项目争取、部门协作、民间资金和村民投资投劳相结合，多渠道融合资金。

五是文旅结合。古村落有效保护要与整治环境、发展旅游、文化产业相结合。要利用好古村落发展休闲旅游、观光农业和文化创意产业，加强基础设施建设、改善村民生产生活条件，有效保护好古村落文化与自然遗产，以实现古村落"保护促进利用、利用强化保护"的良性循环。

六是整合传播。构建"互联网＋村落"新模式，充分利用互联网、现代媒介、主题活动等多种方式进行整合传播，将古村落的大量文字、图片、声音、影像等多媒体资料发布到新媒体平台，游客既可以通过新媒体了解、欣赏展现传统村落原真性民俗文化的微视频，也可以通过手机客户端预订民宿、预约农家乐、购买农产品等，享受轻松、便捷、畅快的旅游体验。

七是利益共享。古村落保护利用与发展必须"以民为本，共保共享"。发展要维护村民经济利益和文化权益，调动农民积极性，出台扶助政策鼓励村民利用乡土建筑发展农家乐、民宿休闲和农业观光旅游，让村民通过保护利用增收、得实惠，从而主动参与到古村落保护与利用中，让保护发展成果惠及全体村民和社会共享。

（五）嵩溪村木莲粉品牌设计——唐丽春

创意说明：嵩溪文风素盛。此地书画、诗文知名者层出不穷。人物、花鸟画生动有致，传世者颇多。

设计以浙江浦江县嵩溪村戏台梁柱中木雕人物"手持莲叶仕女"造型为灵感，结合当地盛产的木莲元素，运用创意插画手法展现"木莲粉"的品牌特色。以现代设计理念来塑造嵩溪村的特色文创产品，打造具有嵩溪村品牌文化的木莲粉特色，从而提升产品的品牌形象和附加值。

文创介绍：文创设计以日常生活中的产品为应用主体，如文化衫、布袋、手机壳等。将嵩溪村木莲粉的品牌形象"莲莲"插画时尚化，让历史文化内涵融入时尚潮流，使文创产品彰显独特魅力。

品名介绍：木莲，学名为薜荔果（Ficus pumila Linn.），亦被称为凉粉子（通称）、凉粉果、冰粉子、木馒头等，属桑科植物。具有活血通经，消肿止痛等功效。亦是口感温润爽口，老少皆宜的美食，如图 2-35 至图 2-37 所示。

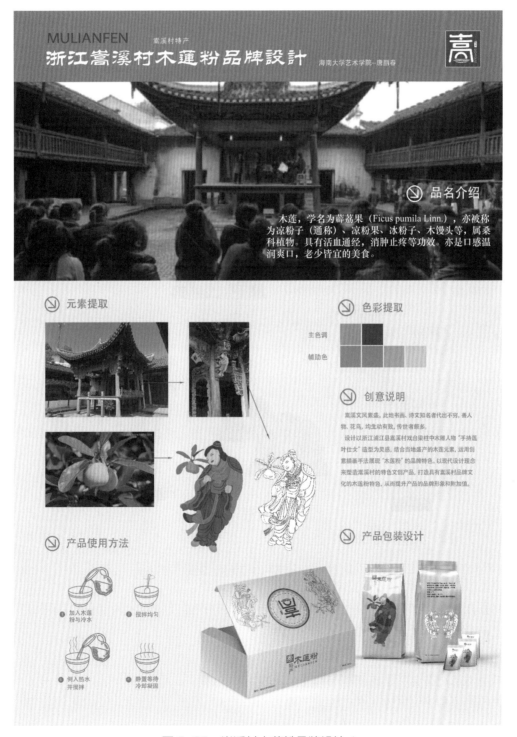

图 2-35　嵩溪村木莲粉品牌设计 1

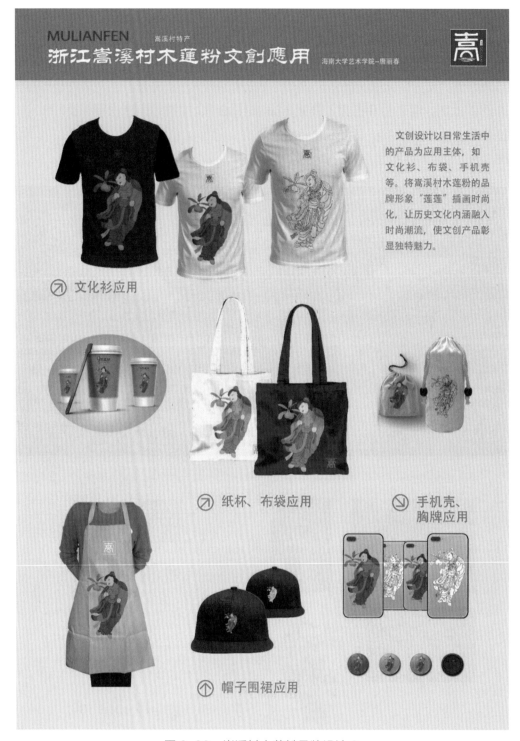

图 2-36　嵩溪村木莲粉品牌设计 2

依据对浙江近 30 个历史文化村落现状调研，对其文创产品及特色的现状分析归纳如下。

1. 存在的问题

（1）商品缺乏村落文化的鲜明个性和独特气质。

（2）缺乏对历史文化特征的挖掘与利用。

（3）产品种类单一，制作工艺精细化不够。

（4）缺少对历史文化的传承与转化。

2.保护和利用及其发展路径

守住乡韵，留住乡情，顺应时代审美习惯。透过文创产品实现"望得见山、看得见水、记得住乡情"的故土情怀。以文创设计抒发当下人们对"乡愁"的精神寄托，将历史乡村文化"老曲新唱"，通过文创的造物呈现来传递形而上的精神追求。

实施的方法则应遵循从乡村基因特质出发，乡村之美既有自然之美，更有人文之美。因此创意设计侧重以下设计原则：

（1）因地制宜，避免文创产品在样式、材质等方面的雷同。

（2）运用文创设计塑造村落文化自信。

（3）将农业与旅游产业有机结合，以鲜明的主题展现人们对乡村历史文化的自醒和挖掘。

图 2-37　嵩溪村木莲粉品牌设计展览现场照片

（六）"入嵩饮溪"民宿餐厅（卞松磊）

本民宿空间设计以建筑外观、室内改造为主，涉及餐饮、休闲、娱乐等功能，设计理念源于嵩溪古朴悠然的历史感，材料的选择上注重对嵩溪本身乡土元素石灰石的运用。

设计原则上遵循小众理念、地方特色理念和环保理念。在建筑结构和表现形式上寻求突破和创新的艺术效果，着重采用石材、木材、玻璃、混凝土、不锈钢等材质，形成强烈的对比效果，如图 2-38 至图 2-40 所示。

图 2-38　"入嵩饮溪"民宿餐厅 1

　　室间的设计上共有两层，两个出入口，平面组织上设有餐饮区、读书区、观景区、交谈区、议会区。色调上以灰色调为主，用少数木色进行调和，营造典雅自由的商业休闲空间氛围。

图 2-39 "入嵩饮溪" 民宿餐厅 2

图 2-40　"入嵩饮溪"民宿餐厅布展模型（70cm×45cm）实景照片

（七）嵩溪温泉度假村臆想图（张璇）

嵩溪温泉度假村位于嵩溪老村旁。以温泉为依托，体现当地的地域文化，营造和谐生态的景观环境和全方位的温泉文化体验，融入现代时尚休闲度假概念，形成集温泉度假、酒店住宿、康体疗养、休闲娱乐等功能为一体的生态景区温泉度假胜地。

温泉度假景区以尊重现状自然环境为前提，保留原有树木、水渠及基本地貌，并对场地现有特征进行充分地挖掘和利用，做到"动""静"分离。且强调"以人为本"的服务流程及客户体验，使自然景观、文化意识和地域风情结合，创造出一个全年性的多层次、多品位、参与性强的温泉度假区。

整个度假区共分三个功能区：

（1）入口功能：以入口景观大道、停车场、游客中心、售票处、接待处、验票处、更衣室等功能为主，使游客能快速、便捷地感受度假区。

（2）温泉戏水区：以水上娱乐项目为主，主要包括造浪池、儿童戏水池、游泳池、成人泡池等，形成整个度假区的中心。

（3）温泉养生区：以各种保健、养生温泉为主，由一个个芳香鲜花和药浴泡池组成，形成以排毒养颜、润丽肌体、祛疾强身、保健延年为主题的温泉区，如图 2-41 至图 2-43 所示。

图 2-41　嵩溪温泉度假村臆想图手绘表现图 1

图 2-42　嵩溪温泉度假村臆想图手绘表现图 2

图 2-43　嵩溪温泉度假村臆想图布展实况照片

（八）镜中人——胡杨（图 2-44）

图 2-44　镜中人

（九）"溪案"——王莉

溪·案，返咏与"暗溪"同音。

溪·案，弃木利用，老木重生，结合展览"生长"主题生命、生存、生活的三重境界，探讨回收设计、重塑旧物并赋予新生的理念，是万物生命力的延续，更是对美好生活的憧憬和诗意栖居。

几案采用传统手艺制作，木榫卯，可拆卸，无施钉。案柜面植入暗溪形态，上下开启留间隙，隐藏潺潺流水纳清凉的语境。罗锅枨形为明溪山峦叠嶂倒影，意指明溪、暗溪汇聚于嵩溪。侧支板立面勾勒嵩溪标志形韵，弧拱跨度，高耸挺实。支板与横枨的连接采用半弧形凹槽插隼相嵌咬合，枨肩头隼穿支侧板槽眼而过，另置锥形小木方块插隼锁定，环环相扣，精谨秀劲，如图 2-45、图 2-46 所示。

图 2-45 "溪案"布展图

图 2-46 "溪案"制作的家具成品（128cm×32cm×114cm 老船木木蜡油）在布展中

（十）木有温度—金萍

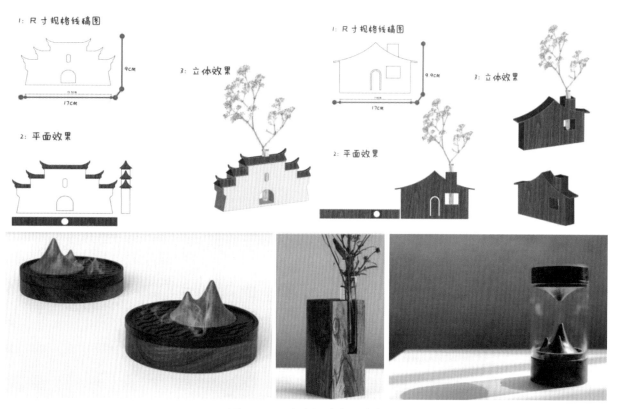

图 2-47 木有温度布展海报

在人类文明的认知里，木，代表着生命力！人类喜欢木。

在几千年的人类文明发展史中，只要有人的地方，基本上都会有木的陪伴。而在中国，木的存在更是出现在绝大所数的场合。在中国的匠人们看来，木有魂，更有着自己独特的文化。生长是活态的，希望过程可以传递温度，用旧物利用进行重生，所以我们的主题是木有温度，如图 2-47、图 2-48 所示。

图 2-48　木有温度布展实景照片

文字节选自綦雨同志的调研报告"关于浙江省古村落文化 IP 应用性设计研究的调研报告"：

1. IP 产品市场现状分析

文化 IP 并不是一只点石即可成金的"金手指"，不是直接挖矿就能烧来取暖的燃料，也不是简单贴标就可转型销售的临时内容。从文化 IP 到文化产业，蕴藏着大学问、大胸怀、大智慧。

我国是一个文化资源大国，在祖国山河大地，处处都可以找到蕴藏了几千年历史信息的"文化资源"。由于文化贸易的迅猛发展以及国际化品牌的普及，小到文具玩具，大到建筑，象征中国本土文化的符号、IP 在当代中国人日常生活中大量存在。

（1）IP 衍生品市场发展趋势

调查数据显示，在影视文化 IP 衍生品行业，美国和日本，其收入 70% 来自衍生品市场，而我国 2015 年电影总票房为 440.69 亿元，衍生品市场规模约为 20 亿元，这也表明我国衍生品市场存在巨大的发展空间。在产品开发上，比如乐视出品的《小时代 4》运用场景营销，发布相关衍生品"好聚好伞"，伞面的白色人物图像和高跟鞋遇水变红，伞柄本身也采用了权杖设计，与剧中人物及故事情节相吻合，利用粉丝情怀打造精准营销，产品上线 10 分钟销量预约超过 20000 件。《大鱼海棠》两周内衍生总额超过 5000 万元。《花千骨》周边衍生品"糖宝"灵宠广受喜爱，剧中人物漫画、表情包等产品也纷纷上线。这也证明了文化衍生品市场拥有广阔的前景。

同时，调查也显示，2015 年全球衍生品市场零售额已达 2517 亿美元，较上年同期增长了 4.2%。美国、加拿大这类最大衍生品市场零售额已达 1455 亿美元，比上年增长了 3.9%。西欧、东亚国家衍生品市场占比也纷纷上涨。从衍生品类型来看，角色类衍生玩具、服装等产品已达 1132 亿美元，较上年增长 5.6%，而且，衍生品种类也在不断增加，呈明显上升趋势。

（2）消费者对于文化 IP 产品的购买趋势

人是一种文化动物，都有着丰富的文化需求。2015 年，金融投资报就曾指出，我国文化及相关产品的消费进入了一个"井喷时代"。根据国际发展经验，当一国人均 GDP 接近或超过 5000 美元时，文化产业会出现一个快速增长的状态，而且随着经济的增长，文化产业也呈现持续加速增长的态势。根据国家统计局报告，2014 年中国人均 GDP 已达到 7000 多美元，当前我国居民人均消费结构已经发生重大的变化，文化产业的发展远远滞后于我国居民对文化产品和服务的需求。近年来，我国文化产业以年均 15% 的速度在增长，远高于国民经济的增长速度，在旺盛的市场需求和强有力的政策推动下，文化产业仍将保持高速的发展状态，年增长水平普遍高于 GDP 的增长水平，全国平均水平普遍高于 10% 以上，个别省区将保持 20% 以上的增长速度，2014 年文化产业产值 2.1 万亿元，中国 2014 年 GDP 是 63.6 万亿元，据预算，2020 年文化产业有望在整个 GDP 中占 8% 左右的比重。

2. 古村落文化 IP 应用建议

文化 IP 衍生品已经取得了成功的试验，那么作为我国风景特色鲜明的江南地区，浙江省首先考虑到了打造古村落文化 IP。然而很多文化 IP 的商业化运营，快速的发展模式，也出现了产品同质化现象。

其实，对于古村落文化 IP 应用，还是要结合地方特色，挖掘其特色文化。比如陕西华山风景区，其文化符号很多，如"道教名山""五岳之一"，还是《宝莲灯》传说中"沉香劈山救母"的地方，在应用这些文化 IP 的时候，完全可以打造人物产品。再如神垕古镇 IP 分为新的品牌口号"中国彩，神垕镇"以及两大 IP 形象"小窑匠""神彩儿"。其品牌口号彰显钧瓷的核心特质和工艺——出彩，两大 IP 形象则由景域集团旗下鲸鱼文创独家设计，分别取材于神垕传统烧窑人和传统吉祥物凤凰，寓意凤凰涅槃、匠人精神，可以将传统钧瓷文化精粹与"萌文化"结合，相对轻盈有趣，更易为游客接受并自发传播。同样地处苏州的树山，成为乡伴东方的文创 IP 试验场。围绕树山文化衍生出的树山年兽——树山守这个 IP，打造了更贴近年轻人的卡通形象"小骚年"。

另外，从古村落文创实践来看，IP 其实是一个有文化符号的产品，而对于 IP 产品来说，延伸得越多，它就越能更好地形成一个 IP 的生态链。比如木渎古镇在其文化 IP 下形成 4 个子品牌，设有 12 个产品系列，总计产品研发逾 300 款。其中"黄六爷"全系列产品目前包含抱枕、旅行贴纸、笔记本、冰箱贴、笔记本、马克杯、拼图、T 恤、多种帆布袋和食品"朕就酱紫""无豆腐不丈夫"等，让游客深刻地记住这一文化 IP，并且愿意自发传播。

最后，从古村落文化挖掘到文化 IP 打造，再到文创产品衍生，都需要文创行业的加工即创意、审美和寓意的结合。比如，浙江乌镇，就有小桥流水人家和撑着油纸伞的姑娘，这种带有文学气息的美丽事物，容易让人产生美好的印象，运用这类文化 IP 打造产品也更易让人接受。再比如，很多古村落旅游景点也会涌现出一批优质的吉祥物形象型 IP 作品。当今社会其实是一个全民审美社会，早期国内文创产品的审美向欧美、日本等国家学习，如今国家大力发展文化，今后文创审美也将跟随着中国本土文化趋势走。

（十一）嵩溪植物美学——綦雨

伴手礼，源自嵩溪的自然宝藏，用符合现代审美的植物美学，重现在当下生活场景中。

嵩溪曾经的辉煌来源于石灰石产业，石灰石是制作水泥的重要材料。除此之外，在制作时以石灰石粉末代替部分沙子，一方面加强硬度，另一方面也将嵩溪石灰石的使用进行延续。

天地有大美而不言，我们都有一双发现美的眼睛，但很多时候也会忽略身边细微之处的美好。

产品材料为 325 型号黑水泥，在其中掺入石灰石粉末以代替部分沙子。产品造型以几何形为主，用极简的形态来呈现嵩溪的植物，以此来表达对所承载之物的敬畏之心。材质上为裸露的水泥本色，略带肌理的质感，体现乡村的质朴。

在容器上种上采自嵩溪的植物，用符合现代审美的方式让人们将视线聚焦在嵩溪的自然植物上，将嵩溪的植物之美重现在当下的生活场景中，如图 2-49、图 2-50 所示。

图 2-49　嵩溪植物美学布展实景照片

图 2-50　嵩溪植物美学海报和布展实景照片

（十二）民宿爽气来"归园"手作陶瓷餐具（曹丹雯）

图 2-51　民宿爽气来"归园"手作陶瓷餐具海报

"一粥一饭当思来之不易"

一碗一碟里，记录着乡村的味道

如今透过它们

我们看到了当时的生活方式

感知到关于过去生活的点点滴滴

并借此从过去的生活中

找到那份熟悉

找到那份心安和以后的希望

这也使得这碗碟超越了其本身

成了我们生命的一部分

传统隐藏在我们日用的器物里，它不仅是一种纹样，也不仅是一个形式，而是早已沉淀在人内心深处的印记。无论时代如何流转，经济如何改变，有些东西始终不能变，不能丢弃，不能任它们消逝而无动于衷。而这些东西一直延续在普通百姓的日常生活里，如图 2-51、图 2-52 所示。

图 2-52 民宿爽气来"归园"手作陶瓷餐具布展实景照片

（十三）16 号民宿"手作伴礼"策划案（林会群）

图 2-53 16 号民宿"手作伴礼"策划案——林会群

　　手与机器的根本区别在于，手与心相连，而机器则是无心的。所以手工艺作业中会发生奇迹，因为那不是单纯的手在劳作，背后有心的控制，使手制造物品，给予劳动的快乐，使人遵循自然遵循道德，这才是赋予物品美之性质的因素，所以，此次创作为心之作业。另"手作新生"亦与"生长"的大主题紧扣，如图 2-53 所示。

（十四）"破壳"——嵩溪村儿童活动广场方案设计——朱婉莹

　　孩子就像一颗颗种子，他们需要陪伴、玩耍和交流。因此，整个方案以种子"破壳"为切入点，意味着孩子们逐个击破远离自然、漠视亲情、缺乏想象力的成长困境，使孩子们在一个充满欢乐的环境中学习、生活、成长，如图 2-54 至 2-56 所示。

图 2-54　"破壳"——嵩溪村儿童活动广场方案设计布展海报

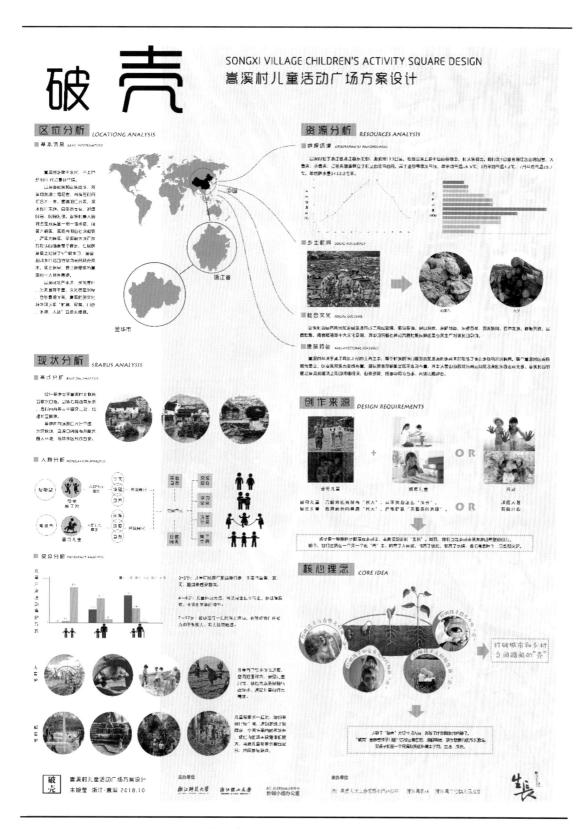

图 2-55 "破壳"——嵩溪村儿童活动广场方案设计 1

图 2-56　"破壳"——嵩溪村儿童活动广场方案设计 2

（十五）"嵩溪印迹"研学文创产品系列—周春方

　　每一个古村落在历史长河中都会留下自己的印迹，同时也会给每一个到古村落游览的人留下不同的印象。不同的建筑物，都有其自己的历史印迹。

产品一：水印木刻荷花、莲子、荷叶组合（茶托 + 水印模版）

用荷花、莲子、荷叶作为载体进行演化，产品可以作为学生雕刻模版也可以成为活动互动对象，也可以印制在各种文创衍生品上，如 T 恤、布包、雨伞等，如图 2-57 至图 2-59 所示。

图 2-57 "嵩溪印迹"研学文创产品系列布展海报

图 2-58　"嵩溪印迹"研学文创产品系列 1

图 2-59　"嵩溪印迹"研学文创产品系列 2

　　产品二:"香合 + 镇纸"、"书签 + 标尺"

　　四教堂,给人的第一印象是西方的宗教场所,但是嵩溪的四教堂却是诠释中华传统文化精粹的一处建筑。"四教"二字出自《论语·述而》:"子以四教:文、行、忠、信"。该建筑建造于民国初年,由徐宗澭后裔出资,徐心琢主持修建,一进三开间,坐东南朝西北,抬梁式结构,三柱落地,明间设大门,五花风火山墙,整个建筑占地面积 68 平方米。其中一为供奉先祖遗容画像;二为风水建筑;三为私塾。现辟为徐天许纪念馆。文创作品"香合 + 镇纸""签 + 标尺"提取四教堂两个大窗户的"万"字纹窗花来装饰。产品本身含义也符合四教堂所历史演绎,如图 2-60 所示。

图 2-60　"嵩溪印迹"研学文创产品系列产品 3

产品三：旅游文创产品"地图 + 扇子"

嵩溪村落庞大，景点多，道路复杂容易让人迷路。同时夏季对于古村落旅游来说也是淡季，在炎炎的夏日如何更好地吸引服务游客就成为我们要考虑的问题，"扇子 + 地图"这个组合产品对于上面这些问题也是有一些小小的帮助。产品通过绘本方式呈现，可以绘制在各种造型扇子上，如图 2-61 所示。

图 2-61 "嵩溪印迹"研学文创产品系列产品 4

"嵩溪印迹"布展实景照片如图 2-62、图 2-63 所示。

图 2-62 "嵩溪印迹"研学文创产品系列布展实景照片 1

图 2-63 "嵩溪印迹"研学文创产品系列布展实景照片 2

（十六）嵩溪文宝——笔架、书签——梁伟

历史文化村落 保护利用创意设计 人才培养高级研修班

《国家艺术基金历史文化村落人才培养》项目结业
暨嵩溪村保护利用研究作品展

宁波财经学院 梁伟

嵩溪文宝—笔架、书签

- 生长不只是一种建筑风格，也是一种生命力的延续。
- 笔架形态呈现完美的符号圆，蕴含嵩溪村明溪暗溪。抽象祥云取自鸡冠岩麓升腾的云雾，点缀着村中的"梅花、竹"，寓意着文化生活与自然情境的完美结合。
- 书签的设计元素源于嵩溪村古建筑窗格纹样，将古建筑元素融合读书的意境。让人们"望得见山、看得见水、记得住乡愁"，成为现代人居的诗意生活。

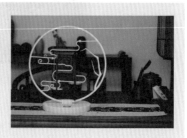

主办单位　　　　　　　　　　　承办单位

浙江师范大学　浙江理工大学　浙江省千村示范万村整治协调小组办公室　浦江县委人才工作领导小组办公室　浦江县农办　浦江县白马镇人民政府

图 2-64　嵩溪文宝——笔架、书签布展海报

书签的设计元素源于嵩溪村古建筑的窗格纹样，将古建筑元素融合读书的意境。让人们"望得见山、看得见水、记得住乡愁"，成为现代人居的诗意生活，如图 2-64 所示。

笔架形态呈现完美的符号圆，蕴含嵩溪村明溪暗溪。抽象祥云取自鸡冠岩麓升腾的云雾，点缀着村中的"梅花、竹"，寓意着文化生活与自然情境的完美结合，如图 2-65、图 2-66 所示。

图 2-65　嵩溪文宝书签

图 2-66　嵩溪文宝笔架、书签布展实况照片

（十七）"梁架·嵩溪茶室"古建筑再造设计——管广清

古之嵩溪，其地出石灰岩，昔人采炼，有窑渣废石，做以为墙，是嵩溪新老建筑材料之独特处也，亦是古人物尽其用之高妙。石灰岩，亦是太湖石之主要成分。同为石灰岩，一是炼石灰，一是作赏石之用；一为建材，一为观赏，皆为所用之物，无分高下。

图 2-67 "梁架·嵩溪茶室"古建筑再造设计布展海报

　　本案所在之地，为颓塌建筑之空地，东西厢房山墙颓而未塌，观之有湖石之气势，其东侧一路之隔即为嵩溪，细察其基屋架，为旧制七间头民居，明次三间，中为厅，东西厢房各二间，中为天井，南侧东西各一门，为围合式三合院。屋架两层，顶为五步七架抬梁作。

　　其地久空，为整个村子建筑肌理之残缺之处，进村数米即可见此，余试以补全其建筑，遵循院落式建筑旧样，用钢结构作主体框架，保留原有两侧山墙，仍旧作坡面建筑顶，基本覆瓦，局部覆钢化玻璃，增加采光量，新造建筑，墙体基本采用石灰石废料，采用三合土古法建造，其余墙体均为钢化玻璃。方案一，用村中抬梁做法的虾背梁作，一层露明作，其功能为公用之建筑，主要用于较大型展览及会议、茶室等。方案二，严格遵循原有建筑样式，钢结构二层合院式民居建筑，改良采光，室内空间符合现代人使用需求，基本为茶室与咖啡空间之用，附带一两间卧室，预留未来改造为艺术家个人工作室的可能性。

　　本案侧重于对于本村建筑样式、本地域建筑材料（石灰渣）的运用，同时采用钢材和钢化玻璃，强调建筑的现代属性。保留原有墙体，在不破坏整体建筑空间肌理的前提下，强调不同时期建筑材料、形态的有机融合。类似于创伤面的修复、生长、愈合。亦是尝试表达嵩溪古建筑、古材料在现代土壤的生长形态与方式，如图 2-67 至图 2-69 所示。

图 2-68 "梁架·嵩溪茶室"古建筑再造设计图

图 2-69 "梁架·嵩溪茶室"古建筑再造设计模型（26cm×45cm）实景照片

（十八）"嵩溪·椅"—朱松伟

生长，在我看来是一个有关过去和当下的命题，但又绝不仅是简单的二元逻辑。"道生一，一生二，二生三，三生万物"是国人奉行千年的精神哲学。用到此次设计作品上，其概念生于文化，生于村落，记录着从无到有的剧变；其手法长于传统，长于设计，追求着三生万物的境界。这便是我对《嵩溪·椅》的解读，如图 2-70、图 2-71 所示。

图 2-70　"嵩溪·椅"布展海报

图 2-71 "嵩溪·椅"三视图，即实物正面拍摄实景图

（十九）"一脉"嵩溪村暗溪调研与规划设计—梁燕莺

暗溪是嵩溪村珍贵的文化遗产，本方案以"一脉"为设计主题，体现嵩溪村暗溪的历史文脉、生态绿脉、记忆（技艺）思脉。设计主旨尊重嵩溪村暗溪的历史文脉和建造技艺，充分挖掘暗溪特色和文化内涵，在保护暗溪建筑结构和文化脉络的基础上进行可持续再生利用。

整体设计基本保留原有建筑结构和风貌，控制内部空间的神秘和幽静的氛围，同时挖掘暗溪文化，通过命名和嵩溪文化博物馆来展现暗溪特色。针对目前存在的一些问题进行整改和修缮，尽可能恢复其原有的功能和风貌。通过功能活化暗溪，增设暗溪探秘、涵道茶室、休闲体验、儿童水上乐园和嵩溪历史文化博物馆等特色功能，让游客多角度体验暗溪的魅力，如图 2-72 至图 2-74 所示。

图 2-72 "一脉"嵩溪村暗溪调研与规划设计长卷卷首节录

图 2-73 "一脉"嵩溪村暗溪调研与规划设计布展长卷实况照片

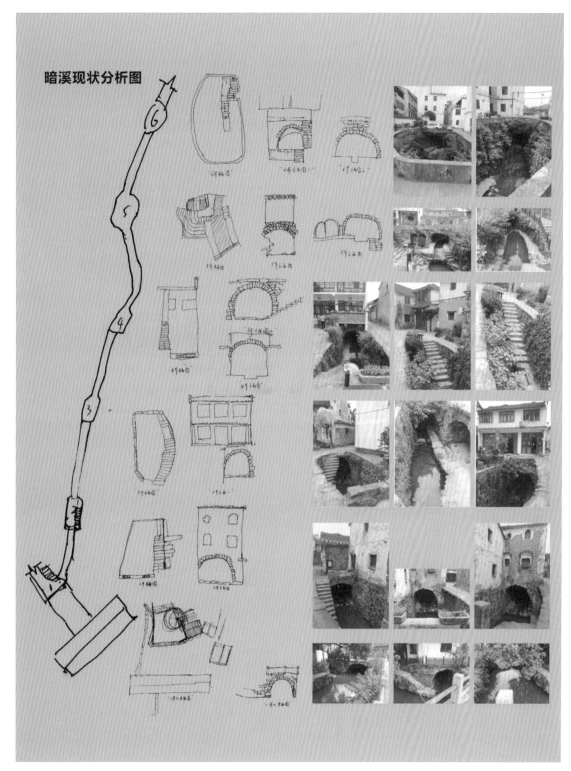

图 2-74 "一脉"嵩溪村暗溪调研与规划设计长卷中间段节录

（二十）"新生"研学中心空间设计——刘德飞

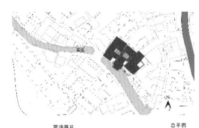

图2-75 "新生"研学中心空间设计①

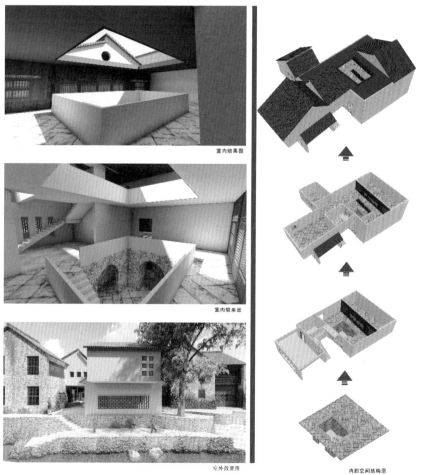

图 2-76 "新生"研学中心空间设计②

本案选址位于嵩溪村入口的一块空地上，周边环境优美并靠近明溪，建筑古朴且色彩斑驳。

因此在设计上一方面尊重周边环境的自然肌理；另一方面充分挖掘嵩溪的文化及其风俗，以此营建一个集交流、游学、休闲于一体的研学中心。另外，整体的构思秉着源于嵩溪但又高于嵩溪的设计理念，在建筑形态上倡导简洁几何化的形式，并结合当地的人字坡屋面，以小体量的建筑形式植入空间，尽可能地去匹配周围环境，尊重在地性，如图 2-75 至图 2-77 所示。

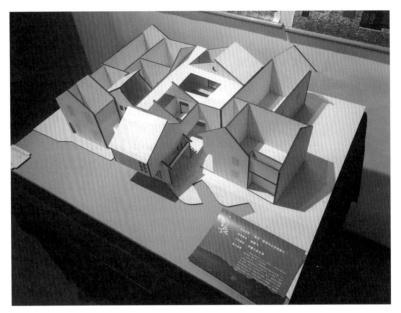

图 2-77　"新生"研学中心空间设计模型（60cm×45cm）布展拍摄照片

以下部分文字节选自刘德飞同志的"浙江历史文化村落的探索和建议"报告书：

1. 历史文化村落存在的主要问题

随着历史文化村落的保护和利用，以及旅游产业的不断开发，部分地区出现一味地追求快速开发而众多附属设施及其文化建设跟不上的问题。

（1）村貌特色趋同化

同一地区村落文化虽有所区别，但村貌差异化没有得到充分挖掘，旅游产品趋同性强，附属设施及公共空间设置大体一致，村落特性不太明显，以致村落"千村一面"现象较为突出。如大东坝镇六村、江山市廿八都镇、江南镇深澳村等村貌特征大体雷同，它们旅游定位基本相似，特色景观基本一样，都是以游览观光为主，所以难以留住外来游客。如能在这些地区多植入自身民俗特色，可活化民俗民情。另外，在建筑修复和增建方面保持原有建筑大体格局下，可以局部采用现代手法，并结合当地材料语汇，彰显地方文化特色，同时也能区别其他的村落形态。在这一点上不妨借鉴石仓源的契约博物馆，既符合当地特色也具有其自身艺术个性的建筑空间。

（2）空心村落依旧存在

在历史文化村落大肆的保护和改建中，一方面很多村落加大投入，部分乡村还吸引外资加大对旧民居的建设。单从建筑保护和利用上做足了文章，而且部分村落还建了咖啡馆、图书馆、民宿等其他配套商业建筑，但是事实上这些商业空间并没有引来游客驻足休息，剩下的仍是无人问津的建筑空间，也就是说建筑空间的投入并没有带来经济上的收入，反而造成了建筑空间的极大浪费，形成了空心村落。比如云夕戴家山的图书馆，桐庐县荻浦村的牛栏咖啡等建筑空间。另一方面，农村产业开发尚不完善，年轻一代并不愿意待在农村，剩下的还是老人和小孩。

2. 历史文化村落保护的主要措施

（1）加强配套建筑的开发和利用

一个优秀的历史文化村落，除了自身古建筑的保护利用外，还应该有其相配套的附属建筑，诸如村民活动中心、村落博物馆以及展示厅等，以完善村落公共空间，提升村落空间的利用价值。那么在这些附属建筑的设计上，并不完全按照古建筑的形式去匹配，甚至可以以现代的手法，当地的材料语汇，个性的建筑造型，在大体迎合古建筑的基础上，更有其自身的建筑个性，以此区别其他区域的村落特征，打破"千村一面"的局面。

（2）加大对历史村落的宣传力度

历史村落的保护和利用，一方面要充分保护，另一方面还要加强对古村落的充分利用，这就需要加强对历史村落的宣传力度。在宣传上不仅通过信息网络进行直接宣传，还要通过自身的文化宣传，比如定期举办民俗活动，通过各种活动间接地达到宣传的目的。

（3）增强对历史村落的政策保障

对于历史文化村落的保护，一方面要求当地村委建立相关的民约及规章制度，切实履行村落的保护要求，同时要求村民自觉履行保护古建筑的义务；另一方面，政府出台相关的村落保护政策，要求历史文化村落在修缮时也符合政府的政策要求，严禁个人行为的改建而引起整体村貌的不统一。

综上所述，浙江古村落分布广泛，体量大，种类多，价值高，上源唐代，下至新中国成立，已成为全国历史文化村落保护较多的省份之一，但是在利用的过程中，产业形式还较为单一，村貌特征还不够明显，文化品位还不够到位，村落空心还极为严重，因此在后续的改革发展中，各村落要充分挖掘自身民俗特点，激活文化产业，尽量避免千村一面的局面。

（二十一）"窗"村入口艺术装置——罗青石、王陈辉

嵩溪村历史悠久，始建于宋代，到现在已有 800 多年的历史。太师椅产生于宋代，与嵩溪建村之初时间相同，而太师椅南方也称为"文椅"，设计取材于村落中寻找到的一把高古文椅，通过简化提炼，同时结合场地环境特征和其所承载的功能属性创作而成。

1. 构思

文脉性：嵩溪椅是嵩溪文化脉络的承载、延续与发展。

情感性：嵩溪椅是嵩溪人情感的寄托与身份的认同。对长者而言，一把老椅能换回儿女孙辈在椅边成长、儿孙绕膝的幸福温暖的情感。对年轻人而言，一把老椅可勾起对长辈的思念和回忆。

形态性：造型源于嵩溪的"文椅"，又取嵩溪的"嵩"字，其下方的双拱形设计暗喻明暗双溪的交汇共融。

2. 创作

造型性："窗"外轮廓抽取村内典型老建筑的形态，寓意家的概念。从村内向外观望，是对未来的期许，对亲人的守望；从外向村内看，是对家的回想，对亲人的守候。

元素性：源于嵩溪独具特色的高古"文椅"。

功能性：装置立于村口，以框架镂空的形式呈现，起框景作用。同时它又像一个窗户，可以猎入实景，也可以窥视过去与未来，虚实相生。游客可以合影留念，感受嵩溪文椅所承载的内涵和文化。装置同时具备很强的实用功能，能承载嵩溪村各类活动的广告功能，也是对外宣传的"窗口"，如图 2-78 所示。

图2-78 "窗"村入口艺术装置现场制作成品实景拍摄照片

(二十二)"致敬暗溪"嵩溪椅铸铜设计——王陈辉、罗青石

嵩溪村的村名是因溪而得,村中有穿村而过的溪流一明一暗,西边的明溪叫前溪,东边的暗溪叫后溪。2014年10月18日的"浦江乡村旅游节"把暗溪称为"江南坎儿井"。暗溪桥梁总长为200多米,两边均用石灰石整齐砌岸,顶部采用拱券技术。除去五个取水口,其余拱形建筑相当于5座长近百米的石拱桥。这暗溪上的拱桥历经千年不坏,嵩溪先人的建造技术和设计理念令人敬佩,处处闪现着他们的智慧。

本设计取材于村落的一把高古太师文椅造型,以铸铜构造而成。然后把这些铸铜椅放置在暗溪几个取水口,以巧妙的设计手法——尽可能少的场景干预方式"致敬暗溪"(图2-79)。

图2-79 "致敬暗溪"嵩溪椅铸铜设计铜制座椅已经安放完毕,图为放置实景的拍摄照片

1. 创作理念

本设计追求的是一种无为设计，倡导设计的原真性，尊重存在的原生态性，排除过度设计，用极少的干预手段来表达设计师的态度。

2. 设计思路

本设计根据地域环境特征及所引发的空间需求，进行室内外空间互换的设计思考，侧重设计的在地性。设计根据暗溪的几个水口的不同特点，提出了"家、独、双、观、望"的几种场所的情感表达，以"致敬嵩溪"。

家：明暗溪交汇之处，村民的回家之路，游客的相聚之地。

独：老人渴望交流，排解孤寂，呼唤关爱，留守亲人。

双：喜庆双临，表达两者关系的亲密，可指爱情、亲情、友情以及相遇和邂逅。

观：临水而坐，可观鱼虾、儿童嬉戏，亦可观时空流转，动于外，而静于心。

望：送别之地，于远行者，追求理想、相望未来，于留守者，守望心田，期待远方归来。

（二十三）"走进嵩溪·遇见世界"海外名校项目展示空间设计——王陈辉

金华市第七届"海外名校学子走进金华古村落"活动在嵩溪村成功举办。活动期间，来自波兰、德国、韩国、南非等 19 个国家的海外学子深入了解中国传统文化，积极传播嵩溪旅游形象，并各自向嵩溪村赠送了极具纪念意义的礼物。

"海外名校学子走进嵩溪村"成果展示空间分为三个部分。花厅一楼入口为序厅，概要介绍海外学子在嵩溪村期间的活动成果。二楼空间由影像展示区与礼品展示区两部分组成。中间区域为影像展示区，以影像方式展现海外学子们在嵩溪村期间参加的各项活动，同时也提供游客一个舒适的休憩空间。

两侧区域为礼品展示区，采用陈列展示、墙面展示、顶部悬挂三种方式呈现，并将嵩溪元素巧妙融入其中。礼品多为水晶或玻璃制品，故陈列方式采用滴胶成型技术，将礼品展示底座设计成倒"山"字型，取石灰石元素加入颜料固化成型。礼品与五颜六色的滴胶底座融为一体，水晶在灯光的照射下形成绚丽、迷人的光影，置于朴素而极富传统意味的旧门板与蓝印花布之上，宁静而缤纷，古老而现代。

墙面以镜框方式展现每一件礼品的情况简介和文化寓意，流连其间，如入万花筒中。悬挂装置主要展示海外学生在嵩溪的活动照片，设计源于嵩溪村方、圆二门，采用金属材料做成铁环，或方或圆，错落有致。如图 2-80 至图 2-83 所示。

图 2-80 "走进嵩溪·遇见世界"海外名校项目展示空间设计实景制作拍摄照片①

图 2-81 "走进嵩溪·遇见世界"海外名校项目展示空间设计实景制作拍摄照片②

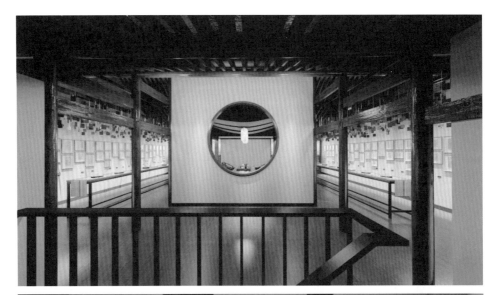

图 2-82 "走进嵩溪·遇见世界"海外名校项目展示空间设计实景制作拍摄照片③

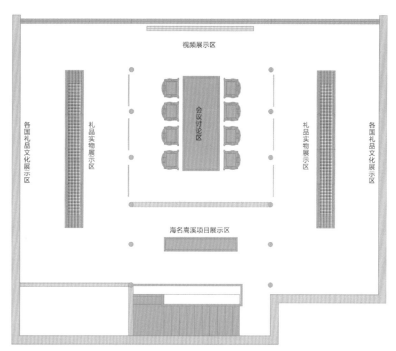

①空间布局

②嵩溪村小听门里倪宝香奶奶的手工织布

③滴胶结合嵩溪村石灰岩设计的悬挂装置

④结合嵩溪村入口圆门和方门设计悬挂装置

图 2-83 "走进嵩溪·遇见世界"海外名校项目展示空间设计布展海报

①空间布局 ②③④创意元素

（二十四）塘角里民俗展览馆设计—孙宇

引言：

塘角里，入口处一块方塘。

东临大街，西近小溪，环境幽雅。

典型清代建筑，七个四居头格局，由门楼、正屋、两侧厢房组成。

原徐氏旧居，该家族传承历六世之久，人才辈出，尤具书画传统。

现为民俗文化展馆。

建筑现状：

该建筑除了部分装饰因年久自然损坏，整体结构保存完好。木梁柱结构及大开间对室内空间的使用提供了有利条件。

室内：该建筑虽作为民俗文化展馆，但室内改造简陋，展馆功能并没有真正开展和利用。

设计说明：

（1）传统建筑在室内空间上的利用性。

在室内空间上，在原有梁柱结构基础上，拆除部分非承重墙体，使空间便于利用；出于展示功能及参观流线的考虑，在室内增加楼梯、隔断、出入口等基础设施建设，在建设时考虑避免结构及装饰的破坏；利用中庭及建筑周边空间，摆设民俗物件，如生产生活工具提升空间氛围。

（2）传统建筑室内空间展示设计的展呈方式。

传统空间的室内设计难点在于：一是展柜形式与老建筑的协调与统一，使之具有更好的融合度是设计要思考的问题；二是，展示空间的利用不能破坏老建筑的结构；三是经济性与展示效果的平衡。

本设计虽为虚拟设计，但基本围绕着解决以上问题展开思考与设计探索。在展示构成上以简单的现代线性为元素，以最简单的 40mm×40mm 木方为基本材质，以平面设计版面及展品的多样展示方式体现效果。

通过设计的手段，使传统建筑的室内重新利用使之符合当下的机能并焕发生机，是为一种生长。如图 2-84 至图 2-86 所示。

图 2-84　塘角里民俗展示馆设计①

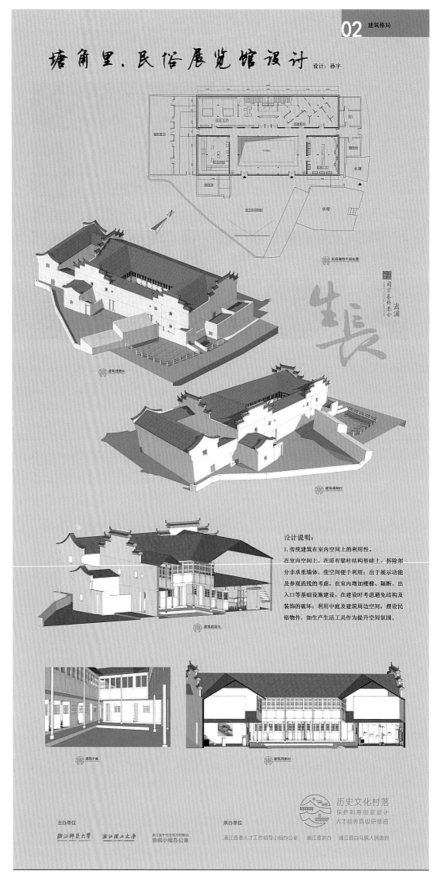

图 2-85 塘角里民俗展示馆设计②

03 展馆设计

塘角里·民俗展览馆设计 设计：孙宇

生长

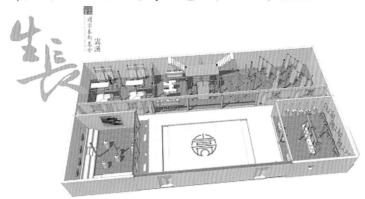

设计说明：

2. 传统空间的展示设计，难点在于展柜形式与老建筑的协调与统一，使之具有更好的融合度；其二，展示空间的利用不能破坏老建筑的结构；三是经济性与展示效果的平衡。

本设计组为虚拟设计，但基本围绕着解决以上问题为出发点展开思考与设计探索，在展示构成上以简单的现代线性为元素，以最简单的40×40木方为基本材质，以平面设计版面及展品的多样展示方式体现效果。

通过设计的手段，使传统建筑的室内重新利用使之符合当下的机能并焕发生机，是为一种生长`

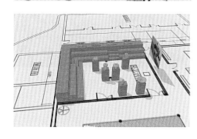

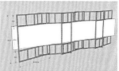

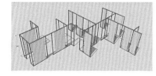

历史文化村落
保护利用创意设计
人才培养高级研修班

主办单位
浙江师范大学 浙江理工大学 浙江省千村示范万村整治
协调小组办公室

承办单位
浦江县委人才工作领导小组办公室 浦江县农办 浦江县白马镇人民政府

图 2-86 塘角里民俗展示馆设计③

（二十五）"生生不息"——嵩溪 · 暗溪灰空间景观设计—程燕

嵩溪的灰空间，是一种过渡空间，无法明确界定内在关系。它连接两个空间使之成为一个整体，消除内外空间的隔阂，起到丰富空间层次，扩展空间的功能，增添空间意境的作用。本方案设计"生生不息"意在延伸"生长""重生"的意义，在设计中，结合利用浦江嵩溪村原生材料，对村内特有的暗溪溪流与建筑之间的灰空间进行重新的景观定义与设计，用全新的概念诠释灰空间的"生长"（图 2-87 至图 2-89）。

图 2-87 "生生不息"——嵩溪·暗溪灰空间景观设计布展现场实景拍摄照片

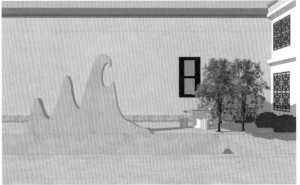

图 2-88 "生生不息"——嵩溪·暗溪灰空间景观设计村内灰空间处理效果图①

图 2-89 "生生不息"——嵩溪·暗溪灰空间景观设计—程燕 村内灰空间处理效果图②

（二十六）"嵩·戏"村民广场设计—杨彬

对于"生长"这个主题，我把它理解为一个不断提升的过程。乡村公共空间作为乡村空间最为核心的部分，是村民日常生活交往的重要场所，是农民的社交中心。我试图探究村落公共空间中所存在的一些问题，尝试改造邵氏宗祠前的空地，使其更好地满足村民及游客的使用需求。这个探究、改造、提升的过程也是一种生长吧。如图 2-90 至图 2-93 所示。

图 2-90 "嵩·戏"村民广场设计①

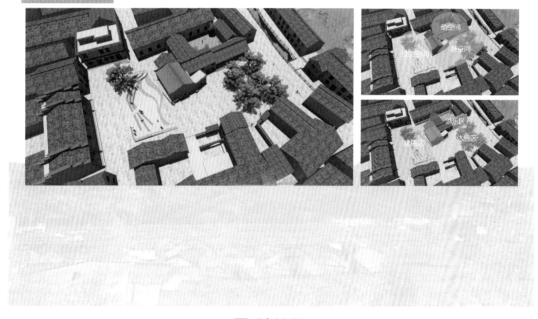

图 2-91 "嵩·戏"村民广场设计②

解决问题：
过去村民看戏，都是自家搬上板凳到戏台前观看，视觉各有高低，场地又没有合理的规划，接待能力差，往往有很大一部分的村民视线会被遮挡，观看效果不佳，同时由于排布混乱，有些人甚至直接站在板凳上观看，极易造成安全隐患。村中已完成第一项的提升，也已经初步具有接待游客的能力，统一规划并设计一处能够供给村民和游客海座休息和观看戏剧演出的场所。即便于管理，也满足服务需求。

形式来源：
根据嵩溪的沟溪水域和山型进行演变，以及考虑戏台与邱氏家祠词的夹角与高差，结合本地特有的石灰石及木材水泥等乡土材料，设计一处即可供人上下步行，又可休憩观戏的步梯看台。

▲主要问题：整体比较简陋破败
开口形制一反常态
缺乏本土文化及戏剧元素

图 2-92 "嵩·戏"村民广场设计③

图 2-93 "嵩·戏"村民广场设计④

（二十七）嵩溪村景——张超

嵩溪古村溪水澄碧，环境独好。葫芦作为一种吉祥物和观赏品，深受老百姓的喜爱，葫芦圆润饱满，既有"夫妻和睦，婚姻幸福""子孙万代，多子多福""肚量大，不小气"的寓意也有智慧和高官厚禄的寓意。

作品中采用的烙画工艺不仅可以表现中国画中的"勾、勒、点、染、擦"等技法，还能烫出丰富的层次与色调，形成强烈的空间立体效果，便于将嵩溪古村落的古朴与灵秀通过葫芦这一吉祥的载体展现给众人，如图2-94所示。

除此之外，故以嵩溪村舍与山水景观为主题除了具有上述葫芦本身的五大传统文化寓意外，还有得此物者，既有靠山，又有财运，家业兴旺，万事呈祥！

图2-94　嵩溪村景烫葫芦嵩溪村景文创

剪纸是中国最古老的民间艺术之一，以镂空的技法能给人以视觉上的透空艺术美感，深受民众喜爱。选择村景作为剪纸创作主题，这在创作主题上是一个创新。之所以考虑选用嵩溪村景为主题是因为嵩溪村景不仅在视觉上具有自然美感，同时也符合民间剪纸以祈福纳吉为创作主题的规律。工艺美术品中的村舍和山水，在民间有着特殊的寓意，"山"指"靠山"，"水"象征"财"，"村舍"象征"安居乐业"，故以嵩溪村舍与山水景观为主题，以传统剪纸工艺制作的旅游纪念品寓意安居乐业、事业通达、财运亨通，如图2-95、图2-96所示。

图2-95　嵩溪村景剪纸嵩溪村景文创

图 2-96　嵩溪村景烫葫芦嵩溪村景文创现场展示实景照片

（二十八）中国制造在古村落中未来产业的隐形竞争研究—刘大雪

前期设计对现场进行了数次实地考察，从不同角度去感受嵩溪村自然的力量，在人迹罕至的茂密丛林中踏勘，感受标高变化、记录一草一木位置。前期的策划规划为后期的设计提供了一个扎实的基础。

为了尊重这一片山林、创造更好的观赏体验，在工作初期根据对嵩溪村的理解进行频繁的头脑风暴和互动，做了很多尝试。

设计应该创造一种人居住环境和自然的平衡点，在改造过程中保留和发扬山居的品质才是重点。在设计中尽可能地利用场地的特性，创造出不同的空间感。有些坐落于高台之上，有些营造层叠下沉的感受，有些开放，有些紧凑。而这些不同的空间所组成的远离喧嚣的"仙境"就是我们所追求的，如图 2-97、图 2-98 所示。

社会主义新农村社区可持续性规划是一个庞大而系统的体系，它不仅包括一些有形的物质要素，如建筑、景观规划等，而且综合了前文所述的人、文、地、景、产等多方面的因素。目前来看仅仅依靠现有的资源并没有创造足够的经济效应。因此，应利用已有资源对古村特产和传统工艺进行挖掘，打造创新设计产业链。

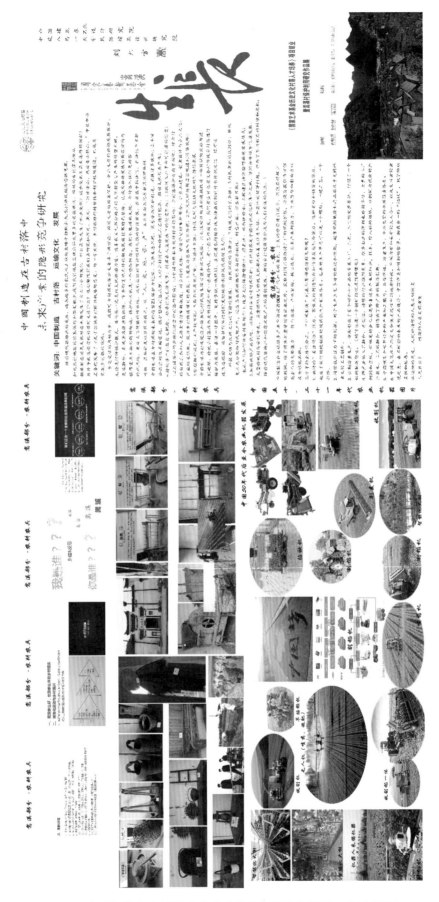

图 2-97　中国制造在古村落中未来产业的隐形竞争研究—刘大雪①

图 2-98　中国制造在古村落中未来产业的隐形竞争研究—刘大雪②

（二十九）嵩溪村落保护公共空间与文化展示规划研究—李进才

嵩溪村历史悠久、文化遗存丰富，为更好地保护、传承其历史文化村落风貌、人文环境和自然生态，本规划研究以村落"生长"为理念，探讨村落生命成长过程，依托村落公共空间与文化展示为切入点，推进村落"三生"空间协调发展，彰显其村落地方特色，提升村落的生活品质。

规划对村落公共空间特征进行定义，并提取嵩溪村明溪和暗溪一明一暗、一开一合的鲜明的要素特征。结合村庄特点、公共空间功能、空间关系及村民生活的方式，对村庄街巷、村口、祠堂、广场、生产等公共空间进行规划研究。

通过优化空间布局明确规划原则与目标，体现村庄传统的特点。完善嵩溪村公共空间功能，提高村民公共生活水平，重现历史文化，协调村庄发展的需要。以保留提升、功能转换、旅游功能融合开发、空间重现、展览展示等方式，使嵩溪村落山水文化、习惯活动场所得到延续和继承，实现村庄公共空间功能、文脉的继承发展，如图2-99所示。

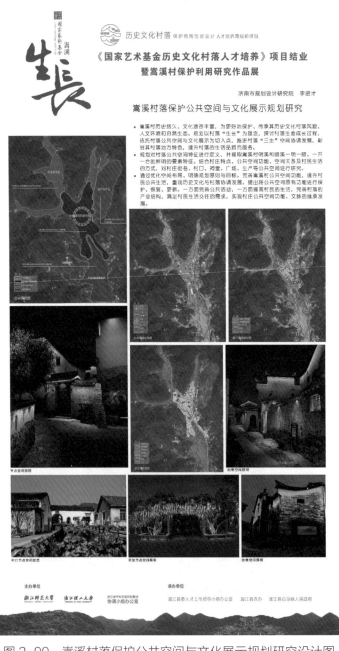

图2-99 嵩溪村落保护公共空间与文化展示规划研究设计图

（三十）"明日去山谷"矿山规划设计——刘彦辰

开凿留下断崖，烧造的矿渣留下房子，财富沿着山路与双溪汇集，让嵩溪一直生长。今日，钢钎停止了开凿，双溪还在流淌。基于此，今日嵩溪的生产、生活、生态将如何生长，我们通过基础存在和创造性的艺术实践与世界展开积极的对话。这个山谷，当地土语叫作"穗窭"，与土语"水稻"同音，是千年来孕育嵩溪的"生命之门"，我们在此观察生产的痕迹，体验这里生活的基本方式，用脚步丈量嵩溪的山高水长，从生活最基本的议题开始，让嵩溪自由生长，如图 2-100、2-101 所示。

图 2-100 "明日去山谷"矿山规划设计

图 2-101 "明日去山谷"矿山规划设计展示模型拍摄照片

(三十一)"传·承"传统文化在村落停车场景观中的设计应用——方浩俊

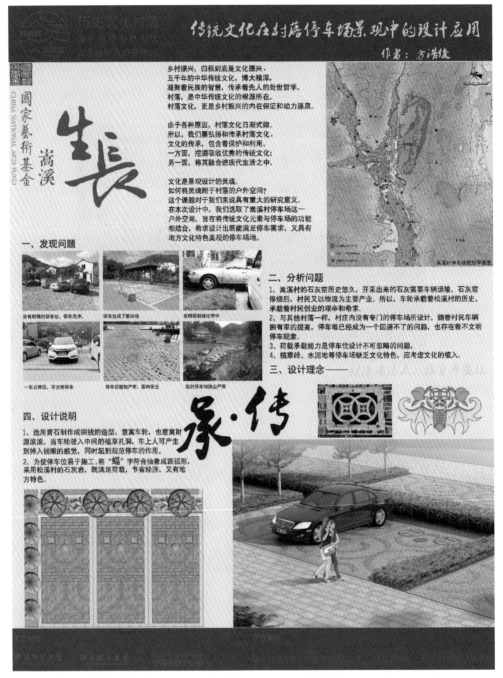

图2-102 "传·承"传统文化在村落停车场景观中的设计应用设计图纸

纹样及纹饰,是装饰艺术中的一个重要内容,它是按照一定图案结构规律经过变化、抽象等方法而规则化、定型化的图案。在我国古代文化艺术宝库中,传统图案纹样丰富多彩,璀璨夺目。它既代表着中华民族的悠久历史、社会的发展进步,也是世界文化艺术宝库中的巨大财富。

中国传统吉祥纹样:"图必有意,意必吉祥",这说明这些纹样的主题就是"吉祥"。吉祥纹样是纹样宝藏中最绚烂的部分,这些图案巧妙地运用人物、走兽、花鸟、日月星辰、风雨雷电、文字等,以神话传说、民间谚语为题材,通过借喻、比拟、双关、谐音、象征等手法。创造出图形与吉祥寓意完美结合的美术形式,这种具有历史渊源、富于民间特色又蕴含吉祥祈盼意义的纹样被称为吉祥纹样。

　　传统吉祥纹样经过漫长的历史过程逐步发展演变成了一种特有的艺术语言，它们不仅在造型上是美的，在内涵上更是传达了中华民族对宇宙和生命的理解认识。它以其特有的艺术形式影响着、渗透于人们的生活。那么传统的吉祥纹样在浙江省村落的户外空间中运用的现状如何？这是乡村景观设计工作者非常关心的问题。

　　方浩俊设计图纸见图 2-102 所示。